高等学校"十三五"规划教材

本书荣获中国石油和化学工业优秀出版物奖·教材奖

# 传感器
# 原理与应用技术

王化祥　编著

化学工业出版社

·北京·

本书以非电量电测技术为主要内容，以信息交换与处理为编写体系，主要适用于应用型本科院校自动化、测控技术与仪器以及电气工程及其自动化等专业的学生。

本书共分为12章，除第1、2章外，其他各章均具有一定独立性。第1、2章介绍了传感器的基本概念及传感器静、动态特性；第3～10章介绍了一些典型传感器的变换原理、特性、测量电路及应用技术；第11章介绍了智能传感器和网络传感器有关内容；第12章介绍了最新发展的物联网传感器技术。

本书的内容精练实用，深入浅出，便于读者自学，可作为有关专业的教学用书，也可供从事传感器应用的工程技术人员参考。

**图书在版编目（CIP）数据**

传感器原理与应用技术/王化祥编著．—北京：
化学工业出版社，2017.11（2025.1重印）
高等学校"十三五"规划教材
ISBN 978-7-122-29932-1

Ⅰ.①传…　Ⅱ.①王…　Ⅲ.①传感器-高等学校-教
材　Ⅳ.①TP212

中国版本图书馆 CIP 数据核字（2017）第 136404 号

责任编辑：郝英华
责任校对：宋　玮　　　　　　　　　装帧设计：关　飞

出版发行：化学工业出版社（北京市东城区青年湖南街 13 号　邮政编码 100011）
印　　装：北京机工印刷厂有限公司
787mm×1092mm　1/16　印张 13　字数 330 千字　2025 年 1 月北京第 1 版第 8 次印刷

购书咨询：010-64518888　　　　　　售后服务：010-64518899
网　　址：http://www.cip.com.cn
凡购买本书，如有缺损质量问题，本社销售中心负责调换。

定　　价：36.00 元　　　　　　　　　　　　　　　版权所有　违者必究

# 前　言

传感器技术（即非电量测量技术）是自动化、测控技术与仪器以及电气工程及其自动化等专业的核心课程，也是现代科学技术中的一个重要研究领域。在当今信息时代，随着自动化技术的快速发展，传感器作为获取信息的必要手段，发挥着越来越重要的作用。可以说，没有传感器，便没有现代化的自动测量和控制系统；没有传感器，将不会有现代科学技术的迅速发展。

正是由于传感器技术的重要性，目前国内外均将传感器技术列为优先发展的科技领域之一。国内高校自动化、测控技术与仪器以及电气工程及其自动化等专业普遍开设了传感器课程，并将其列为必修课，同时配套有相应的教材和教学参考书。本书正是根据相关专业应用型本科院校的培养方案，以培养应用型人才为主要目的而编写的。

本书从传感器的基本知识开始，围绕应用基础知识，重点介绍了一些应用较广泛的传感器，同时根据传感器技术的发展趋势，适当地增加了智能传感器以及当前迅速发展的物联网传感器技术有关内容，并附有相应的例题和习题，使学生通过学习本书，对该课程有较全面的认识和理解。本书略去了烦琐的公式推导和理论分析，注重理论与实际的结合，重在应用。

本书共分为12章，除第1、2章外，其他各章均具有一定的独立性。第1、2章介绍了传感器的基本概念及传感器的静、动态特性；第3～10章介绍了一些典型传感器的变换原理、特性、测量电路及应用；第11章介绍了智能传感器和网络传感器的有关内容；第12章介绍了当前迅速发展的物联网传感技术。

本书配套有电子课件供选用本书作为教材的院校使用，如有需要，请发邮件至 cipedu@163.com 索取。

本书在编写过程中参阅了一些国内外公开发表的相关教材和文献资料，在此向所有参考文献的作者表示诚挚的谢意。

由于笔者水平和经验有限，书中不妥之处在所难免，恳请广大读者批评指教。

笔者
2017 年 10 月于天津大学

# 目  录

# 第 1 章

## 绪　论

## 1.1　传感器的作用

随着现代测量、控制和自动化技术的发展，传感器技术越来越受到人们的重视。特别是近年来，由于科学技术、经济发展及生态平衡的需要，传感器在各个领域中的作用日益显著，特别是工业生产自动化、能源、交通、灾害预测、安全防卫、环境保护、医疗卫生等领域所开发的各种传感器，不仅可代替人的感官功能，而且在检测人的感官所不能感受的参数方面具有特别突出的优势。例如，冶金工业中连续铸造生产过程中的钢包液位检测，高炉铁水硫、磷含量分析等方面需要各种各样的传感器为操作人员提供可靠的数据。又如，用于工厂自动化柔性制造系统（Flexible Manufacturing System，FMS）中的机械手或机器人可实现高精度在线实时测量，从而保证了产品的产量和质量。在微型计算机广为普及的今天，如果没有各种类型的传感器提供可靠、准确的信息，计算机控制便难以实现。因此，近几年来传感器技术的应用研究在许多工业发达的国家中已经得到普遍重视。

## 1.2　传感器及传感技术

传感器（Transducer 或 Sensor）是将各种非电量（包括物理量、化学量、生物量等）按一定规律转换成便于处理和传输的另一种物理量（一般为电量）的装置。

过去人们习惯于把传感器仅作为测量工程的一部分加以研究。但是自 20 世纪 60 年代以来，随着材料科学的发展和固体物理效应的不断发现，传感器技术已形成了一个新型的科学技术领域，并建立了一个完整、独立的科学体系——传感器工程学。

传感技术是一门利用各种功能材料实现信息检测的应用技术。它是检测（传感）原理、材料科学、工艺加工三要素结合的产物。检测（传感）原理指传感器工作时所依据的物理效应、化学反应和生物反应等机理，各种功能材料则是传感技术发展的物质基础。从某种意义上讲，传感器也就是能感知外界各种被测信号的功能材料。传感技术的研究和开发，不仅要求原理正确，选材合适，而且要求有先进、高精度的加工装配技术。除此之外，传感技术还包括研究如何更好地将传感元件用于各个领域的所谓传感器软件技术，如传感器的选择、标定以及接口技术等。总之，随着科学技术的发展，传感技术的研究开发范围正在不断扩大。

## 1.3 传感器的组成

传感器一般由敏感元件、转换元件以及信号调理与转换电路三部分组成，有时还需要加辅助电源。其组成可用方框图表示，见图1-1。

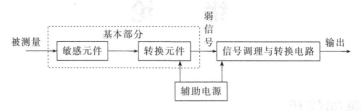

图 1-1  传感器的组成方框图

**(1) 敏感元件**（预变换器）

并非所有的非电量均能利用现有手段直接变换为电量。在很多情况下，往往是将被测非电量预先变换为另一种易于变换成电量的非电量，然后再变换为电量。能够完成预变换的器件称为敏感元件，又称预变换器。如在传感器中各种类型的弹性元件常被称为敏感元件，并统称为弹性敏感元件。

**(2) 转换元件**

将感受到的非电量直接转换为电量的器件称为转换元件，如压电晶体、热电偶等。

需要指出的是，有的传感器包括敏感元件和转换元件，如热敏电阻、光电器件等；而另外一些传感器，其敏感元件和转换元件可合二为一，如固态压阻式压力传感器等。

**(3) 信号调理与转换电路**

信号调理与转换电路将转换元件输出的电信号放大并转换成易于处理、显示和记录的信号。信号调理电路的类型视传感器的类型而定，通常采用的有电桥电路、高阻抗输入电路和振荡器电路等。

**(4) 辅助电源**

电源的作用是为传感器提供能源。需要外部接电源的传感器称为无源传感器，不需要外部接电源的传感器称为有源传感器。如电阻式、电感式和电容式传感器是无源传感器，工作时需要外部电源供电；而压电传感器、热电偶为有源传感器，工作时不需要外部电源供电。

# 1.4 传感器的分类

传感器的种类很多，常采用的分类方法有如下几种。

**(1) 按输入量分类**

当输入量分别为温度、压力、位移、速度、加速度、湿度等非电量时，则相应的传感器称为温度传感器、压力传感器、位移传感器、速度传感器、加速度传感器、湿度传感器等。

这种分类方法便于使用者根据测量对象选择所需要的传感器。

**（2）按测量原理分类**

现有传感器的测量原理主要是基于电磁原理和固体物理学理论。如根据变电阻的原理，相应地有电位器式、应变式传感器；根据变磁阻的原理，相应地有电感式、差动变压器式、电涡流式传感器；根据半导体有关理论，则相应地有半导体力敏、热敏、光敏、气敏等固态传感器。

**（3）按结构型和物性型分类**

所谓结构型传感器，主要是通过机械结构的几何形状或尺寸的变化，将外界被测参数转换成相应的电阻、电感、电容等物理量的变化，从而检测出被测信号，这种传感器目前应用得最为普遍。物性型传感器则利用材料本身物理性质的变化而实现测量，它是以半导体、电介质、铁电体等作为敏感材料的固态器件。

# 1.5 传感器的发展趋势

近年来，由于半导体技术已进入超大规模集成化阶段，各种制造工艺和材料性能的研究已达到相当高的水平。这为传感器的发展创造了极为有利的条件。从发展前景来看，它具有以下几个发展趋势。

**（1）传感器的固态化**

物性型传感器亦称固态传感器，它包括半导体、电介质和强磁性体三类，其中半导体传感器的发展最引人注目。它不仅灵敏度高、响应速度快、小型轻量，而且便于实现传感器的集成化和多功能化。如目前最先进的固态传感器，在一块芯片上可同时集成差压、静压、温度三个传感器，使差压传感器具有温度和压力补偿功能。

**（2）传感器的集成化和多功能化**

随着传感器应用领域的不断扩大，借助半导体的蒸镀技术、扩散技术、光刻技术、精密细微加工及组装技术等，传感器已经从单个元件、单一功能向集成化和多功能化方向发展。所谓集成化，就是将敏感元件、信息处理或转换单元以及电源等部件利用半导体技术制作在同一块芯片上，如集成压力传感器、集成温度传感器、集成磁敏传感器等。多功能化则意味着传感器具有多种参数的检测功能，如半导体温湿敏传感器、多功能气体传感器等。

**（3）传感器的图像化**

目前，传感器的应用已从对某一点物理量的测量转向一维、二维甚至三维空间的测量。现已研制成功的二维图像传感器，有 MOS 型、CCD 型、CID 型全固体式摄像器件等。

**（4）传感器的智能化**

智能传感器是一种带有微型计算机兼有检测和信息处理功能的传感器。它通常将信号检测、驱动回路和信号处理回路等外围电路全部集成在一块基片上，从而具有自诊断、远距离通信、自动调整零点和量程等功能。

### （5）传感器网络化

微电子技术、计算技术和无线通信技术等的进步，推动了低功耗多功能传感器的快速发展，使其在微小体积内能够集成信息采集、数据处理和无线通信等多种功能。无线传感器网络（Wireless Sensor Network，WSN）就是由部署在监测区域内大量的廉价微型传感器节点组成，通过无线通信方式形成的一个多跳的自组织的网络系统，其目的是协同感知、采集和处理网络覆盖区域中感知对象的信息，并发送给观察者。传感器、感知对象和观察者构成了传感器网络的三个要素。如果说 Internet 构成了逻辑上的信息世界，那么无线传感器网络就是将逻辑上的信息世界与客观上的物理世界融合在一起，改变人类与自然界的交互方式。

# 第②章

# 传感器的一般特性

传感器的输入量可分为静态量和动态量两类。静态量指处于稳定状态的信号或变化极其缓慢的信号（准静态）。动态量通常指周期信号、瞬变信号或随机信号。无论对动态量或静态量，传感器输出电量都应不失真地复现输入量的变化。这主要取决于传感器的静态特性和动态特性。

## 2.1 传感器的静态特性

当被测量的各个值处于稳定状态时，传感器输出量和输入量之间的关系称为静态特性。

通常，要求传感器在静态情况下的输出-输入关系保持线性。实际上，其输出量和输入量之间的关系（不考虑迟滞及蠕变效应）可由下列方程式确定：

$$Y=a_0+a_1X+a_2X^2+\cdots+a_nX^n \quad (2\text{-}1)$$

式中，$Y$ 为输出量；$X$ 为输入量；$a_0$ 为零位输出；$a_1$ 为传感器的灵敏度，常用 $K$ 表示；$a_2$，$a_3$，$\cdots$，$a_n$ 为非线性项待定常数。

由式(2-1) 可见，如果 $a_0=0$，表示静态特性曲线通过原点。此时静态特性曲线是由线性项（$a_1X$）和非线性项（$a_2X^2$，$\cdots$，$a_nX^n$）叠加而成，一般可分为以下四种典型情况。

① 理想线性 [图 2-1(a)]：

$$Y=a_1X \quad (2\text{-}2)$$

② 具有 $X$ 奇次阶项的非线性 [图 2-1(b)]：

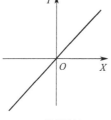
(a) 理想线性

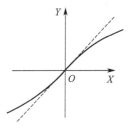
(b) 具有X奇次阶项的非线性

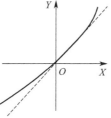
(c) 具有X偶次阶项的非线性

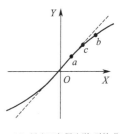
(d) 具有X奇偶次阶项的非线性

图 2-1　传感器的四种典型静态特性

$$Y=a_1X+a_3X^3+a_5X^5+\cdots \quad (2\text{-}3)$$

③ 具有 $X$ 偶次阶项的非线性 [图 2-1(c)]：

$$Y=a_1X+a_2X^2+a_4X^4+\cdots \quad (2\text{-}4)$$

④ 具有 $X$ 奇、偶次阶项的非线性 [图 2-1(d)]：

$$Y = a_1X + a_2X^2 + a_3X^3 + a_4X^4 + \cdots \tag{2-5}$$

由此可见，除图 2-1(a) 为理想线性关系外，其余均为非线性关系。其中具有 $X$ 奇次项的曲线图 2-1(b)，在原点附近一定范围内基本上具有线性特性。

实际应用中，若非线性项的方次不高，则在输入量变化不大的范围内，用切线或割线代替实际的静态特性曲线的某一段，使传感器的静态特性接近于线性，这称为传感器静态特性的线性化。在设计传感器时，应将测量范围选取在静态特性最接近直线的一小段，此时原点可能不在零点。以图 2-1(d) 为例，如取 $ab$ 段，则原点在 $c$ 点。传感器静态特性的非线性，使其输出不能成比例地反映被测量的变化情况，而且对动态特性也有一定影响。

传感器的静态特性是在静态标准条件下测定的。在标准工作状态下，利用一定精度等级的校准设备，对传感器进行往复循环测试，即可得到输出、输入数据。将这些数据列成表格，再画出各被测量值（正行程和反行程）对应输出平均值的连线，即为传感器的静态校准曲线。

传感器静态特性的主要指标有以下几点。

**(1) 线性度**（非线性误差）

在规定条件下，传感器校准曲线与拟合直线间最大偏差与满量程（F·S）输出值的百分比称为线性度（图 2-2）。

用 $\delta_L$ 代表线性度，则

$$\delta_L = \pm \frac{\Delta Y_{max}}{Y_{F \cdot S}} \times 100\% \tag{2-6}$$

式中，$\Delta Y_{max}$ 为校准曲线与拟合直线间的最大偏差；$Y_{F \cdot S}$ 为传感器满量程输出，$Y_{F \cdot S} = Y_{max} - Y_0$。

由此可知，非线性误差是以一定的拟合直线或理想直线为基准直线计算出来的。因而，基准直线不同，所得线性度也不同，见图 2-3。

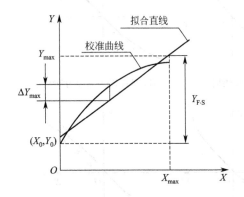

图 2-2 传感器的线性度

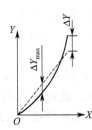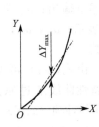

图 2-3 基准直线的不同拟合方法

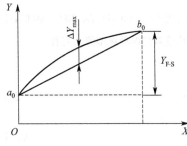

图 2-4 端基线性度拟合直线

应当指出，对同一传感器，在相同条件下进行校准试验时得出的非线性误差不会完全一样。因而不能笼统地说线性度或非线性误差，必须同时说明所依据的基准直线。

① **端基法** 把传感器校准数据的零点输出平均值 $a_0$ 和满量程输出平均值 $b_0$ 连成的直线 $a_0b_0$ 作为传感器特性的拟合直线（见图 2-4）。其方程式为

$$Y = a_0 + KX \tag{2-7}$$

式中，$Y$ 为输出量；$X$ 为输入量；$a_0$ 为 $Y$ 轴上截距；$K$ 为直线 $a_0 b_0$ 的斜率。

由此得到端基法拟合直线方程，按式（2-6）可算出端基线性度。这种拟合方法简单直观，但是未考虑所有校准点数据的分布，拟合精度较低，一般用在特性曲线非线性度较小的情况。

② **最小二乘法**　用最小二乘法原则拟合直线，拟合精度高。

令拟合直线方程为 $Y = a_0 + KX$。假定实际校准点有 $n$ 个，在 $n$ 个校准数据中，任一个校准数据 $Y_i$ 与拟合直线上对应的理想值 $a_0 + KX_i$ 间线差为

$$\Delta_i = Y_i - (a_0 + KX_i) \tag{2-8}$$

最小二乘法拟合直线就是使 $\sum_{i=1}^{n} \Delta_i^2$ 为最小值，即

$$\frac{\partial}{\partial K} \sum \Delta_i^2 = 2\sum (Y_i - KX_i - a_0)(-X_i) = 0$$

$$\frac{\partial}{\partial a_0} \sum \Delta_i^2 = 2\sum (Y_i - KX_i - a_0)(-1) = 0$$

联立求解以上二式，可求出 $K$ 和 $a_0$，即

$$K = \frac{n\sum_{i=1}^{n} X_i Y_i - \sum_{i=1}^{n} X_i \cdot \sum_{i=1}^{n} Y_i}{n\sum_{i=1}^{n} X_i^2 - (\sum_{i=1}^{n} X_i)^2} \tag{2-9}$$

$$a_0 = \frac{\sum_{i=1}^{n} X_i^2 \cdot \sum_{i=1}^{n} Y_i - \sum_{i=1}^{n} X_i \cdot \sum_{i=1}^{n} X_i Y_i}{n\sum_{i=1}^{n} X_i^2 - (\sum_{i=1}^{n} X_i)^2} \tag{2-10}$$

式中，$n$ 为校准点数。由此得到最佳拟合直线方程，由式（2-6）可算得最小二乘法线性度。

通常采用差动测量方法减小传感器的非线性误差。例如，某位移传感器特性方程式为

$$Y_1 = a_0 + a_1 X + a_2 X^2 + a_3 X^3 + a_4 X^4 + \cdots$$

另有一个与之完全相同但感受相反方向位移的位移传感器，其特性方程式为

$$Y_2 = a_0 - a_1 X + a_2 X^2 - a_3 X^3 + a_4 X^4 - \cdots$$

在差动输出情况下，其特性方程式可写成

$$\Delta Y = Y_1 - Y_2 = 2(a_1 X + a_3 X^3 + a_5 X^5 + \cdots) \tag{2-11}$$

可见采用此方法后，由于消除了 $X$ 偶次项而使非线性误差大大减小，灵敏度提高一倍，零点偏移消除了，因此差动式传感器得到了广泛应用。

**（2）灵敏度**

传感器的灵敏度指到达稳定工作状态时输出变化量与引起此变化的输入变化量之比。由图 2-5 可知，线性传感器校准曲线的斜率即为静态灵敏度 $K$。其计算方法为

$$K = \frac{\text{输出变化量}}{\text{输入变化量}} = \frac{\Delta Y}{\Delta X} \tag{2-12}$$

非线性传感器的灵敏度用 $dY/dX$ 表示，其数值等于所对应的最小二乘法拟合直线的斜率。

**（3）迟滞**

迟滞是指在相同工作条件下作全测量范围校准时，在同一次校准中对应同一输入量的正

行程和反行程其输出值间的最大偏差（图 2-6）。其数值用最大偏差或最大偏差的一半与满量程输出值的百分比表示。

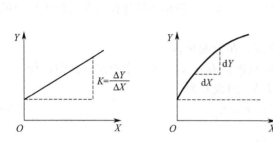

图 2-5 传感器灵敏度的定义

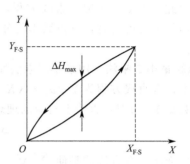

图 2-6 传感器的迟滞特性

$$\delta_H = \pm \frac{\Delta H_{max}}{Y_{F \cdot S}} \times 100\% \qquad (2-13)$$

或

$$\delta_H = \pm \frac{\Delta H_{max}}{2Y_{F \cdot S}} \times 100\% \qquad (2-14)$$

式中，$\Delta H_{max}$ 为输出值在正反行程间的最大偏差；$\delta_H$ 为传感器的迟滞。

迟滞现象反映了传感器机械结构和制造工艺上的缺陷，如轴承摩擦、间隙、螺钉松动、元件腐蚀或碎裂及积塞灰尘等。

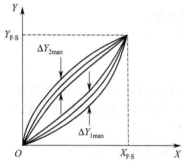

图 2-7 传感器的重复性

**（4）重复性**

重复性是指在同一工作条件下，输入量按同一方向在全测量范围内连续变动多次所得特性曲线的不一致性（图 2-7）。在数值上用各测量值正、反行程标准偏差最大值的 2 倍或 3 倍与满量程 $Y_{F \cdot S}$ 的百分比表示。即

$$\delta_k = \pm \frac{2\sigma \sim 3\sigma}{Y_{F \cdot S}} \times 100\% \qquad (2-15)$$

式中，$\delta_k$ 为重复性；$\sigma$ 为标准偏差；$Y_{F \cdot S}$ 为满量程输出。

当用贝塞尔公式计算标准偏差 $\sigma$ 时，则有

$$\sigma = \sqrt{\frac{\sum_{i=1}^{n}(Y_i - \overline{Y})^2}{n-1}} \qquad (2-16)$$

式中，$Y_i$ 为测量值；$\overline{Y}$ 为测量值的算术平均值；$n$ 为测量次数。

重复性所反映的是测量结果偶然误差的大小，有时重复性虽然很好，但可能远离真值。

**（5）零点漂移**

传感器无输入（或某一输入值不变）时，每隔一段时间进行读数，其输出偏离零值（或原指示值）的现象，即为零点漂移。

$$零漂 = \frac{\Delta Y_0}{Y_{F \cdot S}} \times 100\% \qquad (2-17)$$

式中，$\Delta Y_0$ 为最大零点偏差（或相应偏差）。

**（6）精度**

精度是反映系统误差和随机误差的综合误差指标。一般用方和根法或代数和法计算。用重复性、线性度、迟滞三项的方和根或简单代数和表示（以方和根用得较多）：

$$\xi=\sqrt{\xi_L^2+\xi_R^2+\xi_H^2} \tag{2-18}$$

或

$$\xi=\xi_L+\xi_R+\xi_H$$

当一个传感器或传感器系统设计完成并定标后，人们有时又以工业上仪表精度的定义给出其精度。它是以最大量程下的绝对误差与最大量程的比值来衡量的，这种比值称为相对（于满量程的）百分误差。例如，某温度传感器的刻度为 $0\sim100\,℃$，即测量范围为 $100\,℃$。若在这个测量范围内，最大测量误差不超过 $0.5\,℃$，则其相对百分误差为

$$\delta=\frac{0.5}{100}=0.5\%$$

去掉上式中相对百分误差的"%"，称为仪表的精确度，可划分成若干等级，如 0.1 级、0.2 级、0.5 级、1.0 级等。

**（7）阈值、分辨力**

当一个传感器的输入从零开始缓慢地增加时，只有达到某一最小值后才能测出输出变化，这个最小值就称为传感器的阈值。

分辨力是指当一个传感器的输入从非零的任意值缓慢增加时，只有当超过某一输入增量后输出才显示变化，这个输入增量称为传感器的分辨力。有时用该值相对满量程输入值之百分比表示，则称为分辨率。

阈值说明了传感器最小可测出的输入量；分辨力说明传感器最小可测出的输入变量。

**（8）时间漂移、零点温度漂移和灵敏度温度漂移**

漂移量是表征传感器稳定性的重要性能指标。传感器的漂移有时会导致整个测量或控制系统处于瘫痪。时间漂移通常是指传感器零位随时间变化的大小，温度漂移表示温度变化时，传感器输出值的偏离程度。

漂移指标一般有三种：时间漂移，零点温度漂移，灵敏度温度漂移。

# 2.2 传感器的动态特性

所谓动态特性是指当被测量随时间变化时，表征传感器的输出值与输入值之间关系的数学表达式、曲线或数表。当测量某些随时间变化的参数时，只考虑静态特性指标还不够，还必须考虑其动态性能指标，只有这样才能使检测、控制准确、可靠。当传感器在测量动态压力、振动、上升温度等量时，均离不开动态指标。实际被测量随时间变化的形式可能是多种多样的，所以在研究动态特性时，通常采用瞬态响应法和频率响应法，即根据阶跃变化与正弦变化两种标准输入信号考察传感器的响应特性。

为了便于分析和处理传感器的动态特性，同样需要建立数学模型。对于线性系统动态响

应的研究，最广泛使用的数学模型是普通线性常系数微分方程。只要对微分方程求解，即可得到动态性能指标。

传感器的动态性能指标分为时域和频域两种。

**（1）时域性能指标**

通常在阶跃函数作用下测定传感器动态性能的时域指标。图 2-8 所示为单位阶跃作用下过渡过程曲线。

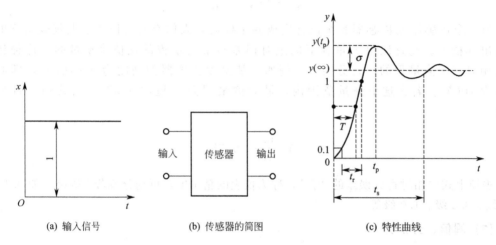

(a) 输入信号      (b) 传感器的简图      (c) 特性曲线

图 2-8　单位阶跃作用于传感器的动态特性

通常用下述 4 个指标来表示传感器的动态性能：

① 时间常数 $T$。输出值上升到稳态值 $y(\infty)$ 的 63% 所需的时间。

② 上升时间 $t_r$。输出值从稳态值 $y(\infty)$ 的 10% 上升到 90% 所需的时间。

③ 响应时间 $t_s$。系统从阶跃输入开始，输出值达到稳态值的 95% 或 98% 所需的时间。

④ 超调量 $\sigma$。在过渡过程中，如果符合输出量的最大值 $y(t_p) < y(\infty)$，则响应无超调；如果符合 $y(t_p) > y(\infty)$，则有超调，且

$$\sigma = \frac{y(t_p) - y(\infty)}{y(\infty)} \times 100\%$$

输出量 $y(t)$ 跟随输入量的时间快慢，是标定传感器动态性能的重要指标。确定这些性能指标的分析表达式以及技术指标的计算方法，因不同阶次（如一阶、二阶或高阶次传感器）的动态数学模型而异。

**（2）频域性能指标**

通常在正弦函数作用下测定传感器动态性能的频域指标。如标定压力传感器的频域性能指标时，常采用正弦波压力信号发生器。

如图 2-9 所示，频域常有如下指标：

① 通频带 $\omega_b$。对数幅频特性曲线上幅值衰减 3dB 时所对应的频率范围。

② 工作频带 $\omega_{g1}$ 或 $\omega_{g2}$。幅值误差为 ±5% 或 ±10% 时所对应的频率范围。

③ 相对误差。在工作频带范围内相角应小于 5° 或 10°，即为相位误差的大小。

一个传感器的频域性能指标可以上 3 个指标来标定，至于具体规定为多少，可视其应用需要来定。

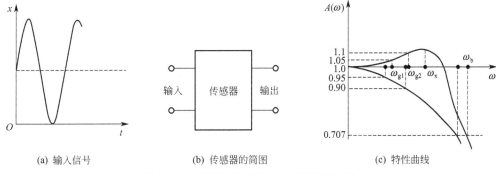

(a) 输入信号　　(b) 传感器的简图　　(c) 特性曲线

图 2-9　正弦压力作用于传感器的频域特性

## 例题分析

**【例 2-1】** 一台精度等级为 0.5 级、量程范围 600～1200℃的温度传感器，它最大允许绝对误差是多少？检验时某点最大绝对误差是 4℃，问：此表是否合格？

**解** 根据精度定义表达式 $A=\frac{\Delta A}{Y_{F\cdot S}}\times 100\%$，并由题意可知 $A=0.5\%$，$Y_{F\cdot S}=(1200-600)$℃，得最大允许绝对误差

$$\Delta A=AY_{F\cdot S}=0.5\%\times(1200-600)=3℃$$

即此温度传感器最大允许绝对误差为 3℃。检验某点的最大绝对误差为 4℃，大于 3℃，故此传感器不合格。

图 2-10

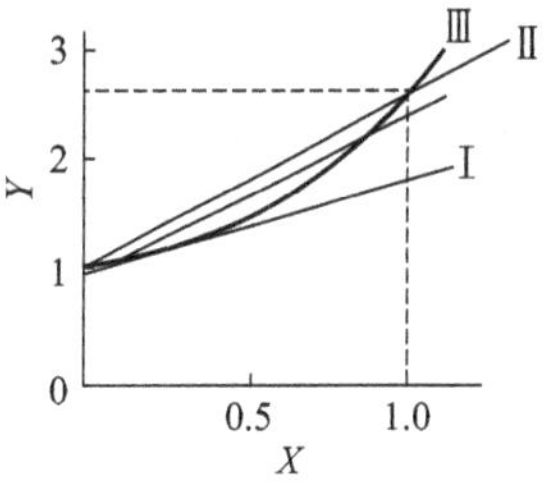

**【例 2-2】** 已知某传感器静态特性方程 $Y=e^X$，试在 $0<X\leqslant 1$ 范围内拟合刻度直线方程，并求出相应的线性度。

**解** 切线法：如图 2-10 所示，在 $X=0$ 处作切线为拟合直线Ⅰ，其表达式为 $Y=a_0+KX$。

当 $X=0$，则 $Y=1$，得 $a_0=1$；当 $X=1$，则 $Y=e$，得 $K=\left.\frac{dY}{dX}\right|_{X=0}=\left.e^X\right|_{X=0}=1$。故切线法刻度直线方程为 $Y=1+X$。

最大偏差 $\Delta Y_{max}$ 在 $X=1$ 处，则

$$\Delta Y_{max}=\left|e^X-(1+X)\right|_{X=1}=0.7183$$

切线法线性度

$$\delta_L=\frac{\Delta Y_{max}}{Y_{F\cdot S}}\times 100\%=\frac{0.7183}{e-1}\times 100\%=41.8\%$$

**【例 2-3】** 用一个具有一阶动态特性的测量仪表（$\tau=0.35s$），测量阶跃信号，输入由 25 单位跳变到 240 单位，求当 $t=0.35s$，$0.7s$，$2s$ 时的仪表示值分别为多少？

**解** 一阶装置的单位阶跃输入时的响应为

$$\begin{aligned}Y(s)&=H(s)\cdot X(s)\\&=\frac{1}{\tau s+1}\cdot\frac{1}{s}=\frac{1}{s}-\frac{1}{s+\frac{1}{\tau}}\end{aligned}$$

$$y(t)=1-e^{-\frac{t}{\tau}}$$

当输入由 $T_1 = 25$ 跳变至 $T_2 = 240$ 单位时,输出响应表达式为

$$y(t) = T_1 + (T_2 - T_1)(1 - e^{-\frac{t}{\tau}})$$
$$= 25 + (240 - 25)(1 - e^{-\frac{t}{0.35}})$$

所以,$t = 0.35s$ 时,仪表示值为 $y_1(t) = 160.9$;$t = 0.7s$ 时,仪表示值为 $y_2(t) = 211$;$t = 2s$ 时,仪表示值为 $y_3(t) = 239.3$。

## 思考题与习题

2-1  何为传感器静态特性?静态特性主要技术指标有哪些?

2-2  何为传感器动态特性?动态特性主要技术指标有哪些?

2-3  传感器的精度等级是如何确定的?

2-4  传感器的线性度是怎样确定的?拟合刻度直线有几种方法?

2-5  已知某温度计测量范围为 $0 \sim 200℃$,检验测试其最大误差 $\Delta Y_{max} = 4℃$,求其满度相对误差,并根据精度等级标准判断精度等级。

2-6  检定一台 1.5 级刻度 $0 \sim 100Pa$ 压力传感器,现发现 $50Pa$ 处误差最大为 $1.4Pa$,问这台压力传感器是否合格?

2-7  已知某传感器静态特性方程为 $Y = \sqrt{1+X}$,试分别用切线法、端基法、最小二乘法在 $0 < X \leq 0.5$ 范围内拟合刻度直线方程,并求出相应的线性度。

2-8  已知某位移传感器,当输入量 $\Delta X = 10\mu m$ 时,其输出电压变化量 $\Delta U = 50mV$,求其平均灵敏度 $K_1$。若采用两个相同的上述传感器组成差动测量系统,则该差动式位移传感器的平均灵敏度 $K_2$ 为多少?

# 第 3 章

## 应变式传感器

## 3.1 金属应变片式传感器

金属应变片式传感器的核心元件是金属应变片，它可将试件上的应变变化转换成电阻变化。

应用时将应变片用黏合剂牢固地粘贴在被测试件表面上。当试件受力变形时，应变片的敏感栅也随之变形，引起应变片电阻值变化，通过测量电路将其转换为电压或电流信号输出。

应变式传感器已成为目前非电量电测技术中非常重要的检测手段，广泛地应用于工程测量和科学实验中。它具有以下几个特点。

① 精度高，测量范围广。对测力传感器而言，量程从零点几牛（N）至几百千牛（kN）精度可达 0.05%F·S（F·S 表示满量程）；对测压传感器，量程从几十帕至 $10^{11}$ 帕，精度为 0.1%F·S。应变测量范围一般可由数微应变（$\mu\varepsilon$）至数千微应变（$1\mu\varepsilon$ 相当于长度为 1m 的试件，其变形为 $1\mu m$ 时的相对变形量，即 $1\mu\varepsilon=1\times10^{-6}\varepsilon$）。

② 频率响应特性较好。一般电阻应变式传感器的响应时间为 $10^{-7}$s，半导体应变式传感器可达 $10^{-11}$s，若能在弹性元件设计上采取措施，则应变式传感器可测几十甚至上百千赫兹的动态过程。

③ 结构简单，尺寸小，质量轻。应变片粘贴在被测试件上对其工作状态和应力分布的影响很小。同时使用维修方便。

④ 可在高（低）温、高速、高压、强烈振动、强磁场及核辐射和化学腐蚀等恶劣条件下正常工作。

⑤ 易于实现小型化、固态化。随着大规模集成电路工艺的发展，目前有的已将测量电路甚至 A/D 转换器与传感器一体化。传感器可直接接入计算机进行数据处理。

⑥ 价格低廉，品种多样，便于选择。

但是应变式传感器也存在一定缺点：在大应变状态中具有较明显的非线性，半导体应变式传感器的非线性更为严重；应变式传感器输出信号微弱，故它的抗干扰能力较差，因此信号线需要采取屏蔽措施；应变式传感器测出的只是一点或应变栅范围内的平均应变，不能显示应力场中应力梯度的变化等。

尽管应变式传感器存在上述缺点，但可采取一定补偿措施，因此它仍不失为非电量电测技术中应用最广和最有效的敏感元件。

### 3.1.1 金属丝式应变片

**(1) 应变效应**

设有一根长度为 $l$、截面积为 $S$、电阻率为 $\rho$ 的金属丝，其电阻 $R$ 为

$$R = \rho \frac{l}{S} \tag{3-1}$$

对式(3-1)两边取对数，得

$$\ln R = \ln \rho + \ln l - \ln S$$

等式两边微分，则得

$$\frac{\mathrm{d}R}{R} = \frac{\mathrm{d}\rho}{\rho} + \frac{\mathrm{d}l}{l} - \frac{\mathrm{d}S}{S} \tag{3-2}$$

式中，$\dfrac{\mathrm{d}R}{R}$ 为电阻的相对变化；$\dfrac{\mathrm{d}\rho}{\rho}$ 为电阻率的相对变化；$\dfrac{\mathrm{d}l}{l}$ 为金属丝长度的相对变化，即轴向应变 $\varepsilon$；$\dfrac{\mathrm{d}S}{S}$ 为截面积的相对变化，因为 $S = \pi r^2$，$r$ 为金属丝的半径，则 $\mathrm{d}S = 2\pi r \mathrm{d}r$，$\dfrac{\mathrm{d}S}{S} = 2\dfrac{\mathrm{d}r}{r}$，其中 $\dfrac{\mathrm{d}r}{r}$ 为金属丝半径的相对变化，即径向应变 $\varepsilon_r$。

由材料力学知道，在弹性范围内金属丝沿长度方向伸长时，径向（横向）尺寸缩小，反之亦然。即轴向应变 $\varepsilon$ 与径向应变 $\varepsilon_r$ 存在下列关系：

$$\varepsilon_r = -\mu\varepsilon \tag{3-3}$$

式中，$\mu$ 为金属材料的泊松比。

根据实验研究结果，金属材料电阻率相对变化与其体积相对变化之间有下列关系：

$$\frac{\mathrm{d}\rho}{\rho} = C \frac{\mathrm{d}V}{V} \tag{3-4}$$

式中，$C$ 为金属材料的某个常数，例如，康铜（一种铜镍合金）丝 $C \approx 1$；$V$ 为体积。体积相对变化 $\dfrac{\mathrm{d}V}{V}$ 与应变 $\varepsilon$、$\varepsilon_r$ 之间有下列关系：

$$V = Sl$$

$$\frac{\mathrm{d}V}{V} = \frac{\mathrm{d}S}{S} + \frac{\mathrm{d}l}{l} = 2\varepsilon_r + \varepsilon = -2\mu\varepsilon + \varepsilon = (1-2\mu)\varepsilon$$

由此得

$$\frac{\mathrm{d}\rho}{\rho} = C \frac{\mathrm{d}V}{V} = C(1-2\mu)\varepsilon$$

将上述各关系式一并代入式(3-2)，得

$$\frac{\mathrm{d}R}{R} = C(1-2\mu)\varepsilon + \varepsilon + 2\mu\varepsilon = [(1+2\mu) + C(1-2\mu)]\varepsilon = K_S\varepsilon \tag{3-5}$$

式中，$K_S$ 对于一种金属材料在一定应变范围内为一常数。将微分 d$R$、d$l$ 改写成增量 $\Delta R$、$\Delta l$ 形式，则

$$\frac{\Delta R}{R} = K_S \frac{\Delta l}{l} = K_S \varepsilon \tag{3-6}$$

即金属丝电阻的相对变化与金属丝的伸长或缩短之间存在比例关系。比例系数 $K_S$ 称为金属丝的应变灵敏系数，其物理意义为单位应变引起的电阻相对变化。由式(3-5) 可知，$K_S$ 由两部分组成。前一部分仅由金属丝的几何尺寸变化引起，一般金属的 $\mu \approx 0.3$，因此 $(1+2\mu) \approx 1.6$。后一部分为电阻率随应变而引起的变化，它除与金属丝几何尺寸变化有关外，还与金属本身的特性有关，如康铜 $C \approx 1$，$K_S \approx 2.0$；其他金属或合金，$K_S$ 一般在 $1.8 \sim 3.6$ 范围内。

**（2）应变片的结构与材料**

图 3-1 为电阻应变片的典型结构。它由敏感栅、基底、盖片、引线和黏合剂等组成。这几部分所选用的材料将直接影响应变片的性能，因此应根据使用条件和要求合理地加以选择。

① **敏感栅** 它是应变片最重要的组成部分，由某种金属细丝绕成栅形。一般用于制造应变片的金属细丝直径为 $0.015 \sim 0.05$mm。电阻应变片的电阻值有 $60\Omega$、$120\Omega$、$200\Omega$ 等各种规格，以 $120\Omega$ 最为常用。敏感栅在纵轴方向的长度称为栅长，图中用 $l$ 表示。在与应变片轴线垂直的方向上，敏感栅外侧之间的距离称为栅宽，图中用 $b$ 表示。应变片栅长大小关系到所测应变的准确度，应变片测得的应变大小实际上是应变片栅长和栅宽所在面积内的平均轴向应变量。栅长有 100mm、200mm 及 1mm、0.5mm、0.2mm 等规格，分别有不同的用途。

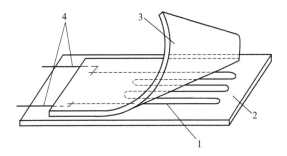

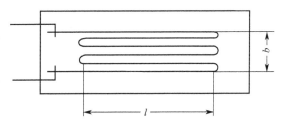

图 3-1　电阻应变片构造示意
1—敏感栅；2—基底；
3—盖片；4—引线

对敏感栅的材料有如下要求：

a. 应变灵敏系数较大，并在所测应变范围内保持常数；

b. 具有高而稳定的电阻率，以便于制造小栅长的应变片；

c. 电阻温度系数要小；

d. 抗氧化能力强，耐腐蚀性能好；

e. 在工作温度范围内能保持足够的抗拉强度；

f. 加工性能良好，易于拉制成丝或轧制成箔材；

g. 易于焊接，对引线材料的热电势小。

对于上述要求，需根据应变片的实际使用情况，合理地加以选择。

常用敏感栅材料如表 3-1 所示。

表 3-1　常用敏感栅材料的主要性能

| 材料<br>名称 | 主要成分的<br>质量分数/% | 灵敏系数 $K_S$ | 电阻率 $\rho$<br>$/(10^{-6}\,\Omega\cdot m)$ | 电阻温度系数 $\alpha$<br>$/(10^{-6}/℃)$ | 线膨胀系数 $\beta$<br>$/(10^{-6}/℃)$ | 最高工作温度<br>/℃ |
|---|---|---|---|---|---|---|
| 康铜 | Cu(55)<br>Ni(45) | 2.0 | 0.45～0.52 | ±20 | 15 | 250（静态）<br>400（动态） |
| 镍铬合金 | Ni(80)<br>Cr(20) | 2.1～2.3 | 1.0～1.1 | 110～130 | 14 | 450（静态）<br>800（动态） |
| 卡玛合金<br>(6J-22) | Ni(74)<br>Cr(20)<br>Al(3)<br>Fe(3) | 2.4～2.6 | 1.24～1.42 | ±20 | 13.3 | 400（静态）<br>800（动态） |
| 伊文合金<br>(6J-23) | Ni(75)<br>Cr(20)<br>Al(3)<br>Cu(2) | | | | | |
| 镍铬铁<br>合金 | Ni(36)<br>Cr(8)<br>Mo(0.5)<br>Fe(55.5) | 3.2 | 1.0 | 175 | 7.2 | 230（动态） |
| 铁铬铝<br>合金 | Cr(25)<br>Al(5)<br>V(2.6)<br>Fe(67.4) | 2.6～2.8 | 1.3～1.5 | ±30～40 | 11 | 800（静态）<br>1000（动态） |
| 铂 | Pt(100) | 4.6 | 0.1 | 3000 | 8.9 | |
| 铂合金 | Pr(80)<br>Ir(20) | 4.0 | 0.35 | 590 | 13 | |
| 铂钨 | Pt(91.5)<br>W(8.5) | 3.2 | 0.74 | 192 | 9 | 800（静态） |

② **基底和盖片**　基底用于保持敏感栅、引线的几何形状和相对位置；盖片既保持敏感栅和引线的形状和相对位置，又可保护敏感栅。最早的基底和盖片多用专门的薄纸制成。基底厚度一般为 0.02～0.04mm，基底的全长称为基底长，其宽度称为基底宽。

③ **黏合剂**　用于将敏感栅固定于基底上，并将盖片与基底粘贴在一起。使用金属应变片时，也需用黏合剂将应变片基底粘贴在构件表面某个方向和位置上，以便将构件受力后的表面应变传递给应变计的基底和敏感栅。

常用的黏合剂分为有机和无机两大类。有机黏合剂用于低温、常温和中温场合。常用的有聚丙烯酸酯、酚醛树脂、有机硅树脂及聚酰亚胺等。无机黏合剂用于高温场合，常用的有磷酸盐、硅酸盐、硼酸盐等。

④ **引线**　引线是从应变片的敏感栅中引出的细金属线。它常用直径 0.1～0.15mm 的镀锡铜线或扁带形的其他金属材料制成。引线材料的性能要求为电阻率低、电阻温度系数小、抗氧化性能好、易于焊接。大多数敏感栅材料均可制作引线。

**(3) 主要特性**

① **灵敏度系数**　金属应变丝的电阻相对变化与它所感受的应变之间具有线性关系，用灵敏度系数 $K_S$ 表示。当金属丝做成应变片后，其电阻-应变特性与金属单丝情况不同，因此需用实验方法重新测定。

实验表明，金属应变片的电阻相对变化 $\dfrac{\Delta R}{R}$ 与应变 $\varepsilon$ 在很宽的范围内均呈线性关系。即

$$\frac{\Delta R}{R} = K\varepsilon$$

$$K = \frac{\Delta R}{R} \bigg/ \varepsilon \qquad (3\text{-}7)$$

式中，$K$ 为金属应变片的灵敏系数。应当指出的是，$K$ 是在试件受一维应力作用，应变片的轴向与主应力方向一致，且试件材料为钢材（泊松比为 0.285）时测得的。

测量结果说明，应变片的灵敏系数 $K$ 恒小于线材的灵敏系数 $K_S$。究其原因，除胶层传递变形失真外，横向效应也是一个不可忽视的因素。

② **横向效应**　金属应变片由于敏感栅的两端为半圆弧形的横栅，测量应变时，构件的轴向应变 $\varepsilon$ 使敏感栅电阻发生变化，其横向应变 $\varepsilon_r$ 也将使敏感栅半圆弧部分的电阻发生变化（除了 $\varepsilon$ 起作用外），应变片的这种既受轴向应变影响又受横向应变影响而引起电阻变化的现象称为横向效应。

图 3-2 表示应变片敏感栅半圆弧部分的形状。沿轴向应变为 $\varepsilon$，沿横向应变为 $\varepsilon_r$。

**(4) 温度误差及其补偿**

① **温度误差**　对用于测量应变的金属应变片，人们希望其阻值仅随应变变化，而不受其他因素的影响。实际上，应变片的阻值受环境温度（包括被测试件的温度）影响很大，主要原因有两方面：其一是应变片的电阻丝具有一定的温度系数；其二是电阻丝材料与测试材料的线膨胀系数不同。

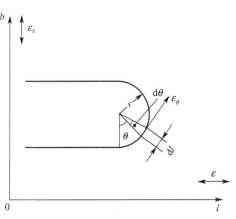

图 3-2　丝绕式应变片敏感栅的半圆弧形部分

设环境引起的构件温度变化为 $\Delta t$（℃）时，粘贴在试件表面的应变片敏感栅材料的电阻温度系数为 $\alpha_t$，则应变片产生的电阻相对变化为

$$\left(\frac{\Delta R}{R}\right)_1 = \alpha_t \Delta t \qquad (3\text{-}8)$$

同时，由于敏感栅材料和被测构件材料两者线膨胀系数不同，当 $\Delta t$ 存在时，引起应变片的附加应变，其值为

$$\varepsilon_{2t} = (\beta_e - \beta_g)\Delta t \qquad (3\text{-}9)$$

式中，$\beta_e$ 为试件材料的线膨胀系数（1/℃）；$\beta_g$ 为敏感栅材料的线膨胀系数（1/℃）。

相应的电阻相对变化为

$$\left(\frac{\Delta R}{R}\right)_2 = K(\beta_e - \beta_g)\Delta t$$

因此，由温度变化形成的总电阻相对变化为

$$\left(\frac{\Delta R}{R}\right)_t = \left(\frac{\Delta R}{R}\right)_1 + \left(\frac{\Delta R}{R}\right)_2 = \alpha_t \Delta t + K(\beta_e - \beta_g)\Delta t \qquad (3\text{-}10)$$

相应的虚假应变 $\varepsilon_t$ 为

$$\varepsilon_t = \left(\frac{\Delta R}{R}\right)_t \bigg/ K = \frac{\alpha_t}{K}\Delta t + (\beta_e - \beta_g)\Delta t$$

上式为应变片粘贴在试件表面上，当试件不受外力作用，在温度变化 $\Delta t$ 时，应变片的温度效应。用应变形式表现出来，称为热输出。式(3-10)表明，应变片热输出的大小不仅与应变计敏感栅材料的性能（$\alpha_t$、$\beta_g$）有关，而且与被测试件材料的线膨胀系数（$\beta_e$）有关。

**② 温度补偿**

a. 单丝自补偿应变片。由式(3-10)可以看出，若使应变片在温度变化 $\Delta t$ 时的热输出值为零，必须使

$$\alpha_t + K(\beta_e - \beta_g) = 0$$

即

$$\alpha_t = K(\beta_g - \beta_e) \tag{3-11}$$

每一种材料的被测试件，其线膨胀系数 $\beta_e$ 均为确定值，可以在有关的材料手册中查到。在选择应变片时，若应变片的敏感栅是用单一的合金丝制成的，且其电阻温度系数 $\alpha_t$ 和线膨胀系数 $\beta_g$ 满足式(3-11)的条件，即可实现温度自补偿。具有这种敏感栅的应变片称为单丝自补偿应变片。

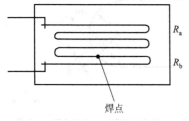

单丝自补偿应变片的优点是结构简单，制造和使用都比较方便，但它必须在具有一定线膨胀系数的试件上使用，否则不能达到温度自补偿的目的。

b. 双丝组合式自补偿应变片。这种温度自补偿应变片由两种不同电阻温度系数（一种为正值，一种为负值）的材料串联组成敏感栅，以达到在一定的温度范围内、在一定材料的试件上实现温度补偿的目的，如图 3-3 所示。

图 3-3　双丝组合式自补偿应变片

这种应变片的自补偿条件要求粘贴在某种试件上的两段敏感栅随温度变化而产生的电阻增量大小相等，符号相反，即

$$(\Delta R_a)_t = -(\Delta R_b)_t$$

所以，两段敏感栅的电阻大小可按下式选择

$$\frac{R_a}{R_b} = -\frac{(\Delta R_b/R_b)_t}{(\Delta R_a/R_a)_t} = -\frac{\alpha_b + K_b(\beta_e - \beta_b)}{\alpha_a + K_a(\beta_e - \beta_a)}$$

该补偿方法的优点是，制造时可以调节两段敏感栅的丝长，以实现对某种材料的试件在一定温度范围内获得较好的温度补偿，补偿效果可达 $\pm 0.45\mu\varepsilon/℃$。

c. 电路补偿法，如图 3-4 所示，电桥输出电压与桥臂参数的关系为

$$U_{SC} = A(R_1 R_4 - R_2 R_3) \tag{3-12}$$

式中，$A$ 为由桥臂电阻和电源电压决定的常数。

由上式可知，当 $R_3$、$R_4$ 为常数时，$R_1$ 和 $R_2$ 对输出电压的作用方向相反。利用这个基本特性可实现对温度的补偿，并且补偿效果较好，这是最常用的补偿方法之一。

测量应变时，使用两个应变片：一片贴在被测试件的表面，如图 3-5 中 $R_1$，称为工作应变片；另一片贴在与被测试件材料相同的补偿块上，如图中 $R_2$，称为补偿应变片。在工作过程中补偿块不承受应变，仅随温度发生变形。

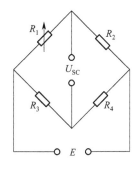

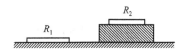

图 3-4　桥路补偿法　　　　　　　　　图 3-5　补偿应变片粘贴示意

当被测试件不承受应变时，$R_1$ 和 $R_2$ 处于同一温度场，调整电桥参数，可使电桥输出电压为零，即

$$U_{SC} = A(R_1 R_4 - R_2 R_3) = 0$$

上式中可以选择 $R_1 = R_2 = R$ 及 $R_3 = R_4 = R'$。

当温度升高或降低时，若 $\Delta R_{1t} = \Delta R_{2t}$，即两个应变片的热输出相等，由式（3-12）可知电桥的输出电压为零，即

$$\begin{aligned}
U_{SC} &= A[(R_1 + \Delta R_{1t})R_4 - (R_2 + \Delta R_{2t})R_3] \\
&= A[(R + \Delta R_{1t})R' - (R + \Delta R_{2t})R'] \\
&= A(RR' + \Delta R_{1t}R' - RR' - \Delta R_{2t}R') \\
&= AR'(\Delta R_{1t} - \Delta R_{2t}) = 0
\end{aligned}$$

若此时有应变作用，只会引起电阻 $R_1$ 发生变化，$R_2$ 不承受应变。故由式（3-12）可得输出电压为

$$U_{SC} = A[(R_1 + \Delta R_{1t} + R_1 K\varepsilon)R_4 - (R_2 + \Delta R_{2t})R_3] = AR'RK\varepsilon$$

由上式可知，电桥输出电压只与应变 $\varepsilon$ 有关，与温度无关。最后应当指出的是，为达到完全补偿，需满足下列三个条件：

ⅰ．$R_1$ 和 $R_2$ 须属于同一批号的，即它们的电阻温度系数 $\alpha$、线膨胀系数 $\beta$、应变灵敏系数 $K$ 均相同，两片的初始电阻值也要求相同；

ⅱ．用于粘贴补偿片的构件和粘贴工作片的试件两者材料必须相同，即要求两者线膨胀系数相等；

ⅲ．两应变片处于同一温度环境中。

此方法简单易行，能在较大温度范围内进行补偿。缺点是上面 3 个条件不易满足，尤其是条件ⅲ。在某些测试条件下，温度场梯度较大，$R_1$ 和 $R_2$ 很难处于相同温度点。

根据被测试件承受应变的情况，可以不另加专门的补偿块，而是将补偿片贴在被测试件上，这样既能起到温度补偿作用，又能提高输出的灵敏度，如图 3-6 所示的贴法。图 3-6（a）为一个受弯曲应变的梁，应变片 $R_1$ 和 $R_2$ 的变形方向相反，上面受拉，下面受压，应变绝对值相等，符号相反，它们接入电桥的相邻臂后，可使输出电压增加一倍。当温度变化时，应变片 $R_1$ 和 $R_2$ 的阻值变化的符号相同，大小相等，电桥不产生输出，达到了补偿的目的。图 3-6（b）是一个受单向应力的构件，将工作应变片 $R_2$ 的轴线顺着应变方向，补偿应变片 $R_1$ 的轴线和应变方向垂直，$R_1$ 和 $R_2$ 接入电桥相邻臂，此时电桥的输出为

$$U_{SC} = AR_1 R_2 K(1 + \mu)\varepsilon$$

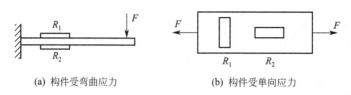

(a) 构件受弯曲应力　　　(b) 构件受单向应力

图 3-6　温度补偿应变片粘贴方法

## 3.1.2　金属箔式应变片

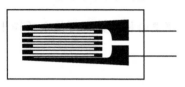

图 3-7　金属箔式应变片

箔式应变片的工作原理与电阻丝式应变片的基本相同。它的电阻敏感元件不是金属丝栅，而是通过光刻、腐蚀等工序制成的薄金属箔栅，故称箔式电阻应变片，见图 3-7。金属箔的厚度一般为 0.003～0.010mm，它的基片和盖片多为胶质膜，基片厚度一般为 0.03～0.05mm。

金属箔式应变片和丝式应变片相比较，有如下特点。

① 金属箔栅很薄，因而它所感受的应力状态与试件表面的应力状态更为接近。尤其是当箔材和丝材具有同样的截面积时，箔材与黏结层的接触面积比丝材大，因而能更好地和试件共同工作。此外，箔栅的端部较宽，横向效应较小，从而提高了应变测量的精度。

② 箔材表面积大，散热条件好，故允许通过较大电流，因而可以输出较大信号，提高了测量灵敏度。

③ 箔栅的尺寸准确、均匀，且能制成任意形状，特别是为制造应变花和小标距应变片提供了条件，从而扩大了应变片的使用范围。

④ 便于成批生产。

箔式应变片的缺点是：生产工序较为复杂；因引出线的焊点采用锡焊，故不适于高温环境下测量。

## 3.1.3　测量电路

电阻应变片的测量线路多采用交流电桥（配交流放大器），其原理和直流电桥相似。直流电桥比较简单（图 3-8），因此首先分析直流电桥。

由图 3-8 可知：当电源 $E$ 为电势源，其内阻为零时，根据等效发电机原理可求出检流计中流过的电流 $I_g$ 与电桥各参数之间的关系为

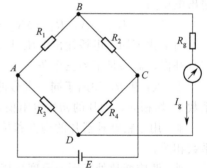

图 3-8　电桥线路原理

$$I_g = \frac{E(R_1 R_4 - R_2 R_3)}{R_g(R_1 + R_2)(R_3 + R_4) + R_1 R_2(R_3 + R_4) + R_3 R_4(R_1 + R_2)} \qquad (3\text{-}13)$$

式中，$R_g$ 为负载电阻。因而其输出电压 $U_g$ 为

$$U_g = I_g R_g = \frac{E(R_1 R_4 - R_2 R_3)}{(R_1 + R_2)(R_3 + R_4) + \dfrac{1}{R_g}[R_1 R_2(R_3 + R_4) + R_3 R_4(R_1 + R_2)]} \qquad (3\text{-}14)$$

由以上两式可见，当 $R_1 R_4 = R_2 R_3$ 时，$I_g = 0$，$U_g = 0$，即电桥处于平衡状态。

若电桥的负载电阻 $R_g$ 为无穷大，则 $B$、$D$ 两点可视为开路，上式可以简化为

$$U_g = E \frac{R_1 R_4 - R_2 R_3}{(R_1 + R_2)(R_3 + R_4)} \tag{3-15}$$

设 $R_1$ 为应变片的阻值，工作时 $R_1$ 有一增量 $\Delta R$，当为拉伸应变时，$\Delta R$ 为正；当为压缩应变时，$\Delta R$ 为负。在上式中以 $R_1 + \Delta R$ 代替 $R_1$，则

$$U_g = E \frac{(R_1 + \Delta R)R_4 - R_2 R_3}{(R_1 + \Delta R + R_2)(R_3 + R_4)} \tag{3-16}$$

设电桥各臂均有相应的电阻增量 $\Delta R_1$、$\Delta R_2$、$\Delta R_3$、$\Delta R_4$ 时。由式(3-16) 得

$$U_g = E \frac{(R_1 + \Delta R_1)(R_4 + \Delta R_4) - (R_2 + \Delta R_2)(R_3 + \Delta R_3)}{(R_1 + \Delta R_1 + R_2 + \Delta R_2)(R_3 + \Delta R_3 + R_4 + \Delta R_4)} \tag{3-17}$$

实际使用时一般多采用等臂电桥或对称电桥，下面主要介绍等臂电桥。

当 $R_1 = R_2 = R_3 = R_4 = R$ 时，称为等臂电桥。此时式(3-17) 可写为

$$U_g = E \frac{R(\Delta R_1 - \Delta R_2 - \Delta R_3 + \Delta R_4) + \Delta R_1 \Delta R_4 - \Delta R_2 \Delta R_3}{(2R + \Delta R_1 + \Delta R_2)(2R + \Delta R_3 + \Delta R_4)} \tag{3-18}$$

一般情况下，$\Delta R_i (i=1,2,3,4)$ 很小，即 $R \gg \Delta R_i$，略去上式中的高阶微量，并利用式(3-7) 得到

$$\begin{aligned}
U_g &= \frac{E}{4}\left(\frac{\Delta R_1}{R} - \frac{\Delta R_2}{R} - \frac{\Delta R_3}{R} + \frac{\Delta R_4}{R}\right) \\
&= \frac{EK}{4}(\varepsilon_1 - \varepsilon_2 - \varepsilon_3 + \varepsilon_4)
\end{aligned} \tag{3-19}$$

上式表明：

① 当 $\Delta R_i \ll R$ 时，输出电压与应变呈线性关系。

② 若相邻两桥臂的应变极性一致，即同为拉应变或压应变时，输出电压为两者之差；若相邻两桥臂的极性不同，即一为拉应变，另一为压应变时，输出电压为两者之和。

③ 若相对两桥臂的应变极性一致，输出电压为两者之和；若相对两桥臂的应变极性相反，输出电压为两者之差。

利用上述特点可以进行温度补偿和提高测量的灵敏度。

当仅桥臂 $AB$ 单臂工作时，输出电压为

$$U_g = \frac{E}{4} \times \frac{\Delta R}{R} = \frac{E}{4} K\varepsilon \tag{3-20}$$

由式(3-19) 和式(3-20) 可知，当假定 $R \gg \Delta R$ 时，输出电压 $U_g$ 与应变 $\varepsilon$ 呈线性关系。当上述假定不成立时，用按线性关系刻度的仪表来测量此种情况下的应变，必然带来非线性误差。

当考虑单臂工作时，即 $AB$ 桥臂变化 $\Delta R$，则由式(3-16) 得到

$$\begin{aligned}
U_g &= \frac{E\Delta R}{4R + 2\Delta R} = \frac{E}{4} \cdot \frac{\Delta R}{R}\left(1 + \frac{1}{2}\frac{\Delta R}{R}\right)^{-1} \\
&= \frac{E}{4} K\varepsilon \left(1 + \frac{1}{2} K\varepsilon\right)^{-1}
\end{aligned} \tag{3-21}$$

由上式展开级数,得

$$U_g = \frac{E}{4} K\varepsilon \left[1 - \frac{1}{2}K\varepsilon + \frac{1}{4}(K\varepsilon)^2 - \frac{1}{8}(K\varepsilon)^3 + \cdots\right] \tag{3-22}$$

则电桥的相对非线性误差为

$$\delta = \frac{\dfrac{E}{4}K\varepsilon - \dfrac{E}{4}K\varepsilon \left[1 - \dfrac{1}{2}K\varepsilon + \dfrac{1}{4}(K\varepsilon)^2 - \dfrac{1}{8}(K\varepsilon)^3 + \cdots\right]}{\dfrac{E}{4}K\varepsilon}$$

$$= \frac{1}{2}K\varepsilon - \frac{1}{4}(K\varepsilon)^2 + \frac{1}{8}(K\varepsilon)^3 - \cdots \tag{3-23}$$

由上式可知，$K\varepsilon$ 越大，$\delta$ 越大。通常 $K\varepsilon \ll 1$，上式可近似地写为

$$\delta \approx \frac{1}{2}K\varepsilon \tag{3-24}$$

设 $K=2$，要求非线性误差 $\delta < 1\%$，试求允许测量的最大应变值 $\varepsilon_{max}$。由上式得到

$$\frac{1}{2}K\varepsilon_{max} < 0.01$$

$$\varepsilon_{max} < \frac{2 \times 0.01}{K} = \frac{2 \times 0.01}{2} = 0.01 = 10000\mu\varepsilon$$

上式表明：如果被测应变大于 $10000\mu\varepsilon$，采用等臂电桥时的非线性误差大于 $1\%$。

### 3.1.4 应变式传感器

金属应变片，除了用于测定试件应力、应变外，还被制造成多种应变式传感器用来测定力、扭矩、加速度、压力等其他物理量。

应变式传感器包括两个部分：一是弹性敏感元件，用于将被测物理量（如力、扭矩、加速度、压力等）转换为弹性体的应变值；另一个是应变片，作为转换元件将应变转换为电阻的变化。

**（1）圆柱式力传感器**

圆柱式力传感器的弹性元件分为实心和空心两种，如图 3-9 所示。

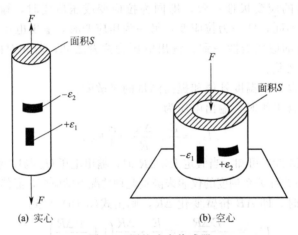

(a) 实心　　　　　　　(b) 空心

图 3-9　圆柱式力传感器

在轴向布置一个或几个应变片，在圆周方向布置同样数目的应变片，后者取符号相反的横向应变，从而构成了差动对。由于应变片沿圆周方向分布，所以非轴向载荷分量被补偿，在与轴线任意夹角的 $\alpha$ 方向，其应变为

$$\varepsilon_\alpha = \frac{\varepsilon_l}{2}\left[(1-\mu) + (1+\mu)\cos 2\alpha\right] \tag{3-25}$$

式中，$\varepsilon_l$ 为沿轴向的应变；$\mu$ 为弹性元件的泊松比。

轴向应变片感受的应变：当 $\alpha = 0$ 时，

$$\varepsilon_\alpha = \varepsilon_l = \frac{F}{SE} \tag{3-26}$$

圆周方向的应变：当 $\alpha = 90°$ 时，

$$\varepsilon_\alpha = \varepsilon_2 = -\mu\varepsilon_l = -\mu\frac{F}{SE} \tag{3-27}$$

式中，$F$ 为载荷，N；$E$ 为弹性元件的杨氏模量，N/$m^2$；$S$ 为弹性元件截面积，$m^2$。

**（2）梁式力传感器**

等强度梁弹性元件是一种特殊形式的悬臂梁，见图 3-10。

梁的固定端宽度为 $b_0$，自由端宽度为 $b$，梁长为 $L$，梁厚为 $h$。这种弹性元件的特点是，其截面沿梁长方向按一定规律变化，当集中力 $F$ 作用在自由端时，距作用力任何距离的截面上应力相等。因此，沿着这种梁的长度方向上的截面抗弯模量 $W$ 的变化与弯矩 $M$ 的变化成正比，即

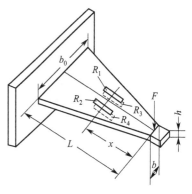

图 3-10　等强度梁弹性元件

$$\sigma = \frac{M}{W} = \frac{6FL}{bh^2} = 常数 \tag{3-28}$$

在等强度梁的设计中，往往采用矩形截面，保持截面厚度 $h$ 不变，只改变梁的宽度 $b$，如图 3-10 所示。设沿梁长度方向上某一截面到力的作用点的距离为 $x$，则

$$\frac{6Fx}{b_x h^2} \leqslant [\sigma]$$

即

$$b_x \geqslant \frac{6Fx}{h^2 [\sigma]} \tag{3-29}$$

式中，$b_x$ 为与 $x$ 值相应的梁宽，m；$[\sigma]$ 为材料允许应力，N/$m^2$。

在设计等强度梁弹性元件时，需确定最大载荷 $F$，假设厚度 $h$，长度 $L$，按照所选定材料的许用应力 $[\sigma]$，即可求得等强度梁的固定端宽度 $b_0$ 以及沿梁长方向宽度的变化值。

等强度梁各点的应变值为

$$\varepsilon = \frac{6Fx}{b_x h^2 E} \tag{3-30}$$

**（3）应变式压力传感器**

测量气体或液体压力的薄板式传感器，如图 3-11(a) 所示。当气体或液体压力作用在薄板承压面上时，薄板变形，粘贴在另一面的电阻应变片随之变形，并改变阻值。这时测量电路中电桥平衡被破坏，产生输出电压。

圆形薄板固定形式，可以采用嵌固形式，也可以与传感器外壳做成一体，见图 3-11(b)。

当均布压力作用于薄板时，圆板上各点径向应力和切向应力可用以下两式表示：

$$\sigma_r = \frac{3P}{8h^2}\left[(1+\mu)r^2 - (3+\mu)x^2\right] \tag{3-31}$$

$$\sigma_t = \frac{3P}{8h^2}\left[(1+\mu)r^2 - (1+3\mu)x^2\right] \tag{3-32}$$

圆板内任一点的应变值计算式为

$$\varepsilon_r = \frac{3P}{8h^2 E}(1-\mu^2)(r^2 - 3x^2) \tag{3-33}$$

$$\varepsilon_r = \frac{3P}{8h^2 E}(1-\mu^2)(r^2-x^2) \tag{3-34}$$

式中，$\sigma_r$、$\sigma_t$ 分别为径向和切向应力，$N/m^2$；$\varepsilon_r$，$\varepsilon_t$ 分别为径向和切向应变；$r$、$h$ 分别为圆板的半径和厚度，m；$\mu$ 为圆板材料的泊松比；$x$ 为与圆心的径向距离，m。

应变分布如图 3-12 所示。由上列各式可以得出以下结论。

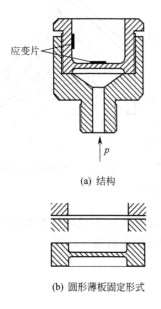

(a) 结构

(b) 圆形薄板固定形式

图 3-11  应变式压力传感器

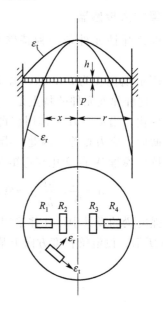

图 3-12  圆板表面应变分布

① 由式(3-31)、式(3-32)可知，圆板边缘处的应力为

$$\sigma_r = -\frac{3P}{4h^2}r^2$$

$$\sigma_t = -\frac{3P}{4h^2}r^2\mu$$

因此，周边处的径向应力最大。设计薄板时，此处的应力不应超过允许应力。

② 由应变分布图可知，$x=0$ 时，在膜片中心位置处的应变为

$$\varepsilon_r = \varepsilon_t = \frac{3P}{8h^2} \cdot \frac{1-\mu^2}{E} r^2 \tag{3-35}$$

$x=r$ 时，在膜片边缘处的应变为

$$\varepsilon_t = 0$$

$$\varepsilon_r = -\frac{3P}{4h^2} \cdot \frac{1-\mu^2}{E} r^2 \tag{3-36}$$

由此可见，其径向应变绝对值比中心处应变大一倍。$x=\frac{r}{\sqrt{3}}$ 时，$\varepsilon_r = 0$。

由应力分布规律可找出贴片方法：由于切应变均为正且中间最大，径向应变沿圆周分布，有正有负，在中心处与切应变相等，而在边缘处最大，为中心处的两倍，在 $x=\frac{r}{\sqrt{3}}$ 处为零，故贴片时应避开 $\varepsilon_r = 0$ 处。一般在圆片中心处沿切向贴两片，在边缘处沿径向贴两片。应变片 $R_1$、$R_4$ 和 $R_2$、$R_3$ 接在桥路的相对臂内，以提高灵敏度并进行温度补偿。

应变式传感器还广泛应用于电子衡器中，如应用于商用电子秤、汽车电子秤、机械杠杆秤电子改造、起重机电子吊钩秤及塔式起重机力矩限制器中等。

以电阻应变式称重传感器为转换部件的计价秤，已逐渐取代传统的机械式秤和光栅式码盘秤。这种电阻应变式计价用于称重传感器的误差可做到小于满量程的 0.02%。所以，电子计价秤已完全符合国际商用秤 2500 分度的精度要求。目前，不少先进国家已制成了5000～6000 分度的电子计价秤等。

电阻应变式电子秤精度高、反应速度快、结构紧凑、抗振抗冲击性强，能广泛应用于商业计价秤、邮包秤、医疗秤、计数秤、港口秤、人体秤及家用厨房秤。

电子计价秤在秤台结构上的显著特点是：一个相当大的秤台，只在中间装置一只专门设计的传感器承担物料的全部重量。与传统的 4 个传感器做支承的秤台在结构上截然不同。

图 3-13 所示为 0～5kg 电子计价秤的外形及功能部件方位示意图，图 3-14 所示为电子计价秤的内部结构。微处理机的应用，使商用电子秤具有多种功能，例如，自动跟踪回零、自动去皮、单价显示、费用累计等，通过接口电路，还可进行自动打印。

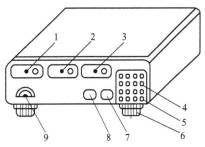

图 3-13　商用计价秤外形及功能部件
1—质量；2—单价；3—金额；4—计数器；
5—清除按钮；6—校平角；7—去皮；
8—置零；9—水平仪

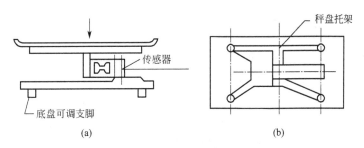

图 3-14　电子计价秤的内部结构

# 3.2　压阻式传感器

利用硅的压阻效应和微电子技术制成的压阻式传感器，是发展非常迅速的一种新的物性型传感器，具有灵敏度高、动态响应好、精度高、易于微型化和集成化等特点，故获得广泛应用。早期的压阻式传感器是利用半导体应变片制成的粘贴型压阻式传感器。20 世纪 70 年代以后，研制出周边固支的力敏电阻与硅膜片一体化的扩散型压阻传感器。它易于批量生产，能够方便地实现微型化、集成化和智能化，因而成为受到人们普遍重视并重点开发的具有代表性的新型传感器。

### 3.2.1　压阻效应

单晶硅材料在受到应力作用后，其电阻率发生明显变化，这种现象被称为压阻效应。
对于一条形半导体材料，其电阻相对变化量由式(3-2)不难得出：

$$\frac{\mathrm{d}R}{R}=\frac{\mathrm{d}\rho}{\rho}+(1+2\mu)\varepsilon \tag{3-37}$$

对金属来说，电阻变化率$\frac{\mathrm{d}\rho}{\rho}$较小，可忽略不计。因此，主要起作用的是应变效应，

即

$$\frac{\mathrm{d}R}{R}=(1+2\mu)\varepsilon$$

而半导体材料，若以 $\mathrm{d}\rho/\rho=\pi\sigma=\pi E\varepsilon$ 代入式(3-37)，则有

$$\frac{\mathrm{d}R}{R}=\pi\sigma+(1+2\mu)\varepsilon=(\pi E+1+2\mu)\varepsilon \tag{3-38}$$

由于 $\pi E$ 一般都比 $(1+2\mu)$ 大几十倍甚至上百倍，因此引起半导体材料电阻相对变化的主要因素是压阻效应，所以式(3-38)也可以近似写成

$$\frac{\mathrm{d}R}{R}=\pi E\varepsilon \tag{3-39}$$

式中，$\pi$ 为压阻系数，$\mathrm{m}^2/\mathrm{N}$；$E$ 为弹性模量，$\mathrm{N/m}^2$；$\sigma$ 为应力，$\mathrm{N/m}^2$；$\varepsilon$ 为应变。

由式(3-39)可得，半导体的应变灵敏系数

$$K=\frac{\mathrm{d}R}{R}/\varepsilon=\pi E \tag{3-40}$$

上式表明压阻式传感器的工作原理是基于压阻效应。

扩散硅压阻式传感器的基片是半导体单晶硅。单晶硅是各向异性材料，取向不同，其特性也不一样。而取向是用晶向表示的，所谓晶向就是晶面的法线方向。

### 3.2.2  固态压阻器件

#### (1) 固态压阻器件的结构原理

利用固体扩散技术，将 P 型杂质扩散到一片 N 型硅底层上，形成一层极薄的导电 P 型层，装上引线接点后，即形成扩散型半导体应变片。在圆形硅膜片上扩散出四个 P 型电阻，构成惠斯通电桥的四个臂，这样的敏感器件通常称为固态压阻器件，如图 3-15 所示。

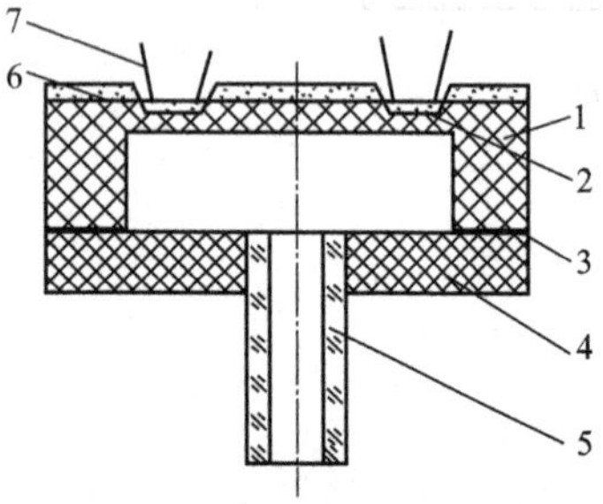

当硅单晶在任意晶向受到纵向和横向应力作用时，如图 3-16(a) 所示，其阻值的相对变化为

$$\frac{\Delta R}{R}=\pi_\mathrm{l}\sigma_\mathrm{l}+\pi_\mathrm{t}\sigma_\mathrm{t} \tag{3-41}$$

式中，$\sigma_\mathrm{l}$ 为纵向应力，$\mathrm{N/m}^2$；$\sigma_\mathrm{t}$ 为横向应力，$\mathrm{N/m}^2$；$\pi_\mathrm{l}$ 为纵向压阻系数，$\mathrm{m}^2/\mathrm{N}$；$\pi_\mathrm{t}$ 为横向压阻系数，$\mathrm{m}^2/\mathrm{N}$。

在硅膜片上，根据 P 型电阻的扩散方向不同可分为径向电阻和切向电阻，如图 3-16(b) 所示。扩散电阻的长边平行于膜片半径时为径向电阻 $R_\mathrm{r}$；垂直于膜片半径时为切向电阻 $R_\mathrm{t}$。当圆形硅膜片半径比 P 型电阻的几何尺寸大得多时，其电阻相对变化可分别表示如下，即

$$\left(\frac{\Delta R}{R}\right)_\mathrm{r}=\pi_\mathrm{l}\sigma_\mathrm{r}+\pi_\mathrm{t}\sigma_\mathrm{t} \tag{3-42}$$

$$\left(\frac{\Delta R}{R}\right)_\mathrm{t}=\pi_\mathrm{l}\sigma_\mathrm{t}+\pi_\mathrm{t}\sigma_\mathrm{r} \tag{3-43}$$

图 3-15  固态压阻器件

1—N-Si 膜片；2—P-Si 导电层；
3—黏合剂；4—硅底座；5—引压管；
6—SiO₂ 保护膜；7—引线

式中，$\sigma_r$ 为径向应力，N/m$^2$；$\sigma_t$ 为切向应力，N/m$^2$。

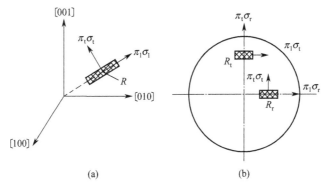

图 3-16  力敏电阻受力情况示意

以上各式中的 $\pi_l$ 及 $\pi_t$ 为任意纵向和横向的压阻系数。

若圆形硅膜片周边固定，在均布压力 $p$ 作用下，当膜片位移远小于膜片厚度时，其膜片的应力分布为

$$\sigma_r = \frac{3p}{8h^2}[(1+\mu)r^2 - (3+\mu)x^2] \tag{3-44}$$

$$\sigma_t = \frac{3p}{8h^2}[(1+\mu)r^2 - (1+3\mu)x^2] \tag{3-45}$$

式中，$r$、$x$、$h$ 分别为膜片的有效半径、计算点半径、厚度，m；$\mu$ 为泊松比，硅取 $\mu=0.35$；$p$ 为压力，Pa。

根据上两式作出曲线（图 3-17）就可得圆形平膜片上各点的应力分布图。

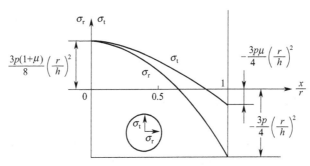

图 3-17  平膜片的应力分布

当 $x=0.635r$ 时，$\sigma_r=0$；

$x<0.635r$ 时，$\sigma_r>0$，即为拉应力；

$x>0.635r$ 时，$\sigma_r<0$，即为压应力。

当 $x=0.812r$ 时，$\sigma_t=0$，仅有 $\sigma_r$ 存在，且 $\sigma_r<0$，即为压应力。

**（2）测量桥路及温度补偿**

为了减少温度影响，压阻器件一般采用恒流源供电，如图 3-18 所示。

假设电桥中两个支路的电阻相等，即 $R_{ABC}=$

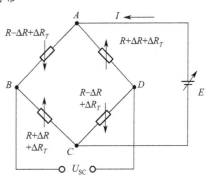

图 3-18  恒流源供电电路

$R_{ADC} = 2(R + \Delta R_T)$，故有

$$I_{ABC} = I_{ADC} = \frac{1}{2}I$$

因此电桥的输出为

$$U_{SC} = U_{BD} = \frac{1}{2}I(R + \Delta R + \Delta R_T) - \frac{1}{2}I(R - \Delta R + \Delta R_T)$$

整理后得

$$U_{SC} = I\Delta R \qquad\qquad (3\text{-}46)$$

可见，电桥输出与电阻变化成正比，即与被测量成正比；与恒流源电流成正比，即与恒流源电流大小和精度有关。但它与温度无关，因此不受温度的影响。

但是，压阻器件本身受到温度影响后，产生零点温度漂移和灵敏度温度漂移，因此必须采取温度补偿措施。

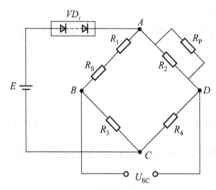

图 3-19　温度漂移的补偿电路

① **零点温度补偿**　零点温度漂移是由于四个扩散电阻的阻值及其温度系数不一致造成的。一般用串联、并联电阻法补偿，如图 3-19 所示。其中，$R_S$ 是串联电阻，主要起调零作用；$R_P$ 是并联电阻，主要起补偿作用。补偿原理如下。

由于发生零点漂移，导致 $B$、$D$ 两点电位不等，譬如，当温度升高时，$R_2$ 的增加比较大，使 $D$ 点电位低于 $B$ 点，$B$、$D$ 两点的电位差即为零位漂移。要消除 $B$、$D$ 两点的电位差，最简单的办法是在 $R_2$ 上并联一个温度系数为负、阻值较大的电阻 $R_P$，用来约束 $R_2$ 的变化。这样，当温度变化时，可减小 $B$、$D$ 点之间的电位差，以达到补偿的目的。当然，如在 $R_4$ 上并联一个温度系数为正、阻值较大的电阻进行补偿，作用是一样的。

② **灵敏度温度补偿**　灵敏度温度漂移是由于压阻系数随温度变化而引起的。温度升高时压阻系数变小，温度降低时压阻系数变大，说明传感器的灵敏度系数为负值。

补偿灵敏度温度漂移可以采用在电源回路中串联二极管的方法。温度升高时，灵敏度降低，这时如果提高电桥的电源电压，使电桥的输出适当增大，便可以达到补偿的目的。反之，温度降低时，灵敏度升高，这时如果降低电源电压，使电桥的输出适当减小，同样可达到补偿的目的。因为二极管 PN 结的温度特性为负值，温度每升高 1℃时，正向压降减小 1.9～2.4mV，故可将适当数量的二极管串联在电桥的电源回路中，见图 3-19。电源采用恒压源，当温度升高时，二极管的正向压降减小，于是电桥的桥压增加，使其输出增大。只要计算出所需二极管的个数，将其串入电桥电源回路，便可以达到补偿的目的。

根据电桥的输出，应有

$$\Delta U_{SC} = \Delta E \frac{\Delta R}{R}$$

若传感器低温时满量程输出为 $U'_{SC}$，高温时满量程输出为 $U''_{SC}$，则 $\Delta U_{SC} = U'_{SC} - U''_{SC}$，因此

$$U'_{SC} - U''_{SC} = \Delta E \frac{\Delta R}{R}$$

而 $\Delta R/R$ 可根据常温下传感器的电源电压与满量程输出计算，从而可求出 $\Delta U_{SC}$。此值便是为了补偿灵敏度随温度下降，桥压需要提高的数值 $\Delta E$。

当 $n$ 只二极管串联时，可得

$$n \cdot \theta \cdot \Delta T = \Delta E$$

式中，$\theta$ 为二极管 PN 结正向压降的温度系数，一般为 $-2\text{mV}/℃$；$n$ 为串联二极管的个数；$\Delta T$ 为温度的变化范围，℃。

根据上式可计算出

$$n = \frac{\Delta E}{\theta \cdot \Delta T} \tag{3-47}$$

用这种方法进行补偿时，必须考虑二极管正向压降的阈值，硅管为 0.7V，锗管为 0.3V。因此，要求恒压源提供的电压应有一定的提高。

图 3-20 是扩散硅差压变送器典型的测量电路原理图。它由应变桥路、温度补偿网络、恒流源、输出放大及电压—电流转换单元等组成。

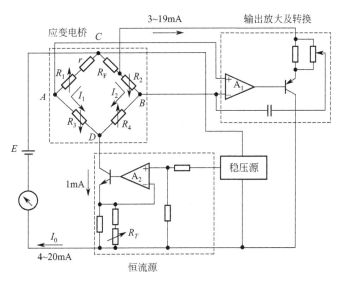

图 3-20　变送器电路原理

电桥由电流值为 1mA 的恒流源供电。硅杯未承受负荷时，因 $R_1 = R_2 = R_3 = R_4$，$I_1 = I_2 = 0.5\text{mA}$，故 $A$、$B$ 两点电位相等（$U_{AC} = U_{BC}$），电桥处于平衡状态，因此电流 $I_0 = 4\text{mA}$。硅杯受压时，$R_2$ 减小，$R_4$ 增大，因 $I_2$ 不变，导致 $B$ 点电位升高。同理，$R_1$ 增大，$R_3$ 减小，引起 $A$ 点电位下降，电桥失去平衡（其增量为 $\Delta U_{AB}$）。$A$、$B$ 间的电位差 $\Delta U_{AB}$ 为运算放大器 $A_1$ 的输入信号，它的输出电压经过电压-电流变换器转换成相应的电流（$I_0 + \Delta I_0$），这个增大了的回路电流流过反馈电阻 $R_F$，使反馈电压增加 $U_F + \Delta U_F$，于是导致 $B$ 点电位下降，直至 $U'_{AC} = U'_{BC}$。扩散硅应变电桥在差压作用下达到了新的平衡状态，完成了"力平衡"过程。当差压为量程上限值时，$I_0 = 20\text{mA}$，变送器的净输出电流 $I = 20 - 4 = 16\text{mA}$。

### 3.2.3　压阻式传感器应用

高精度阵列式硅压阻数字气压变送器的硬件系统如图 3-21 所示，它由气压传感器阵列、正反交流测量切换电路模块、四线制铂电阻测温模块、模数转换器 AD7794、STM32 微控制器、模数电路隔离处理模块、通信接口电路及其他外围电路模块所构成。

MEMS 气压传感器采用美国通用电气公司生产的压阻式压力传感器 NPC-1210-15A-3S，

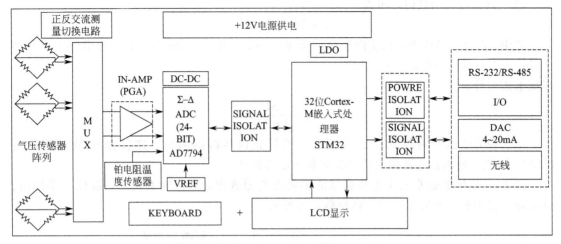

图 3-21 阵列式硅压阻数字气压变送器的硬件系统方框图

其量程范围为 $0 \sim 103.4$ kPa，在 25℃ 参考温度下整体测量精度为 $\pm 0.1\%$FS。在 $0 \sim 60$℃ 温度范围内硬件补偿后的测量误差最大为 $\pm 0.5\%$FS。为提高测量精度和稳定性，系统采用 4 个压力传感器构成阵列，实现数据多点平均测量，然后提供给 PSO-BP 神经网络进行数据融合，阵列式平均测量方法可有效减小气压传感器本身蠕变而产生的随机误差或重复性误差的影响，有助于改善气压测量系统精度。

在 SMT32 平台上移植了 $\mu$C/GUI，采用 3.2 寸 TFT-LCD 触摸彩屏将采集到的温度和气压数据进行显示，并提供实时的 PSO-BP 神经网络补偿后的气压变化曲线，可使用触摸控制系统运转与数据的存储。最终实现的嵌入式气压变送器的 $\mu$C/GUI 人机交互界面显示，并给出恒定气压和气压变化时的曲线。

## 例题分析

**【例 3-1】** 已知试件受力横截面积 $S = 0.5 \times 10^{-4}$ m²，弹性模量 $E = 2 \times 10^{11}$ N/m²，将 $100\Omega$ 电阻应变片贴在弹性试件上，若有 $F = 5 \times 10^4$ N 的拉力引起应变电阻变化为 $1\Omega$。试求该应变片的灵敏度系数。

**解** 由题意得应变片电阻相对变化量 $\dfrac{\Delta R}{R} = \dfrac{1}{100}$。

根据材料力学理论可知应变 $\varepsilon = \dfrac{\sigma}{E}$（$\sigma$ 为试件所受应力，$\sigma = \dfrac{F}{S}$），故应变

$$\varepsilon = \frac{F}{SE} = \frac{5 \times 10^4}{0.5 \times 10^{-4} \times 2 \times 10^{11}} = 0.005$$

应变片灵敏度系数

$$K = \frac{\Delta R / R}{\varepsilon} = \frac{1/100}{0.005} = 2$$

**【例 3-2】** 将四片相同的金属丝应变片（$K = 2$）贴在实心圆柱形测力弹性元件上。如图 3-22(a) 所示，力 $F = 9800$N。圆柱断面半径 $r = 1$cm，杨氏模量 $E = 2 \times 10^7$ N/cm²，泊松比 $\mu = 0.3$。要求：

（1）画出应变片在圆柱上粘贴位置及相应测量桥路原理图；

(2) 计算各应变片的应变和电阻相对变化量 $\Delta R/R$；

(3) 若供桥电压 $U=6\mathrm{V}$，求桥路输出电压 $U_\mathrm{o}$；

(4) 指出此种测量方式能否补偿环境温度对测量的影响，并说明原因。

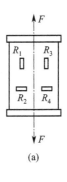

**解** （1）按题意采用四个相同应变片贴在测力弹性元件上，贴的位置如图 3-22（a）所示。$R_1$、$R_3$ 沿轴向在力 $F$ 作用下产生正应变，即 $\varepsilon_1>0$，$\varepsilon_3>0$；$R_2$、$R_4$ 沿圆周方向贴则产生负应变，即 $\varepsilon_2<0$，$\varepsilon_4<0$。

四个应变电阻接入桥路位置如图 3-22（b）所示，从而组成全桥测量电路，可以提高输出电压灵敏度。

图 3-22

(2)
$$\varepsilon_1=\varepsilon_3=\frac{F}{SE}=\frac{9800}{\pi\times1^2\times2\times10^7}=1.56\times10^{-4}=156\mu\varepsilon$$

$$\varepsilon_2=\varepsilon_4=-\mu\frac{F}{SE}=-0.3\times1.56\times10^{-4}=-0.47\times10^{-4}=-47\mu\varepsilon$$

$$\frac{\Delta R_1}{R_1}=\frac{\Delta R_3}{R_3}=K\varepsilon_1=2\times1.56\times10^{-4}=3.12\times10^{-4}$$

$$\frac{\Delta R_2}{R_2}=\frac{\Delta R_4}{R_4}=-K\varepsilon_2=-2\times0.47\times10^{-4}=-0.94\times10^{-4}$$

(3)
$$U_\mathrm{o}=\frac{1}{4}\left(\frac{\Delta R_1}{R_1}-\frac{\Delta R_2}{R_2}+\frac{\Delta R_3}{R_3}-\frac{\Delta R_4}{R_4}\right)U=\frac{1}{2}\left(\frac{\Delta R_1}{R_1}-\frac{\Delta R_2}{R_2}\right)U$$

$$=\frac{1}{2}(3.12\times10^{-4}+0.94\times10^{-4})\times6=1.22\times10^{-3}\mathrm{V}=1.22\mathrm{mV}$$

(4) 此种测量方式可以补偿环境温度变化对测量的影响。因为四个相同的电阻应变片在同样环境条件下，感受温度变化产生的电阻相对变化量相同，在全桥电路中不影响输出电压值，即

$$\frac{\Delta R_1(t)}{R_1}=\frac{\Delta R_2(t)}{R_2}=\frac{\Delta R_3(t)}{R_3}=\frac{\Delta R_4(t)}{R_4}=\frac{\Delta R(t)}{R}$$

故
$$\Delta U_{ot}=\frac{1}{4}\left[\frac{\Delta R_1(t)}{R_1}-\frac{\Delta R_2(t)}{R_2}+\frac{\Delta R_3(t)}{R_3}-\frac{\Delta R_4(t)}{R_4}\right]U=0$$

## 思考题与习题

3-1　什么是金属材料的应变效应？什么是半导体材料的压阻效应？

3-2　比较金属丝应变片和半导体应变片的相同点和不同点。

3-3　什么是金属应变片的灵敏度系数？它与金属丝灵敏度函数有何不同？

3-4　采用应变片进行测量时为什么要进行温度补偿？常用温度补偿方法有哪些？

3-5　固态压阻器件的结构特点是什么？受温度影响会产生哪些温度漂移？如何进行补偿？

3-6　直流电桥是如何分类的？各类桥路输出电压与电桥灵敏度关系如何？

3-7　已知传感元件的应变片的电阻 $R=120\Omega$，$K=2.05$，应变为 $800\mu\mathrm{m/m}$。要求：

(1) 计算 $\Delta R$ 和 $\Delta R/R$；

(2) 若电源电压 $U=3\mathrm{V}$，求此时惠斯通电桥的输出电压 $U_\mathrm{o}$。

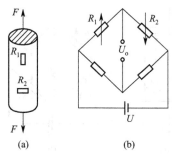

(a)          (b)

图 3-23  题 3-8 图

3-8  在材料为钢的实心圆柱形试件上，沿轴线和圆周方向各贴一片电阻为 $120\Omega$ 的金属应变片 $R_1$ 和 $R_2$，把这两应变片接入差动电桥（参看图 3-23）。若钢的泊松比 $\mu=0.285$，应变片的灵敏系数 $K=2$，电桥电源电压 $U=6\mathrm{V}$，当试件受轴向拉伸时，测得应变片 $R_1$ 的电阻变化值 $\Delta R_1=0.48\Omega$。试求电桥的输出电压 $U_o$。

3-9  如图 3-24（a）所示，在悬臂梁距端部为 $L$ 位置上、下面各贴两片完全相同的电阻应变片 $R_1$、$R_2$、$R_3$、$R_4$。试求图 3-24（c）、（d）、（e）三种桥臂接法桥路输出电压对图 3-24（b）种接法输出电压的比值。图中 $U$ 为电源电压，$R$ 是固定电阻并且 $R_1=R_2=R_3=R_4=R$，$U_o$ 为桥路输出电压。

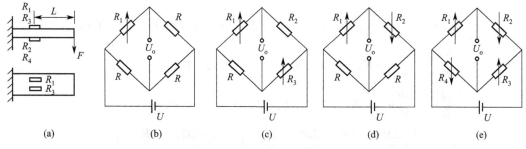

(a)          (b)          (c)          (d)          (e)

图 3-24  题 3-9 图

# 第 4 章

# 电容式传感器

电容式传感器是将被测参数变换成电容量的测量装置。它与电阻式、电感式传感器相比具有以下优点。

① 测量范围大。金属应变丝由于应变极限的限制，$\Delta R/R$ 一般低于 $1\%$，而半导体应变片可达 $20\%$，电容传感器可大于 $100\%$。

② 灵敏度高。用比率变压器电桥可测出电容值，其相对变化量可达 $10^{-7}$。

③ 动态响应时间短。由于电容式传感器可动部分质量很小，因此其固有频率很高，适用于动态信号的测量。

④ 机械损失小。电容传感器电极间相互吸引力十分微小，又无摩擦存在，其自然热效应甚微，从而保证传感器具有较高的精度。

⑤ 结构简单，适应性强。电容传感器一般用金属做电极，以无机材料（如玻璃、石英、陶瓷等）做绝缘支撑，因此电容传感器能承受很大的温度变化和各种形式的强辐射作用，适合在恶劣环境中工作。

然而，电容传感器有如下不足之处。

① 寄生电容影响较大。寄生电容主要指连接电容极板的导线电容和传感器本身的泄漏电容。寄生电容的存在不但降低了测量灵敏度，而且引起非线性输出，甚至使传感器处于不稳定的工作状态。

② 当用变间隙原理进行测量时具有非线性输出特性。

近年来，由于材料、工艺，特别是测量电路及半导体集成技术等已达到了相当高的水平，因此受寄生电容影响的问题得到较好的解决，电容传感器的优点也得以充分发挥。

## 4.1 电容式传感器的工作原理

用两块金属平板做电极可构成最简单的电容器。当忽略边缘效应时，其电容量为

$$C = \frac{\varepsilon S}{d} = \frac{\varepsilon_0 \varepsilon_r S}{d} \tag{4-1}$$

式中，$C$ 为电容量；$S$ 为极板间相互覆盖面积；$d$ 为两极板间距离；$\varepsilon$ 为两极板间介质的介电常数；$\varepsilon_0$ 为真空介电常数，$\varepsilon_0 = \dfrac{1}{4\pi \times 9 \times 10^{11}}\,\mathrm{F/cm} = \dfrac{1}{3.6\pi}\,\mathrm{pF/cm}$；$\varepsilon_r$ 为介质的相对介电常数，$\varepsilon_r = \dfrac{\varepsilon}{\varepsilon_0}$，对于空气介质，$\varepsilon_r \approx 1$。

在式(4-1) 中，若 $S$ 的单位为 $cm^2$ ，$d$ 的单位为 cm，$C$ 的单位为 pF，则

$$C = \frac{\varepsilon_r S}{3.6\pi d}$$

由式(4-1) 可见：在 $\varepsilon$、$S$、$d$ 三个参数中，保持其中两个不变，改变另一个参数便可以使电容量 $C$ 改变，这就是电容式传感器的基本原理。因此，一般电容式传感器可以分成以下三种类型。

**（1）变面积（$S$）型**

这种传感器的原理如图 4-1 所示。

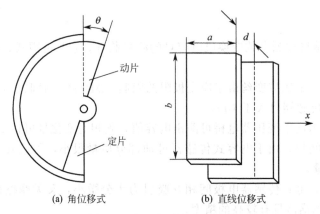

(a) 角位移式　　　　　(b) 直线位移式

图 4-1　变面积型电容传感器

图 4-1(a) 是角位移式电容传感器原理图。当动片有一角位移 $\theta$ 时，两极板间覆盖面积 $S$ 就改变，因而改变了两极板间的电容量。

当 $\theta = 0$ 时

$$C_0 = \frac{\varepsilon_r S}{3.6\pi d} \text{pF}$$

当 $\theta \neq 0$ 时

$$C_\theta = \frac{\varepsilon_r S(1-\theta/\pi)}{3.6\pi d} = C_0(1-\theta/\pi)\text{pF} \tag{4-2}$$

由式(4-2) 可见，电容 $C_\theta$ 与角位移 $\theta$ 呈线性关系。

图 4-1(b) 是直线位移式电容传感器示意图。设两矩形极板间覆盖面积为 $S$，当其中一极板移动距离 $x$ 时，则面积 $S$ 发生变化，电容量也改变。

$$C_x = \frac{\varepsilon_r b(a-x)}{3.6\pi d} = C_0\left(1-\frac{x}{a}\right)\text{pF} \tag{4-3}$$

此传感器灵敏度 $K$ 可由下式求得：

$$K = \frac{\mathrm{d}C_x}{\mathrm{d}x} = -\frac{C_0}{a} \tag{4-4}$$

由式(4-4) 可知：增大初始电容 $C_0$ 可以提高传感器的灵敏度。但 $x$ 变化不能太大，否则边缘效应会使传感器特性产生非线性变化。

变面积型电容式传感器还可以做成其他多种形式。这种电容传感器大多用来检测位移等参数。

**（2）变介质介电常数（ε）型**

因为各种介质的介电常数不同（见表 4-1），若在两电极间充以空气以外的其他介质，使介电常数相应变化，电容量也随之改变。这种传感器常用于检测容器中液面高度、片状材料的厚度等。图 4-2 是一种电容液面计的原理图。被测介质中放入两个同心圆柱状极板 1 和 2。若容器内介质的介电常数为 $\varepsilon_1$，容器介质上面气体的介电常数为 $\varepsilon_2$，当容器内液面变化时，两极板间电容量 $C$ 就会发生变化。

表 4-1　相对介电常数

| 物 质 名 称 | 相对介电常数 $\varepsilon_r$ | 物 质 名 称 | 相对介电常数 $\varepsilon_r$ |
|---|---|---|---|
| 水 | 80 | 玻璃 | 3.7 |
| 丙三醇 | 47 | 硫黄 | 3.4 |
| 甲醇 | 37 | 沥青 | 2.7 |
| 乙二醇 | 35～40 | 苯 | 2.3 |
| 乙醇 | 20～25 | 松节油 | 3.2 |
| 白云石 | 8 | 聚四氟乙烯塑料 | 1.8～2.2 |
| 盐 | 6 | 液氮 | 2 |
| 醋酸纤维素 | 3.7～7.5 | 纸 | 2 |
| 瓷器 | 5～7 | 液态二氧化碳 | 1.59 |
| 米及谷类 | 3～5 | 液态空气 | 1.5 |
| 纤维素 | 3.9 | 空气及其他气体 | 1～1.2 |
| 砂 | 3～5 | 真空 | 1 |
| 砂糖 | 3 | 云母 | 6～8 |

设容器中介质为不导电液体（如果是导电液体，则电极需要绝缘），容器中液体介质浸没电极 1 和 2 的高度为 $h_1$，这时总的电容 $C$ 等于气体介质间的电容量和液体介质间电容量之和。

气体介质间的电容量

$$C_1 = \frac{2\pi h_2 \varepsilon_2}{\ln(R/r)} = \frac{2\pi(h - h_1)\varepsilon_2}{\ln(R/r)}$$

液体介质间的电容量

$$C_2 = \frac{2\pi h_1 \varepsilon_1}{\ln(R/r)}$$

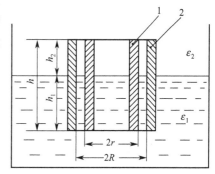

图 4-2　电容液面计原理
1，2—电极

式中　$h$——电极总长度，$h = h_1 + h_2$；

　　　$R$、$r$——两个同心圆电极半径。

因此，总电容量为

$$C = C_1 + C_2 = \frac{2\pi(h - h_1)\varepsilon_2}{\ln(R/r)} + \frac{2\pi h_1 \varepsilon_1}{\ln(R/r)}$$

$$= \frac{2\pi h \varepsilon_2}{\ln(R/r)} + \frac{2\pi h_1(\varepsilon_1 - \varepsilon_2)}{\ln(R/r)} \tag{4-5}$$

令

$$A = \frac{2\pi h \varepsilon_2}{\ln(R/r)}$$

$$K = \frac{2\pi(\varepsilon_1 - \varepsilon_2)}{\ln(R/r)}$$

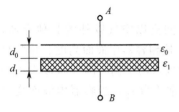

图 4-3 变 ε 的电容传感器

则式(4-5) 可以写成

$$C = A + Kh_1 \tag{4-6}$$

式(4-6) 表明传感器电容量 $C$ 与液位高度 $h_1$ 呈线性关系。

图 4-3 是另一种变介电常数（ε）的电容传感器。极板间两种介质厚度分别是 $d_0$ 和 $d_1$，则此传感器的电容量等于两个电容 $C_0$ 和 $C_1$ 相串联，即

$$C = \frac{C_0 C_1}{C_0 + C_1} = \frac{\dfrac{\varepsilon_0 S}{3.6\pi d_0} \cdot \dfrac{\varepsilon_1 S}{3.6\pi d_1}}{\dfrac{\varepsilon_0 S}{3.6\pi d_0} + \dfrac{\varepsilon_1 S}{3.6\pi d_1}} = \frac{S}{3.6\pi \left(\dfrac{d_1}{\varepsilon_1} + \dfrac{d_0}{\varepsilon_0}\right)} \tag{4-7}$$

由式(4-7) 可知，当介电常数 $\varepsilon_0$ 或 $\varepsilon_1$ 发生变化时，电容 $C$ 随之而变。如果 $\varepsilon_0$ 为空气介电常数，$\varepsilon_1$ 为待测体的介电常数，当待测体厚度 $d_1$ 不变时，此电容传感器可作为介电常数测量仪；当待测体介电常数 $\varepsilon_1$ 不变时，可作为测厚仪使用。

**(3) 变极板间距（$d$）型**

此类型电容传感器如图 4-4 所示。图中极板 1 固定不动，极板 2 为可动电极（即动片）。当动片随被测量变化而移动时，两极板间距 $d_0$ 变化，从而使电容量产生变化。$C$ 随 $d$ 变化的函数关系为双曲线，如图 4-5 所示。

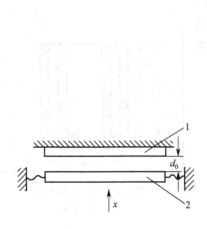

图 4-4 变极板间距（$d$）的电容传感器

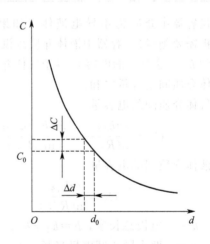

图 4-5 $C$-$d$ 特性曲线

设动片 2 未动时极板间距为 $d_0$，初始电容量为 $C_0$，则

$$C_0 = \frac{S}{3.6\pi d_0}\,\text{pF}$$

当间距 $d_0$ 减小 $\Delta d$ 时，则电容量为

$$C_0 + \Delta C = \frac{S}{3.6\pi(d_0 - \Delta d)} = \frac{S}{3.6\pi d_0\left(1 - \dfrac{\Delta d}{d_0}\right)} = C_0 \frac{1}{1 - \dfrac{\Delta d}{d_0}}$$

于是，得

$$\frac{\Delta C}{C_0} = \frac{\dfrac{\Delta d}{d_0}}{1 - \dfrac{\Delta d}{d_0}} \tag{4-8}$$

当 $\Delta d \ll d_0$ 时,式(4-8)可以展开为级数形式,即

$$\frac{\Delta C}{C_0} = \frac{\Delta d}{d_0}\left[1 + \frac{\Delta d}{d_0} + \left(\frac{\Delta d}{d_0}\right)^2 + \left(\frac{\Delta d}{d_0}\right)^3 + \cdots\right] \tag{4-9}$$

若忽略式(4-9)中高次项,得

$$\frac{\Delta C}{C_0} \approx \frac{\Delta d}{d_0} \tag{4-10}$$

上式表明,在 $\dfrac{\Delta d}{d_0} \ll 1$ 条件下,电容的变化量 $\Delta C$ 与极板间距变化量 $\Delta d$ 近似呈线性关系。一般 $\Delta d/d_0$ 的取值范围为 $0.02 \sim 0.1$。显然,非线性误差与 $\Delta d/d_0$ 的大小有关,其表达式为

$$\delta = \frac{\left|\left(\dfrac{\Delta d}{d_0}\right)^2\right|}{\left|\dfrac{\Delta d}{d_0}\right|} = \left|\frac{\Delta d}{d_0}\right| \times 100\% \tag{4-11}$$

例如,位移相对变化量为 $0.1$,则 $\delta = 10\%$,可见这种结构的电容传感器非线性误差较大,仅适用于微小位移的测量。

这种传感器的灵敏度

$$K = \frac{\Delta C}{\Delta d} = -\frac{\varepsilon_0 \varepsilon_r S}{d^2} \tag{4-12}$$

此式表明灵敏度 $K$ 是极板间隙 $d$ 的函数,$d$ 越小,灵敏度越高。但是由式(4-11)可知,减小 $d$ 会使非线性误差增大,为此常采用差动式结构,如图4-6所示。

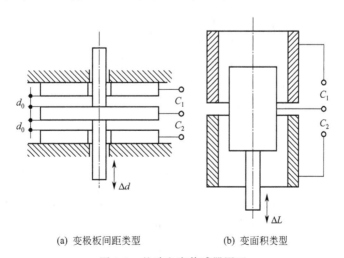

(a) 变极板间距类型    (b) 变面积类型

图 4-6    差动电容传感器原理

以图4-6(a)为例,设动片上移 $\Delta d$,则 $C_1$ 增大,$C_2$ 减小,如果 $C_1$ 和 $C_2$ 初始电容用 $C_0$ 表示,则有

$$C_1 = C_0 \left[ 1 + \frac{\Delta d}{d_0} + \left( \frac{\Delta d}{d_0} \right)^2 + \left( \frac{\Delta d}{d_0} \right)^3 + \cdots \right]$$

$$C_2 = C_0 \left[ 1 - \frac{\Delta d}{d_0} + \left( \frac{\Delta d}{d_0} \right)^2 - \left( \frac{\Delta d}{d_0} \right)^3 + \cdots \right]$$

所以差动式电容传感器输出为

$$\Delta C = C_1 - C_2 = C_0 \left[ 2 \left( \frac{\Delta d}{d_0} \right) + 2 \left( \frac{\Delta d}{d_0} \right)^3 + \cdots \right] \tag{4-13}$$

忽略高次项，式(4-13)经整理得

$$\frac{\Delta C}{C_0} \approx 2 \frac{\Delta d}{d_0} \tag{4-14}$$

其非线性误差为

$$\delta = \frac{\left| \left( \frac{\Delta d}{d_0} \right)^3 \right|}{\left| \frac{\Delta d}{d_0} \right|} = \left( \frac{\Delta d}{d_0} \right)^2 \times 100\% \tag{4-15}$$

由此可见，差动式电容传感器，不仅使灵敏度提高一倍，而且非线性误差可以减小一个数量级。

# 4.2 电容式传感器的测量电路

### (1) 等效电路

电容传感器可用图 4-7 等效电路来表示。图中 $C$ 为传感器电容，$R_P$ 为并联电阻，它包括了电极间直流电阻和气隙中介质损耗的等效电阻。串联电感 $L$ 表示传感器各连线端间总电感。串联电阻 $R_S$ 表示引线电阻、金属接线柱电阻及电容极板电阻之和。由图 4-7 可得到等效阻抗 $Z_C$，即

$$Z_C = \left( R_S + \frac{R_P}{1 + \omega^2 R_P^2 C^2} \right) - j \left( \frac{\omega R_P^2 C}{1 + \omega^2 R_P^2 C^2} - \omega L \right) \tag{4-16}$$

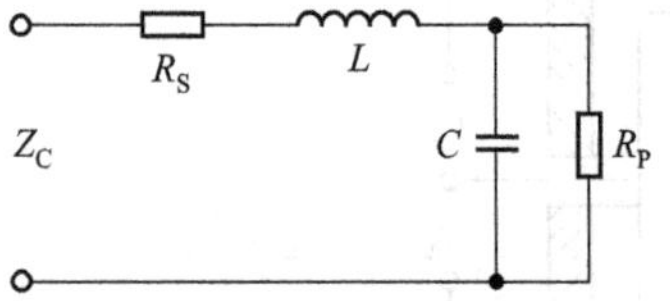

式中，$\omega$ 为激励电源角频率，$\omega = 2\pi f$。

由于传感器并联电阻 $R_P$ 很大，上式经简化后得等效电容为

$$C_E = \frac{C}{1 - \omega^2 LC} = \frac{C}{1 - (f/f_0)^2} \tag{4-17}$$

式中，$f_0$ 为电路谐振频率，$f_0 = \dfrac{1}{2\pi\sqrt{LC}}$。

图 4-7 等效电路

当电源激励频率 $f$ 低于电路谐振频率 $f_0$ 时，等效电容增加到 $C_E$，由式(4-17)可计算 $C_E$ 的值。在这种情况下，电容的实际相对变化量为

$$\frac{\Delta C_E}{C_E} = \frac{\Delta C / C}{1 - \omega^2 LC} \tag{4-18}$$

上式清楚地说明：电容传感器的标定和测量必须在同样条件下进行，即线路中导线实际长度等条件在测试时和标定时应该一致。

**（2）测量电路**

电容传感器电容值一般十分微小（几皮法至几十皮法），这样微小的电容不便直接显示、记录，更不便于传输。为此，必须借助于测量电路检测出这一微小的电容变量，并转换为与其成正比的电压、电流或频率信号。由于测量电路种类很多，下面仅就目前常用的典型线路加以介绍。

**① 交流不平衡电桥**

交流不平衡电桥是电容传感器最基本的一种测量电路，如图 4-8 所示。其中一个臂 $Z_1$ 为电容传感器阻抗，另三个臂 $Z_2$、$Z_3$、$Z_4$ 为固定阻抗，$E$ 为电源电压（设电源内阻为零），$U_{SC}$ 为电桥输出电压。

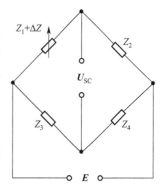

图 4-8 交流不平衡电桥原理

下面讨论在输出端开路的情况下，电桥的电压灵敏度。设电桥初始平衡条件为 $Z_1 \cdot Z_4 = Z_2 \cdot Z_3$，则 $U_{SC} = 0$。当被测参数变化时引起传感器阻抗变化为 $\Delta Z$，于是桥路失去平衡。根据等效发电机原理，其输出电压为

$$U_{SC} = \left( \frac{Z_1 + \Delta Z}{Z_1 + \Delta Z + Z_2} - \frac{Z_3}{Z_3 + Z_4} \right) E \tag{4-19}$$

将电桥平衡条件代入式(4-19)，经整理后得

$$U_{SC} = \frac{\dfrac{\Delta Z}{Z_1} \cdot \dfrac{Z_1}{Z_2}}{\left(1 + \dfrac{Z_1}{Z_2}\right)\left(1 + \dfrac{Z_3}{Z_4}\right)} E = \frac{\dfrac{\Delta Z}{Z_1} \cdot \dfrac{Z_1}{Z_2}}{\left(1 + \dfrac{Z_1}{Z_2}\right)^2} E$$

令

$$\beta = \frac{\Delta Z}{Z_1}$$

$$A = \frac{Z_1}{Z_2}$$

$$K = \frac{Z_1/Z_2}{(1 + Z_1/Z_2)^2} = \frac{A}{(1 + A)^2}$$

则上式可改写为

$$U_{SC} = \frac{\beta A}{(1 + A)^2} E = \beta K E \tag{4-20}$$

式中，$\beta$ 为传感器阻抗相对变化值；$A$ 为桥臂比；$K$ 为桥臂系数。

在式(4-20)中，右边三个因子一般均为复数量。对于电容式传感元件来说，$\beta$ 可以认为是一实数，因为有如下关系：

$$\beta = \frac{\Delta Z}{Z_1} = \frac{\Delta C}{C_1} \approx \frac{\Delta d}{d_1}$$

桥臂比 $A$ 用指数形式表示为

$$A = \frac{Z_1}{Z_2} = \frac{|Z_1| e^{j\phi_1}}{|Z_2| e^{j\phi_2}} = a e^{j\theta} \tag{4-21}$$

式中，$a$、$\theta$ 分别是 $A$ 的模和相角，$a=\dfrac{|Z_1|}{|Z_2|}$，$\theta=\phi_1-\phi_2$。桥臂系数 $K$ 是桥臂比 $A$ 的函数，故也是复数，其表达式为

$$K=\frac{A}{(1+A)^2}=k\mathrm{e}^{\mathrm{j}\gamma}=f(a,\theta) \tag{4-22}$$

式中，$k$ 和 $\gamma$ 分别是桥臂系数的模和相角，将 $A=a\mathrm{e}^{\mathrm{j}\theta}$ 代入式(4-22)，可得

$$k=|K|=\frac{a}{1+2a\cos\theta+a^2}=f_1(a,\theta) \tag{4-23}$$

$$\gamma=\arctan^{-1}\frac{(1-a^2)\sin\theta}{2a+(1+a^2)\cos\theta}=f_2(a,\theta) \tag{4-24}$$

由此可见，$k$ 和 $\gamma$ 均是 $a$、$\theta$ 的函数。由上式可知，在电源电压 $E$ 和传感器阻抗相对变化量 $\beta$ 一定的条件下，要使输出电压 $U_{\mathrm{SC}}$ 增大，必须设法提高桥臂系数 $k$。根据式(4-23)和式(4-24)，以 $\theta$ 角为参变量，可分别画出桥臂系数的模、相角与 $a$ 的关系曲线，如图 4-9 所示。

图 4-9(a) 中，因为每条曲线 $k=f(a)$ 中 $f(a)=f(1/a)$，所以图中只给出 $a>1$ 的情况。

由图 4-9(a) 中可以看出，当 $a=1$ 时，$k$ 为最大值 $k_{\mathrm{m}}$，$k_{\mathrm{m}}$ 随 $\theta$ 而变。当 $\theta=0$ 时，$k_{\mathrm{m}}=0.25$；当 $\theta=\pm90°$时，$k_{\mathrm{m}}=0.5$；当 $\theta=\pm180°$时，$k_{\mathrm{m}}\to\infty$。这时电桥为谐振电桥，但桥臂元件必须是纯电感和纯电容。这实际上不可能做到，因此 $k_{\mathrm{m}}$ 也不可能达到无限大。总之，在桥路电源电压 $E$ 和传感元件阻抗相对变化量 $\beta$ 一定时，欲使电桥电压灵敏度最高，应满足两桥臂初始阻抗的模相等，即 $|Z_1|=|Z_2|$，并使两桥臂阻抗幅角差 $\theta$ 尽量增大的条件。

从图 4-9(b) 可知：对于不同的 $\theta$ 值，$\gamma$ 角随 $a$ 变化。当 $a=1$ 时，$\gamma=0$；$a\to\infty$ 时，$\gamma$ 趋于最大值 $\gamma_{\mathrm{m}}$，并且 $\gamma_{\mathrm{m}}$ 等于 $\theta$。只有 $\theta=0$ 时，$\gamma$ 值均为零。因此在一般情况下电桥输出电压 $U_{\mathrm{SC}}$ 与电源 $E$ 之间有相移，即 $\gamma\neq0$，只有当桥臂阻抗模相等 $|Z_1|=|Z_2|$ 或两桥臂阻抗比的幅角 $\theta=0$ 时，无论 $a$ 为何值，$\gamma$ 均为零。即输出电压 $U_{\mathrm{SC}}$ 与电源 $E$ 同相位。

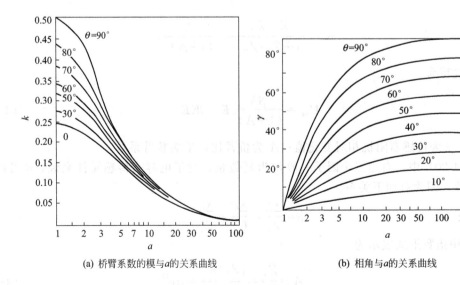

(a) 桥臂系数的模与 $a$ 的关系曲线　　　　(b) 相角与 $a$ 的关系曲线

图 4-9　电桥的电压灵敏度曲线

由以上分析可以求出常用各种电桥电压的灵敏度，从而粗略估计电桥输出电压的大小。例如，在图 4-10(a)、(b) 中 $a=1$，$\theta=0$ 根据图 4-9 曲线可知 $k=0.25$，$\gamma=0$，因此输出电压 $U_{SC}=0.25\beta E$。图 4-10(c) 中，当 $R=\left|\dfrac{1}{\omega C}\right|$，即 $a=1$，$\theta=90°$ 时，根据图 4-9 曲线得到 $k=0.5$，$\gamma=0$，因此输出电压 $U_{SC}=0.5\beta E$。图 4-10(c) 电路与图 4-10(b) 相比较，虽然元件一样，但由于接法不同，灵敏度提高了一倍。图 4-10(c) 和图 4-10(d) 线路形式相同，但是由于图 4-10(d) 中采用了差动式电容传感器，故输出电压 $U_{SC}=\beta E$，比图 4-10(c) 的输出电压提高了一倍。

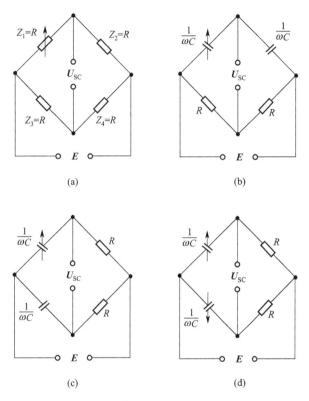

图 4-10　电容传感器常用交流电桥的形式

应当指出的是：上述各种电桥输出电压是在假设负载阻抗为无限大（即输出端开路）时得到的，实际上由于负载阻抗的存在而使输出电压偏小。同时因为电桥输出为交流信号，故不能判断输入传感器信号的极性，只有将电桥输出信号经交流放大后，再采用相敏检波电路和低通滤波器，才能得到反映输入信号极性的输出信号。

**② 二极管环形检波电路**　图 4-11 是美国 Rosemount 公司 1151 系列电容压力（差压）变送器的二极管环形检波 C/V 变换电路，其中 $C_L$、$C_H$ 为差动式电容传感器。该电路主要由以下几个部分组成：

a. 振荡器，产生的激励电压通过变压器 TP 加到副边 $L_1$、$L_2$ 处；

b. 由 $VD_1 \sim VD_4$ 组成的二极管环形检波电路；

c. 稳幅放大器 $A_1$；

d. 比例放大器 $A_2$ 和电流转换器 $Q_4$；

e. 恒压恒流源 $Q_2$、$Q_3$。

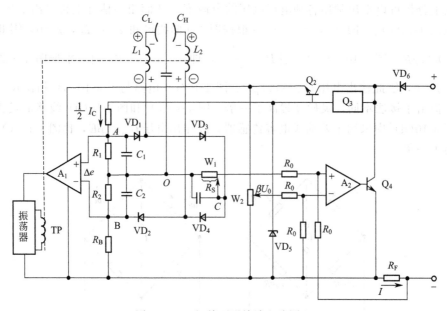

图 4-11　二极管环形检波电路原理

设振荡器激励电压经变压器 TP 加在副边 $L_1$ 和 $L_2$ 的正弦电压为 $e$，在检测回路中一般电容 $C_L$ 和 $C_H$ 的阻抗大于回路其他阻抗，于是通过 $C_L$ 和 $C_H$ 的电流分别为

$$i_L = \omega C_L e, i_H = \omega C_H e$$

式中，$\omega$ 为激励电压的角频率。

由于二极管的检波作用，当 $e$ 为正半周时（图中所示 $\oplus$、$\ominus$），二极管 $D_1$、$D_4$ 导通，$D_2$、$D_3$ 截止；当 $e$ 为负半周时（图中所示 $+$、$-$），二极管 $D_2$、$D_3$ 导通，$D_1$、$D_4$ 截止。于是检波回路电流在 $AB$ 端产生的电压有效值为

$$U_{AB1} = -R(i_L + i_H)$$

在上式中 $R = R_1 = R_2$。另一方面恒流源电流 $I_C$ 在 $AB$ 端产生的电压降为

$$U_{AB2} = I_C R$$

因此加在 $AB$ 端的总电压 $U_{AB} = U_{AB1} + U_{AB2}$，即运算放大器 $A_1$ 的输入电压 $\Delta e$ 为

$$\Delta e = I_C R - (i_L + i_H)R \tag{4-25}$$

运算放大器 $A_1$ 的作用是使振荡器输出信号 $e$ 的幅值保持稳定。若 $e$ 增加，则 $i_L$ 和 $i_H$ 都随之增加，由式(4-25)可知，其运算放大器 $A_1$ 输入电压 $\Delta e$ 将减小，经 $A_1$ 放大后则振荡器输出电压 $e$ 相应减小；反之，若 $e$ 减小，则 $i_L$ 和 $i_H$ 也随之减小，则 $\Delta e$ 增加，经 $A_1$ 放大后使振荡器输出电压 $e$ 增大，这一稳幅过程直至 $\Delta e = 0$ 为止。由式(4-25)可得到振荡器稳幅条件为

$$I_C = i_L + i_H = \omega e(C_L + C_H)$$

于是

$$\omega e = \frac{I_C}{C_L + C_H} \tag{4-26}$$

此外，由于二极管检波作用，$CO$ 两点间电压为 $U_{CO} = (i_L - i_H)R_S$，而 $i_L - i_H = \omega e(C_L - C_H)$，将式(4-26)代入此式得

$$i_L - i_H = \frac{C_L - C_H}{C_L + C_H}I_C \tag{4-27}$$

运算放大器 $A_2$ 的输入电压有信号电压 $(i_L-i_H)R_S$，调零电压 $\beta U_0$，$I_C$ 在同相端产生的同定电压 $U_B$，反馈电压 $IR_F$。由于运算放大器 $A_2$ 放大倍数很高，根据图 4-11 列出输入端平衡方程式为

$$(i_L-i_H)R_S+U_B-\beta U_0-IR_F=0 \tag{4-28}$$

式中，$I$ 为检测电路的输出电流。

将式(4-27) 代入式(4-28)，经整理可得输出电流表达式

$$I=\frac{I_C R_S}{R_F}\cdot\frac{C_L-C_H}{C_L+C_H}+\frac{U_B}{R_F}-\beta\frac{U_0}{R_F} \tag{4-29}$$

如设 $C_L$ 和 $C_H$ 为变间隙型差动式平板电容，当可动电极向 $C_L$ 侧移动 $\Delta d$ 时，则 $C_L$ 增加，$C_H$ 减小，即

$$\left.\begin{array}{l} C_L=\dfrac{\varepsilon_0 S}{d_0-\Delta d} \\[3mm] C_H=\dfrac{\varepsilon_0 S}{d_0+\Delta d} \end{array}\right\} \tag{4-30}$$

将式(4-30) 代入式(4-29)，整理得

$$I=\frac{I_C R_S}{R_F}\cdot\frac{\Delta d}{d_0}+\frac{U_B}{R_F}-\beta\frac{U_0}{R_F} \tag{4-31}$$

由式(4-31) 可以看出该电路有以下特点：采用变面积型或变间隙型差动式电容传感器，均能得到线性输出特性；用电位器 $W_1$、$W_2$ 可实现量程和零点的调整，而且两者互不干扰；改变反馈电阻 $R_F$ 可以改变输出起始电流 $I_0$。

**③ 差动脉冲宽度调制电路** 该电路原理如图 4-12 所示。它由比较器 $A_1$、$A_2$，双稳态触发器及电容充电、放电回路组成。$C_1$ 和 $C_2$ 为传感器的差动电容，双稳态触发器的两个输出端 $A$、$B$ 作为差动脉冲宽度调制电路的输出。设电源接通时，双稳态触发器的 $A$ 端为高电位，$B$ 端为低电位，因此 $A$ 点通过 $R_1$ 对 $C_1$ 充电，直至 $M$ 点的电位等于参考电压 $U_F$ 时，比较器 $A_1$ 产生一脉冲，触发双稳态触发器翻转，则 $A$ 点呈低电

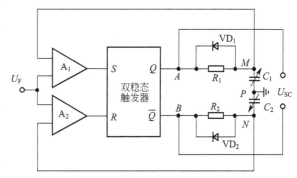

图 4-12　差动脉冲宽度调制线路

位，$B$ 点呈高电位。此时 $M$ 点电位经二极管 $D_1$ 迅速放电至零，而同时 $B$ 点的高电位经 $R_2$ 向 $C_2$ 充电，当 $N$ 点电位等于 $U_F$ 时，比较器 $A_2$ 产生一脉冲，使触发器又翻转一次，则 $A$ 点呈高电位，$B$ 点呈低电位，重复上述过程。如此周而复始，在双稳态触发器的两输出端各自产生一宽度受 $C_1$、$C_2$ 调制的方波脉冲。

下面讨论此方波脉冲宽度与 $C_1$、$C_2$ 的关系。当 $C_1=C_2$ 时线路上各点电压波形如图 4-13(a) 所示，$A$、$B$ 两点间平均电压为零。当 $C_1\neq C_2$ 时，如 $C_1>C_2$ 则 $C_1$ 和 $C_2$ 充放电时间常数不同，电压波形如图 4-13(b) 所示。$A$、$B$ 两点间平均电压不再是零。输出直流

电压$\overline{U}_{SC}$ 由 $A$、$B$ 两点间电压经低通滤波后获得，等于 $A$、$B$ 两点间电压平均值 $U_{AP}$ 和 $U_{BP}$ 之差。

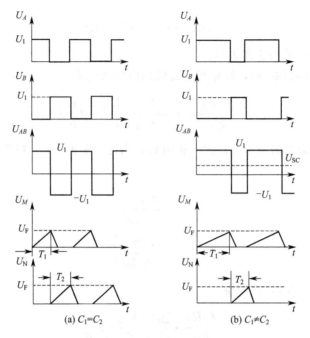

图 4-13　各点电压波形

$$U_{AP}=\frac{T_1}{T_1+T_2}U_1$$

$$U_{BP}=\frac{T_2}{T_1+T_2}U_1$$

式中，$U_1$ 为触发器输出高电平。

$$\overline{U}_{SC}=U_{AP}-U_{BP}=U_1\frac{T_1-T_2}{T_1+T_2} \tag{4-32}$$

$$T_1=R_1C_1\ln\frac{U_1}{U_1-U_F} \tag{4-33}$$

$$T_2=R_2C_2\ln\frac{U_1}{U_1-U_F} \tag{4-34}$$

设充电电阻 $R_1=R_2=R$，则得

$$\overline{U}_{SC}=\frac{C_1-C_2}{C_1+C_2}U_1 \tag{4-35}$$

由上式可知，差动电容的变化使充电时间不同，从而使双稳态触发器输出端的方波脉冲宽度不同。因此，$A$、$B$ 两点间输出直流电压 $\overline{U}_{SC}$ 也不同，而且具有线性输出特性。此外调宽线路还具有如下特点：与二极管式线路相似，不需要附加解调器即能获得直流输出；输出信号一般为 $100\text{kHz}\sim1\text{MHz}$ 的矩形波，所以直流输出只需经低通滤波器简单地引出。由于低通滤波器的作用，对输出波形纯度要求不高，只需要一电压稳定度较高的直流电源，这比其他测量线路中要求高稳定度的稳频、稳幅交流电源易于做到。

# 4.3　电容式传感器的误差分析

第 4.1 节中对各类电容式传感器结构原理的分析均在理想条件下进行，没有考虑温度、电场边缘效应、寄生与分布电容等因素对传感器精度的影响。实际上这些因素的存在使电容传感器特性不稳定，严重时甚至无法工作，因此在设计和应用电容式传感器时必须予以考虑。

**（1）电容电场的边缘效应**

在理想条件下，平行板电容器的电场均匀分布于两极板所围成的空间，这仅是简化电容量计算的一种假定。当考虑电场的边缘效应时，情况要复杂得多，边缘效应的影响相当于传感器并联一个附加电容，引起传感器的灵敏度下降和非线性增加。为了克服边缘效应，首先应增大初始电容量 $C_0$，即增大极板面积，减小极板间距。此外，加装等位环是消除边缘效应的有效方法，如图 4-14 所示。这里除 $A$、$B$ 两极板外，又在极板 $A$ 的同一平面内加一个同心环面 $G$。$A$、$G$ 在电气上相互绝缘，使用时 $A$ 和 $G$ 两面间始终保持等电位，于是传感器电容极板 $A$ 与 $B$ 间电场接近理想状态的均匀分布。

**（2）寄生与分布电容的影响**

一般电容式传感器的电容值很小，如果激励电源频率较低，则电容式传感器的容抗很大。因此，对传感器绝缘电阻要求很高。另一方面传感器除有极板间电容外，极板与周围物体（各种元件甚至人体）也产生电容联系，这种电容称为寄生电容。它不但改变了电容传感器的电容量，而且会导致传感器特性不稳定，对传感器产生严重干扰。为此必须采用静电屏蔽措施，将电容器极板放置在金属壳体内，并将壳体与大地相连。同样原因，其电极引出线也必须用屏蔽线，屏蔽线外套要求接地良好。尽管如此，电容式传感器仍然存在以下两个问题。

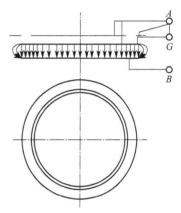

图 4-14　加装等位环消除边缘效应

① 屏蔽线本身电容量较大，每米最大可达几百皮法，最小有几皮法。当屏蔽线较长时，其本身电容量往往大于传感器的电容量，而且分布电容与传感器电容相并联，使传感器电容相对变化量大为降低，因而导致传感器灵敏度显著下降。

② 电缆本身的电容量由于放置位置和形状不同而有较大变化，这将造成传感器特性不稳定。

**驱动电缆技术**

目前解决电缆电容影响问题的有效办法是采用驱动电缆技术和基于抗杂散电容的电荷转移法。驱动电缆技术的基本原理是使用电缆屏蔽层电位跟踪与电缆相连接的传感器电容极板电位。要求两者电位的幅值和相位均相同，从而消除电缆分布电容的影响。

在图 4-15 所示电路中，$C_X$ 是传感器的电容，双层屏蔽电缆的内屏蔽线接 1:1 放大器的输出端，而输入端接芯线，信号为 $\Sigma$ 点对地的电位。由于 1:1 放大器使芯线和内屏蔽线等电位，从而可以消除连线分布电容的影响。不难设想，该方法对 1:1 放大器的要求是：输入电容等于零，输入阻抗无穷大，相移为零。在技术上实现上述要求比较困难。当传感器电容 $C_X$ 很小或与放大器输入电容相差无几时，会引起很大的相对误差。因此，该线路适用于 $C_X$ 较大的传感器。

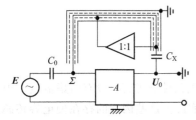

图 4-15 驱动电缆线路原理（Ⅰ）

### （4）抗杂散电容的电荷转移法

抗杂散电容的电荷转移法检测电路原理如图 4-16 所示。该电路为差分式充放电的电容检测线路。图中 $S_1 \sim S_4$ 是 CMOS 模拟开关，它们的通断受频率为 $f$ 的时钟信号控制，$S_1$ 和 $S_2$ 同步，$S_3$ 和 $S_4$ 同步。首先是 $S_1$ 和 $S_2$ 闭合，将被测电容 $C_X$ 充电至 $+V_C$，然后断开，而 $S_3$ 和 $S_4$ 跟着闭合，将电容放电。在频率为 $f$ 的时钟信号控制下，周期性地对被测电容进行充放电，在充电的半个周期，开关 $S_1$ 和 $S_2$ 关闭，$S_3$ 和 $S_4$ 断开，有电荷 $Q_1 = V_C C_X$ 经放大器 $A_1$ 充到电容 $C_X$ 上，并且流入放大器 $A_1$ 一个小的平均电流 $I_1 = fQ_1 = fV_C C_X$，放大器 $A_1$ 上的平均输出电压 $V_1 = -I_1 R_f = -fV_C C_X R_f$；开关 $S_1$ 和 $S_2$ 断开，$S_3$ 和 $S_4$ 闭合的半个周期是放电周期，$C_X$ 经过放大器 $A_2$ 进行放电，则 $A_2$ 的平均输出电压 $V_2 = fV_C C_X R_f$，电压 $V_1$ 和 $V_2$ 在放大器 $A_3$ 中合成得到一个输出电压 $V_o$，即

$$V_o = 2fV_C C_X R_f \tag{4-36}$$

由式(4-36) 可知，在电路中保持 $f$、$V_C$、$R_f$ 不变的情况下，输出电压 $V_o$ 是一个正比于被测电容 $C_X$ 的直流信号。

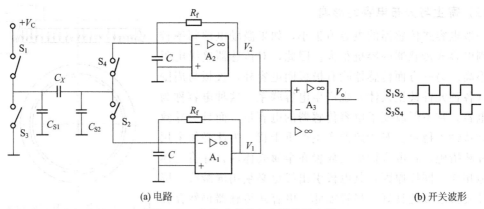

(a) 电路        (b) 开关波形

图 4-16 差分式充放电电容检测电路

电路 $C_{S1}$ 和 $C_{S2}$ 是杂散电容，$C_{S1}$ 通过 $S_1$ 和 $S_3$ 与电源和地相连，电源对它进行充放电，电流不流经被测电容 $C_X$，所以 $C_{S1}$ 对被测电容 $C_X$ 不产生影响。杂散电容 $C_{S2}$ 通过两个放大器始终保持虚地，所以 $C_{S2}$ 上的电位为零，对电容 $C_X$ 的测量也不产生影响，因而该电路具有抗杂散电容性能。同时，该电路可检测 $0.1 \sim 20 \mathrm{pF}$ 的微小电容量。

# 4.4 电容式传感器的应用

由于电子技术的发展，成功地解决了电容式传感器存在的技术问题，为电容式传感器的应用开辟了广阔的前景。它不但广泛地用于精确测量位移、厚度、角度、振动等机械量，还用于测量力、压力、差压、流量、成分、液位等参数。

下面就其主要应用作简单介绍。

### （1）电容式差压变送器

电容式差压变送器具有构造简单、小型轻量、精度高（可达 0.25%）、互换性强等优

点，目前已广泛应用于工业生产中。该变送器具有如下特点：

① 变送器感压腔室内充灌了温度系数小、稳定性高的硅油作为密封液；

② 为了使变送器获得良好线性度，感压膜片采用张紧式结构；

③ 变送器输出为标准电流信号；

④ 动态响应时间一般为 $0.2\sim15\mathrm{s}$。

电容式差压变送器结构如图 4-17 所示。

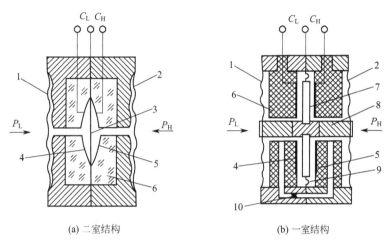

(a) 二室结构　　　　　　　　　(b) 一室结构

图 4-17　电容式差压变送器结构

1、2—测量膜片（或隔离膜片）；3—感压膜片；4、5—固定电极；6—绝缘体；

7—可动平板电极；8—中心轴；9—片簧；10—节流孔

图 4-17(a) 为二室结构的电容式差压变送器，图中测量膜片与被测介质直接接触。感压膜片在圆周方向张紧。膜片 1 与 3 间为一室膜片，2 与 3 间为另一室，故称二室结构。其中感压膜片为可动电极，并与两个固定电极构成差动式球-平面型电容传感器 $C_L$ 和 $C_H$。固定球面电极是在绝缘体上加工而成的。绝缘体一般采用玻璃或陶瓷，在其表面蒸镀一层金属膜（如铝）作为电极。感压膜片的挠曲变形，引起差动电容 $C_L$ 和 $C_H$ 变化，经二极管环形检波电路（图 4-11）将电容变化量转换成标准电流信号。

图 4-17(b) 为一室结构的电容式差压变送器。图中测量膜片与被测介质直接接触。中心轴把两个测量膜片与可动平板电极连为一体，片簧把可动电极在圆周方向张紧。在绝缘体上蒸镀金属层构成固定电极，并与可动电极构成平行板式差动电容。可动电极与测量膜片间充满硅油，作为密封液，并有通道经节流孔将两电容连通，所以称为一室结构。当两边被测压力不等（$p_H > p_L$）时，测量膜片通过中心轴推动可动电极移动，因而使差动电容 $C_L$ 和 $C_H$ 发生变化。

**（2）电容式液位计**

电容式液位计可以连续测量水池、水塔、水井和江河湖海的水位以及各种导电液体（如酒、醋、酱油等）的液位。

图 4-18 为电容式水位计探头示意。当其浸入水或其他被测导电液体时，导线芯以绝缘层为介质与周围的水（或其他导电液体）形成圆柱形电容器。

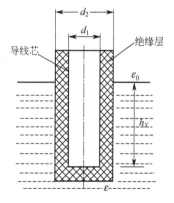

图 4-18　电容式水位计探头示意

由图 4-18 可知其电容量为

$$C_X = \frac{2\pi\varepsilon h_X}{\ln(d_2/d_1)}(\text{PF}) \tag{4-37}$$

式中，$\varepsilon$ 为导线芯绝缘层的介电常数，$\text{pF/cm}$；$h_X$ 为待测水位高度，$\text{cm}$；$d_1$、$d_2$ 为导线芯直径和绝缘层外径（$\text{cm}$）。

为被测电容 $C_X$ 配置图 4-19 所示的二极管环形测量桥路，可以得到正比于液位 $h_X$ 的直流信号。

环形测量桥路由 4 只开关二极管 $D_1 \sim D_4$，电感线圈 $L_1$ 和 $L_2$，电容 $C_1$、$C_e$，被测电容 $C_X$ 和调零电容 $C_d$ 以及电流表 M 等组成。

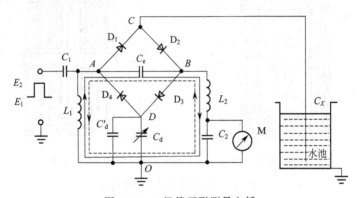

图 4-19　二极管环形测量电桥

输入脉冲方波加在 $A$ 点与地之间，电流表串接在 $L_2$ 支路内，$C_2$ 是高频旁路电容。由于电感线圈对直流信号呈低阻抗，因而直流电流很容易从 $B$ 点流经 $L_2$、电流表至地（公共端 $O$ 点），再由地经 $L_1$ 流回 $A$ 点。由于 $L_1$ 和 $L_2$ 对高频信号（$f > 1000\text{kHz}$）呈高阻抗，所以高频方波及电流高频分量均不能通过电感，这样电流表 M 可以得到比较平稳的直流信号。

当输入高频方波由低电平 $E_1$ 跃到高电平 $E_2$ 时，电容 $C_X$ 和 $C_d$ 两端电压均由 $E_1$ 充电到 $E_2$。充电电荷一路由 $A$ 经 $D_1$ 到 $C$ 点，再经 $C_X$ 到地；另一路由 $A$ 经 $C_e$ 到 $B$ 点，再经 $D_3$ 至 $D$ 点对 $C_d$ 充电，此时 $D_2$ 和 $D_4$ 由于反偏而截止。在 $T_1$ 充电时间内，由 $A$ 点向 $B$ 点流动的电荷量为

$$q_1 = C_d(E_2 - E_1) \tag{4-38}$$

当输入高频脉冲方波由 $E_2$ 返回 $E_1$ 时，电容 $C_X$ 和 $C_d$ 均放电。在放电过程中 $D_1$ 与 $D_3$ 反偏截止，$C_X$ 经 $D_2$、$C_e$ 和 $L_1$ 至 $O$ 点放电；$C_d$ 经 $D_4$、$L_1$ 至 $O$ 点放电。因而在 $T_2$ 放电时间内由 $B$ 点流向 $A$ 点的电荷量为

$$q_2 = C_X(E_2 - E_1) \tag{4-39}$$

应当指出的是：式（4-38）和式（4-39）是在 $C_e$ 电容值远大于 $C_X$ 和 $C_d$ 的前提下得到的结果。电容 $C_e$ 的充放电回路如图 4-19 中细实线和虚线箭头所示。从上述充电、放电过程可知，充电电流和放电电流经过电容 $C_e$ 时方向相反，所以当充电与放电的电流不相等时，电容 $C_e$ 端产生电位差，在桥路 $A$ 及 $B$ 两点间有电流产生，可由电流表 M 指示出来。

当液面在电容传感器零位时，调整 $C_d = C_{X0}$，使流经 $C_e$ 的充放电电流相等，$C_e$ 两端无电位差，$AB$ 两端无直流信号输出，电流表 M 指零。当被测电容 $C_X$ 随液位变化而变化时，在 $C_X > C_d$ 情况下，流经 $C_e$ 的放电电流大于充电电流，电容 $C_e$ 两端产生电位差并经电流表 M 放电，设此时电流方向为正；当 $C_X < C_d$ 时，流经电流表的电流方向则为负。

当 $C_X > C_d$ 时，由上述分析可知，在一个充放电周期内（即 $T = T_1 + T_2$），由 $B$ 点流向 $A$ 点的电荷为

$$
\begin{aligned}
q &= q_2 - q_1 = C_X(E_2 - E_1) - C_d(E_2 - E_1) \\
&= (C_X - C_d)(E_2 - E_1) \\
&= \Delta C_X \Delta E
\end{aligned} \tag{4-40}
$$

设方波频率 $f = 1/T$，则流过 $A$、$B$ 端及电流表 M 支路的瞬间电流平均值 $\bar{I}$ 为

$$
\bar{I} = fq = f \Delta C_X \Delta E \tag{4-41}
$$

式中，$\Delta E$ 为输入方波幅值；$\Delta C_X$ 为传感器的电容变化量。

由式(4-41) 可以看出：此电路中若高频方波信号频率 $f$ 及幅值 $\Delta E$ 一定，流经电流表 M 的平均电流 $\bar{I}$ 与 $\Delta C_X$ 成正比，即电流表的电流变化量与待测液位 $\Delta h_X$ 呈线性关系。

### （3）电容式加速度传感器

电容式加速度传感器的结构如图 4-20 所示。图中 4 为质量块，由两根弹簧片 3 支承，置于壳体 2 内，弹簧较硬使系统的固有频率较高，因此构成惯性式加速度计。

当传感器壳体随被测对象沿垂直方向作直线加速运动时，质量块在惯性空间中相对静止，两个固定电极 1 和 5 将相对于质量块在垂直方向产生大小正比于被测加速度的位移。此位移使两电容 $C_1$（质量块 4 和固定极板 5）、$C_2$（质量块 4 和固定极板 1）的间隙发生变化，一个增加，一个减小，从而使电容 $C_1$、$C_2$ 产生大小相等、符号相反的增量，此增量正比于被测加速度。

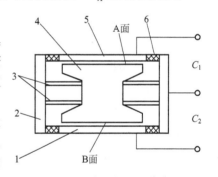

图 4-20 电容式加速度传感器原理结构图

1、5—固定极板；2—壳体；3—弹簧片；4—质量块；6—绝缘体

电容式加速度传感器的主要特点是频率响应快和量程范围大，大多采用空气或其他气体作阻尼物质。

### （4）电容式荷重传感器

电容式荷重传感器的结构原理图如图 4-21 所示。它选用一块浇铸性好、弹性极高的特种钢（镍铬钼），在同一高度上并排平行打圆孔，用特殊的黏合剂将两个截面为 T 形的绝缘体固定于孔的内壁，保持其平行并留有一定的间隙，在相对面上粘贴铜箔，从而形成一排平板电容。当圆孔受荷重变形时，电容值将改变。在电路上各电容并联，因此总电容增量将正比于被测平均荷重 $F$。此种传感器的特点是：测量误差小、受接触面影响小；采用高频振荡电路为测量电路，把检测、放大等电路置于孔内；利用直流供电，输出也是直流信号；无感应现象，工作可靠，温度漂移可补偿到很小。

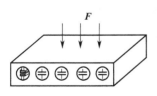

图 4-21 电容式荷重传感器结构原理图

### （5）电容式测厚传感器

电容式测厚传感器是用来测量在轧制工艺过程中金属带材厚度变化的。其变换器就是电容式厚度传感器，工作原理如图 4-22 所示。在被测带材的上、下两边各置一块面积相等且与带材距离相同的极板，这样极板与带材间就形成了两个电容器（带材也作为一个极板）。把两块极板用导线连接起来，就成为一个极板，而带材则是电容传感器的另一个极板，其总电容为 $C=C_1+C_2$。金属带材在轧制过程中不断向前送进，带材带厚如果发生变化，将引起它

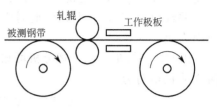

图 4-22　电容式测厚传感器的工作原理

上、下两个极板间距的变化，即引起电容量的变化。如果总电容量 $C$ 作为交流电桥的一个臂，电容的变化 $\Delta C$ 引起电桥不平衡输出，经过放大、检波、滤波，最后在仪表上显示出带材的厚度。这种测厚仪的优点是带材的振动不影响测量精度。

## 例题分析

**【例 4-1】**　一电容测微仪，其传感器的圆形极板的半径 $r=4\text{mm}$，工作初始间隙 $d_0=0.3\text{mm}$，空气介质，试求：

（1）通过测量得到电容变化量为 $\Delta C=\pm3\times10^{-3}\text{pF}$，则传感器与工件之间由初始间隙变化的距离 $\Delta d$ 为多少？

（2）如果测量电路的放大倍数 $K=100\text{V/pF}$，读数仪表的灵敏度 $S=5$ 格/mV，则此时仪表指示值变化多少格？

**解：**（1）空气介电常数 $\varepsilon=8.85\times10^{-12}\text{F/m}$，极距变化型电容传感器灵敏度：$S_\text{d}=\Delta C/\Delta d=-\varepsilon\cdot S/d_0^2$ 则

$$\Delta d=-\frac{d_0^2}{\varepsilon\cdot S}\cdot\Delta C=-\frac{(0.3\times10^{-3})^2\times(\pm3\times10^{-3}\times10^{-12})}{8.85\times10^{-12}\times\pi\times0.004^2}=\pm0.61(\mu\text{m})$$

（2）设读数仪表指示值变化格数为 $m$，则

$$m=K\cdot S\cdot\Delta C=100\times5\times(\pm3\times10^{-3})=\pm1.5(\text{格})$$

**【例 4-2】**　已知：差动式电容传感器的初始电容 $C_1=C_2=100\text{pF}$，交流信号源电压有效值 $U=6\text{V}$，频率 $f=100\text{kHz}$。要求：

（1）在满足有最高输出电压灵敏度条件下设计交流不平衡电桥电路，并画出电路原理图；

（2）计算另外两个桥臂的匹配阻抗值；

（3）当传感器电容变化量为 $\pm10\text{pF}$ 时，计算桥路输出电压。

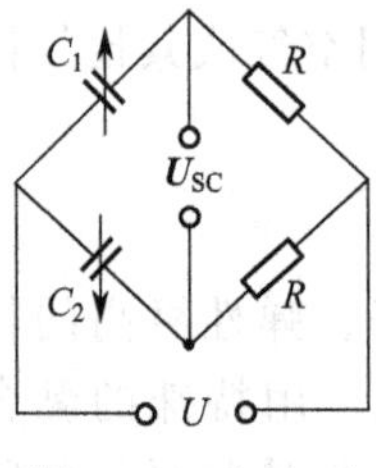

**解：**（1）根据交流电桥电压灵敏度曲线可知，当桥臂比 $A$ 的模 $a=1$，相角 $\theta=90°$ 时，桥路输出电压灵敏度系数有最大值 $k_\text{m}=0.5$，按此设计的交流不平衡电桥如图 4-23 所示。

图 4-23　交流不平衡电桥

因为满足 $a=1$，则 $\left|\dfrac{1}{\text{j}\omega C}\right|=R$。当 $\theta=90°$ 时要选择电容和电阻元件匹配。

（2）$R=\left|\dfrac{1}{\text{j}\omega C}\right|=\dfrac{1}{2\pi fC}=\dfrac{1}{2\pi\times10^5\times10^{-10}}=1.59\times10^4\Omega=15.9\text{k}\Omega$。

（3）交流电桥输出信号电压根据差动测量原理及桥压公式得

$$U_{SC} = 2k_m \frac{\Delta C}{C} U = 2 \times 0.5 \times \frac{\pm 10}{100} \times 6 = \pm 0.6\text{V}$$

## 思考题与习题

4-1 电容式传感器有哪些优点和缺点？

4-2 分布和寄生电容的存在对电容传感器有什么影响？一般采取哪些措施可以减小其影响？

4-3 如何改善单极式变极板间距型电容传感器的非线性？

4-4 差动脉冲宽度调制电路用于电容传感器测量电路，具有什么特点？

4-5 如图 4-24 所示平板式电容位移传感器。已知：极板尺寸 $a=b=4\text{mm}$，间隙 $d_0=0.5\text{mm}$，极板间介质为空气。

（1）求该传感器静态灵敏度；

（2）若极板沿 $x$ 方向移动 2mm，求此时电容量。

4-6 如图 4-25 所示差动式同心圆筒电容传感器，其可动极筒外径为 9.8mm，定极筒内径为 10mm，上下遮盖长度各为 1mm。

（1）试求电容值 $C_1$ 和 $C_2$；

（2）当供电电源频率为 60kHz 时，求它们的容抗值。

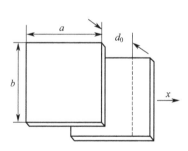

图 4-24 平板式电容位移传感器

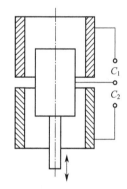

图 4-25 差动式同心圆筒电容传感器

# 第5章

# 电感式传感器

电感式传感器是利用线圈自感和互感的变化实现非电量电测的一种装置，可以用来测量位移、振动、压力、应变、流量、比重等参数。

电感式传感器种类很多。根据转换原理不同，可分为自感式和互感式两种；根据结构形式不同，可分为气隙型和螺管型两种。

电感式传感器与其他传感器相比，具有以下特点。

① 结构简单、可靠，测量力小 [衔铁重为 $(0.5\sim200)\times10^{-4}$N 时，磁吸力为 $(1\sim10)\times10^{-4}$N]。

② 分辨力高。可测量 $0.1\mu m$，甚至更小的机械位移。可感受 0.1 角秒的微小角位移。传感器的输出信号强，电压灵敏度一般每一毫米可达数百毫伏，因此有利于信号的传输和放大。

③ 重复性及线性度好。在一定位移范围（最小几十微米，最大达数十甚至数百毫米）内，输出特性的线性度较好，且比较稳定。

当然，电感式传感器也有不足之处，如存在着交流零位信号，不适于高频动态测量等。

## 5.1 自感式传感器

自感式传感器常见的有气隙型和螺管型两种结构，本节仅讨论气隙型结构。

**（1）气隙型电感传感器结构原理**

图 5-1(a) 是气隙型传感器的结构原理，传感器主要由线圈、衔铁和铁芯等组成。图 5-1(a) 中点画线表示磁路，磁路中空气隙总长度为 $l_\delta$，工作时衔铁与被测体接触。被测体的位移引起气隙磁阻的变化，从而使线圈电感变化。当传感器线圈与测量电路连接后，电感的变化可转换成电压、电流或频率的变化，完成从非电量到电量的转换。

由磁路基本知识可知，线圈电感为

$$L=\frac{N^2}{R_m}\tag{5-1}$$

式中，$N$ 为线圈匝数；$R_m$ 为磁路总磁阻，$H^{-1}$。

对于气隙式电感传感器，因为气隙较小（一般 $l_\delta$ 为 $0.1\sim1mm$），所以可认为气隙磁场是均匀的，若忽略磁路铁损，则磁路总磁阻为

$$R_m=\frac{l_1}{\mu_1 S_1}+\frac{l_2}{\mu_2 S_2}+\frac{l_\delta}{\mu_0 S}\tag{5-2}$$

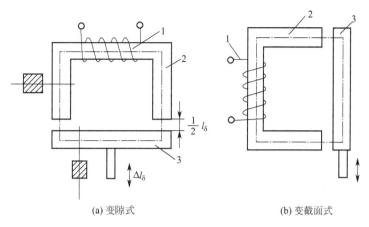

(a) 变隙式                          (b) 变截面式

图 5-1  气隙型电感传感器结构原理

1—线圈；2—铁芯；3—衔铁

式中，$l_1$ 为铁芯磁路总长，m；$l_2$ 为衔铁的磁路长，m；$l_\delta$ 为空气隙总长，m；$S_1$ 为铁芯横截面积，$m^2$；$S_2$ 为衔铁横截面积，$m^2$；$S$ 为气隙磁通截面积，$m^2$；$\mu_1$ 为铁芯磁导率，H/m；$\mu_2$ 为衔铁磁导率，H/m；$\mu_0$ 为真空磁导率，$\mu_0 = 4\pi \times 10^{-7} \mathrm{H/m}$。

因此

$$L = \frac{N^2}{R_m} = N^2 \left/ \left( \frac{l_1}{\mu_1 S_1} + \frac{l_2}{\mu_2 S_2} + \frac{l_\delta}{\mu_0 S} \right) \right. \tag{5-3}$$

由于电感传感器的铁芯一般工作在非饱和状态下，其磁导率 $\mu_r$ 远大于空气的磁导率 $\mu_0$，因此铁芯磁阻远较气隙磁阻小，所以式(5-3) 可简化成

$$L = \frac{N^2 \mu_0 S}{l_\delta} \tag{5-4}$$

由式(5-4) 知，电感 $L$ 是气隙截面积和长度的函数，即 $L = f(S, l_\delta)$。如果 $S$ 保持不变，则 $L$ 为 $l_\delta$ 的单值函数，据此可构成变隙式传感器；若保持 $l_\delta$ 不变，使 $S$ 随位移变化，则可构成变截面式电感传感器，其结构原理见图 5-1(b)。它们的特性曲线如图 5-2 所示。由式(5-4) 及图 5-2 可以看出，$L = f(l_\delta)$ 为非线性关系。当 $l_\delta = 0$ 时，$L$ 为 $\infty$，考虑导磁体的磁阻，即根据式(5-3)，当 $l_\delta = 0$ 时，$L$ 并不等于 $\infty$，而具有一定的数值，在 $l_\delta$ 较小时其特性曲线如图中虚线所示。当上下移动衔铁使面积 $S$ 改变，从而改变 $L$ 值时，则 $L = f(S)$ 的特性曲线为一直线，如图 5-2 所示。

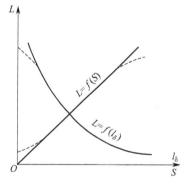

图 5-2  气隙型电感
传感器特性曲线

**（2）测量电路**

① **交流电桥**  交流电桥是电感传感器的主要测量电路。为了提高灵敏度，改善线性度，电感线圈一般接成差动形式，如图 5-3 所示。$Z_1$、$Z_2$ 为工作臂，即线圈阻抗，$R_1$、$R_2$ 为电桥的平衡臂。

电桥平衡条件为

$$\frac{Z_1}{Z_2} = \frac{R_1}{R_2}$$

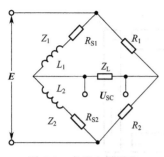

图 5-3 交流电桥原理

$$设 \quad \left.\begin{array}{c} Z_1 = Z_2 = Z = R_S + j\omega L \\ R_{S1} = R_{S2} = R_S \\ L_1 = L_2 = L \\ R_1 = R_2 = R \end{array}\right\}$$

$E$ 为桥路电源，$Z_L$ 是负载阻抗。工作时，$Z_1 = Z + \Delta Z$，$Z_2 = Z - \Delta Z$，由等效发电机原理求得

$$U_{SC} = E \frac{\Delta Z}{Z} \cdot \frac{Z_L}{2Z_L + R + Z}$$

$Z_L \to \infty$ 时，上式可写成

$$U_{SC} = E \frac{\Delta Z}{2Z} = \frac{E}{2} \cdot \frac{\Delta R_S + j\omega \Delta L}{R_S + j\omega L} \tag{5-5}$$

其输出电压幅值为

$$U_{SC} = \frac{\sqrt{\omega^2 \Delta L^2 + \Delta R_S^2}}{2\sqrt{R_S^2 + (\omega L)^2}} E \approx \frac{\omega \Delta L}{2\sqrt{R_S^2 + (\omega L)^2}} E \tag{5-6}$$

输出阻抗为

$$Z = \frac{\sqrt{(R + R_S)^2 + (\omega L)^2}}{2} \tag{5-7}$$

式(5-5)经变换和整理后可写成

$$U_{SC} = \frac{E}{2} \frac{1}{\left(1 + \frac{1}{Q^2}\right)} \left[ \left( \frac{1}{Q^2} \cdot \frac{\Delta R_S}{R_S} + \frac{\Delta L}{L} \right) + j \frac{1}{Q} \left( \frac{\Delta L}{L} - \frac{\Delta R_S}{R_S} \right) \right]$$

式中，$Q$ 为电感线圈的品质因数，$Q = \dfrac{\omega L}{R_S}$。

由上式可以看出下列两点。

a. 桥路输出电压 $U_{SC}$ 包含着与电源 $E$ 同相和正交两个分量。实际测量中，只希望有同相分量。从式中看出，如能使 $\dfrac{\Delta L}{L} = \dfrac{\Delta R_S}{R_S}$，或 $Q$ 值比较大，均能达到此目的。但在实际工作中，$\dfrac{\Delta R_S}{R_S}$ 一般很小，所以要求线圈有高的品质因数。当 $Q$ 值很高时，$U_{SC} = \dfrac{E}{2} \cdot \dfrac{\Delta L}{L}$。

b. 当 $Q$ 值很低时，电感线圈的电感远小于电阻，电感线圈相当于纯电阻的情况（$\Delta Z = \Delta R_S$），交流电桥即为电阻电桥。例如，应变测量仪就是如此，此时输出电压 $U_{SC} = \dfrac{E}{2} \cdot \dfrac{\Delta R_S}{R_S}$。

这种电桥结构简单，其电阻 $R_1$、$R_2$ 可用两个电阻和一个电位器组成，调零方便。

② **变压器电桥** 如图 5-4 所示，它的平衡臂为变压器的两个副边，当负载阻抗为无穷大时，流入工作臂的电流为

$$I = \frac{E}{Z_1 + Z_2}$$

输出电压

$$U_{SC} = \frac{E}{Z_1 + Z_2} Z_2 - \frac{E}{2} = \frac{E}{2} \cdot \frac{Z_2 - Z_1}{Z_1 + Z_2} \tag{5-8}$$

由于 $Z_1 - Z_2 = Z = R_S + j\omega L$，故初始平衡时，$U_{SC} = 0$。双臂工作时，即 $Z_1 = Z - \Delta Z$，$Z_2 = Z + \Delta Z$，相当于差动式电感传感器的衔铁向一边移动，可得

$$U_{SC} = \frac{E}{2} \cdot \frac{\Delta Z}{Z} \qquad (5\text{-}9)$$

同理，当衔铁向反方向移动时，$Z_1 = Z + \Delta Z$，$Z_2 = Z - \Delta Z$，故

$$U_{SC} = -\frac{E}{2} \cdot \frac{\Delta Z}{Z} \qquad (5\text{-}10)$$

由式(5-9)和（5-10）可知：当衔铁向不同方向移动时，产生的输出电压 $U_{SC}$ 大小相等、方向相反，即相位互差 $180°$，可以反映衔铁移动的方向。但是，为了判别交流信号的相位，尚需接入专门的相敏检波电路。

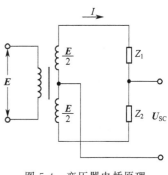

图 5-4　变压器电桥原理

变压器电桥的输出电压幅值与式(5-6)一样：

$$U_{SC} = \frac{\omega \Delta L}{2\sqrt{R_S^2 + \omega^2 L^2}} E$$

它的输出阻抗为（略去变压器副边的阻抗，通常它远小于电感的阻抗）

$$Z = \frac{\sqrt{R_S^2 + \omega^2 L^2}}{2} \qquad (5\text{-}11)$$

这种电桥与电阻平衡电桥相比，元件少，输出阻抗小，桥路开路时电路呈线性；缺点是变压器副边不接地，容易引起来自原边的静电感应电压，使高增益放大器不能工作。

## 5.2　差动变压器

### 5.2.1　结构原理与等效电路

差动变压器的结构形式如图 5-5 所示，它分为气隙型和螺管型两种形式。气隙型差动变压器由于行程小，且结构较复杂，因此目前已很少采用，下面仅讨论螺管型差动变压器。

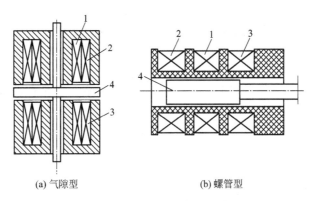

(a) 气隙型　　　　　　　　(b) 螺管型

图 5-5　差动变压器结构示意
1—初级线圈；2、3—初级线圈；4—衔铁

差动变压器的基本元件有衔铁、初级线圈、次级线圈和线圈框架等。初级线圈作为差动变压器激励用，相当于变压器的原边，而次级线圈由结构尺寸和参数相同的两个线圈反相串接而成，相当于变压器的副边。螺管型差动变压器根据初、次级排列不同有二节式、三节式、四节式和五节式等形式。三节式的零点电位较小，二节式比三节式灵敏度高、线性范围

大，四节式和五节式都是为了改善传感器线性度采用的方法。图 5-6 列出了上述差动变压器线圈的各种排列形式。

差动变压器的工作原理与一般变压器基本相同。不同之处在于以下两点：一般变压器是闭合磁路，而差动变压器是开磁路；一般变压器原、副边间的互感是常数（有确定的磁路尺寸），而差动变压器原、副边之间的互感随衔铁移动作相应变化。差动变压器正是工作在互感变化的基础上。

在理想情况下（忽略线圈寄生电容及衔铁损耗），差动变压器的等效电路如图 5-7 所示。

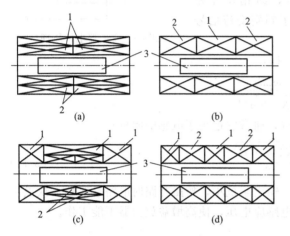

图 5-6 差动变压器线圈的各种排列形式

1—初级线圈；2—次级线圈；3—衔铁

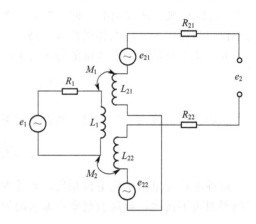

图 5-7 差动变压器等效电路

$e_1$—初级线圈激励电压；$L_1$、$R_1$—初级线圈电感和电阻；

$M_1$、$M_2$—分别为初级与次级线圈 1、2 间的互感；

$L_{21}$、$L_{22}$—两个次级线圈的电感；

$R_{21}$、$R_{22}$—两个次级线圈的电阻

根据图 5-7，初级线圈的复数电流值为

$$I_1 = \frac{e_1}{R_1 + j\omega L_1} \tag{5-12}$$

式中，$\omega$ 为激励电压的角频率，$1/s$；$e_1$ 为激励电压的复数值，$V$。

由于 $I_1$ 的存在，在线圈中产生磁通 $\phi_{21} = \dfrac{N_1 I_1}{R_{m1}}$ 和 $\phi_{22} = \dfrac{N_1 I_1}{R_{m2}}$。$R_{m1}$ 及 $R_{m2}$ 分别为磁通通过初级线圈及两个次级线圈的磁阻。$N_1$ 为初级线圈匝数。于是在次级线圈 $N_2$ 中感应出电压 $e_{21}$ 和 $e_{22}$，其值分别为

$$e_{21} = -j\omega M_1 I_1 \tag{5-13a}$$

$$e_{22} = -j\omega M_2 I_1 \tag{5-13b}$$

式中，$M_1 = N_2 \phi_{21}/I_1 = N_2 \cdot N_1/R_{m1}$；$M_2 = N_2 \phi_{22}/I_1 = N_2 \cdot N_1/R_{m2}$。

因此得到空载输出电压 $e_2$ 为

$$e_2 = e_{21} - e_{22} = -j\omega(M_1 - M_2)\frac{e_1}{R_1 + j\omega L_1} \tag{5-14}$$

其幅数

$$e_2 = \frac{\omega(M_1 - M_2)e_1}{\sqrt{R_1^2 + (\omega L_1)^2}} \tag{5-15}$$

输出阻抗

$$Z=(R_{21}+R_{22})+\text{j}\omega(L_{21}+L_{22}) \tag{5-16}$$

或
$$Z=\sqrt{(R_{21}+R_{22})^2+(\omega L_{21}+\omega L_{22})^2}$$

差动变压器输出电势 $e_2$ 与衔铁位移 $x$ 的关系见图 5-8。其中 $x$ 表示衔铁偏离中心位置的距离。

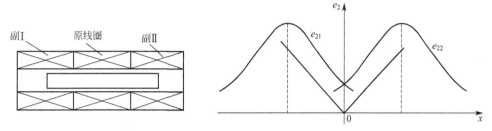

图 5-8　差动变压器的输出特征（Ⅰ、Ⅱ 均为次级线圈）

### 5.2.2　提高灵敏度的措施

差动变压器的灵敏度用单位位移输出的电压或电流来表示，即 V/mm 或 mA/mm。

影响灵敏度的因素有激励电源的电压和频率、初次级线圈匝数比、衔铁直径和长度、材料质量、环境温度等。

提高差动变压器的灵敏度可采用下列方法。

① 提高线圈 $Q$ 值，为此需要增大差动变压器的尺寸，一般选线圈长度为其直径的 1.2～2.0 倍较恰当。

② 增大衔铁直径，使其接近线圈框架半径，增加有效磁通。衔铁要采用磁导率高、铁损小、涡流损耗小的材料。

③ 匝数比 $N_2/N_1$ 增大，可以提高灵敏度，使输出电压 $e_2$ 增加。图 5-9 表示随着次级线圈匝数增加，灵敏度 $K_1$ 增加，并呈线性关系。但是次级线圈匝数不能无限增加，因为随着次级线圈匝数增加，差动变压器的零点残余电压也增大了。

④ 提高初级线圈电压 $e_1$。从式(5-15)中可知，$e_1$ 增加，灵敏度增加，输出电压 $e_2$ 随之增加。图 5-10 表示灵敏度 $K_1$ 与初级线圈电压 $e_1$ 之间为线性关系。但是初级线圈电压过大时，会引起差动变压器过热，使输出信号漂移。

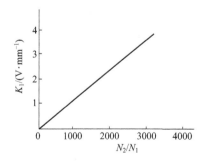
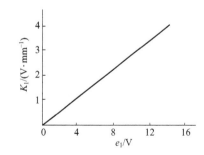

图 5-9　灵敏度 $K_1$ 与线圈匝数比的关系　　　图 5-10　灵敏度 $K_1$ 与初级线圈电压 $e_1$ 的关系

⑤ 为减少涡流损耗，线圈框架宜采用非导电的且膨胀系数小的材料。

⑥ 为了获得较高的灵敏度，初级线圈电源频率 $f$ 一般取 400Hz～10kHz 为佳。由式(5-15)可知，低频时 $R_1 \gg \omega L_1$，此时输出电压 $e_2$ 随频率的增加而增加，即灵敏度随频率而变化，

只有当频率高于某值时，由于 $\omega L_1 \gg R_1$，输出电压 $e_2$ 与频率无关，即其灵敏度不随频率变化。但是频率 $f$ 也不能太高，否则铁损和耦合电容的增加又会使其灵敏度下降。因此激磁电源频率值的选取要满足差动变压器在此工作频率下能有最大的输出电压，并且在此频率附近由于励磁频率的变化而引起灵敏度的变化为最小。

### 5.2.3 误差因素分析

**(1) 激励电压的幅值与频率**

激励电源电压幅值的波动，会使线圈激励磁场的磁通发生变化，直接影响输出电势。而频率的波动，由差动变压器灵敏度分析知道，只要选择适当，其影响是不大的。

**(2) 温度变化**

周围环境温度的变化，引起线圈及导磁体磁导率的变化，从而使线圈磁场发生变化，产生温度漂移。当线圈品质因数较低时，这种影响更为严重。在这方面采用恒流源激励比恒压源激励有利。适当提高线圈品质因数并采用差动电桥可以减少温度的影响。

**(3) 零点残余电压**

当差动变压器的衔铁处于中间位置时，理想条件下其输出电压为零。但实际上，当使用桥式电路时，零点处仍有一个微小的电压值（从零点几毫伏到数十毫伏）存在，称为零点残余电压。图 5-11 是扩大了的零点残余电压的输出特性。虚线为理想特性，实线表示实际特性。零点残余电压的存在造成零点附近的不灵敏区；零点残余电压输入放大器内会使放大器末级趋向饱和，影响电路正常工作等。

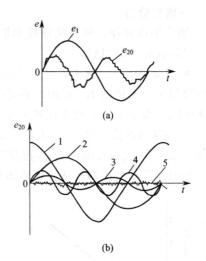

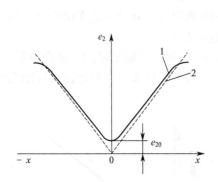

图 5-11 差动变压器的零点残余电压
1—实际特性；2—理想特性

图 5-12 零点残余电压及其组成
(a) 残余电压的波形 (b) 波形分析
1—基波正交分量；2—基波同相分量；
3—二次谐波；4—三次谐波；5—电磁干扰

零点残余电压的波形十分复杂。从示波器上观察，零点残余电压波形如图 5-12 中的 $e_{20}$ 所示，图中 $e_1$ 为差动变压器初级的激励电压。经分析，$e_{20}$ 包含了基波同相成分、基波正交成分，还有二次及三次谐波和幅值较小的电磁干扰波等。

消除零点残余电压一般可用以下方法。

**① 从设计和工艺上保证结构对称性** 为保证线圈和磁路的对称性，首先，要求提高加

工精度，线圈选配成对，采用磁路可调节结构。其次，应选
高磁导率、低矫顽磁力、低剩磁感应的导磁材料，并应经过
热处理，消除残余应力，以提高磁性能的均匀性和稳定性。
由高次谐波产生的因素可知，磁路工作点应选在磁化曲线的
线性段。

② **选用合适的测量线路**　采用相敏检波电路不仅可以鉴
别衔铁移动方向，而且可以把衔铁在中间位置时，因高次谐
波引起的零点残余电压消除掉。如图 5-13 所示，采用相敏检
波后衔铁反行程时的特性曲线由 1 变到 2，从而消除了零点
残余电压。

③ **采用补偿线路**　由于两个次级线圈感应电压相位不
同，并联电容可改变其一的相位，也可将电容 $C$ 改为电阻，
如图 5-14(a) 虚线所示。由于 $R$ 的分流作用将使流入传感器
线圈的电流发生变化，从而改变磁化曲线的工作点，减小高
次谐波所产生的残余电压。图 5-14(b) 中串联电阻 $R$ 可以调整次级线圈的电阻分量。

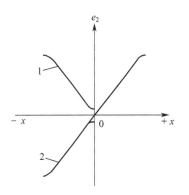

图 5-13　采用相敏检波
后的输出特性
1—消除零点残余电压前；
2—消除零点残余电压后

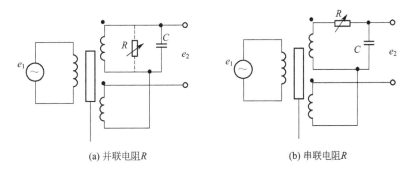

(a) 并联电阻 $R$　　　　　　　(b) 串联电阻 $R$

图 5-14　调相位式残余电压补偿电路

### 5.2.4　测量电路

差动变压器输出为交流电压，它与衔铁位移成正比。用交流电压表测量其输出值只能反
映衔铁位移的大小，不能反映衔铁移动的方向，因此常采用差动整流电路和相敏检波电路进
行测量。

**（1）差动整流电路**

图 5-15 为实际的全波相敏整流电路。这种电路是根据半导体二极管单向导通原理进行
解调的。如传感器的一个次级线圈的输出瞬时电压极性，在 $f$ 点为"＋"，$e$ 点为"－"，则
电流路径是 $f{\rightarrow}g{\rightarrow}d{\rightarrow}c{\rightarrow}h{\rightarrow}e$ ［见图 5-15(a)］。反之，如 $f$ 点为"－"，$e$ 点为"＋"，则
电流路径是 $e{\rightarrow}h{\rightarrow}d{\rightarrow}c{\rightarrow}g{\rightarrow}f$。可见，无论次级线圈的输出瞬时电压极性如何，通过电阻
$R$ 的电流总是从 $d$ 到 $c$。同理可分析另一个次级线圈的输出情况。输出的电压波形见图 5-15(b)，
其值为 $U_{SC}=e_{ab}+e_{cd}$。

**（2）相敏检波电路**

图 5-16 为二极管相敏检波电路。这种电路容易做到输出平衡，而且便于阻抗匹配。图
中调制电压 $e_r$ 和 $e$ 同频，经过移相器使 $e_r$ 和 $e$ 保持同相或反相，且满足 $e_r{\gg}e$。调节电位

器 $R$ 可调平衡，图中电阻 $R_1 = R_2 = R_0$，电容 $C_1 = C_2 = C_0$，输出电压为 $U_{CD}$。

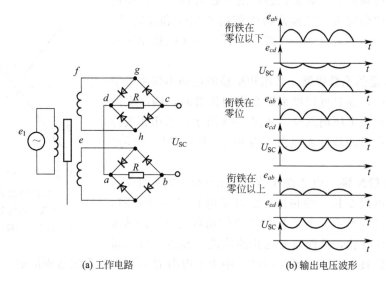

(a) 工作电路　　　　　(b) 输出电压波形

图 5-15　全波相敏整流电路和波形

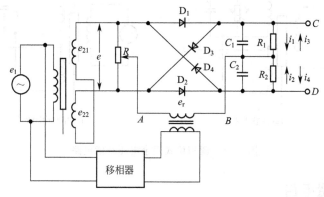

图 5-16　二极管相敏检波电路

电路工作原理如下：当差动变压器铁芯在中间位置时，$e = 0$，只有 $e_r$ 起作用，设此时 $e_r$ 为正半周，即 $A$ 为"+"，$B$ 为"−"，$D_1$、$D_2$ 导通，$D_3$、$D_4$ 截止，流过 $R_1$、$R_2$ 上的电流分别为 $i_1$、$i_2$，其电压降 $U_{CB}$ 及 $U_{DB}$ 大小相等、方向相反，故输出电压 $U_{CD} = 0$。当 $e_r$ 为负半周时，$A$ 为"−"，$B$ 为"+"，$D_3$、$D_4$ 导通，$D_1$、$D_2$ 截止，流过 $R_1$、$R_2$ 上的电流分别为 $i_3$、$i_4$，其电压降 $U_{BC}$ 与 $U_{BD}$ 大小相等方向相反，故输出电压 $U_{CD} = 0$。

若铁芯上移，$e \neq 0$，设 $e$ 和 $e_r$ 同相位，由于 $e_r \gg e$，故 $e_r$ 为正半周时 $D_1$、$D_2$ 仍导通，$D_3$、$D_4$ 截止，但 $D_1$ 回路内总电势为 $e_r + \frac{1}{2}e$，而 $D_2$ 回路内总电势为 $e_r - \frac{1}{2}e$，故回路电流 $i_1 > i_2$，输出电压 $U_{CD} = R_0(i_1 - i_2) > 0$。当 $e_r$ 为负半周时，$D_3$、$D_4$ 导通，$D_1$、$D_2$ 截止，此时 $D_3$ 回路内总电势为 $e_r - \frac{1}{2}e$，$D_4$ 回路内总电势为 $e_r + \frac{1}{2}e$，所以回路电流 $i_4 > i_3$，故输出电压 $U_{CD} = R_0(i_4 - i_3) > 0$，因此铁芯上移时输出电压 $U_{CD} > 0$。

当铁芯下移时，$e$ 和 $e_r$ 相位相反。同理可得 $U_{CD} < 0$。

由此可见，该电路能判别铁芯移动的方向。

### 5.2.5 应用

差动变压器式传感器的应用非常广泛。凡是与位移有关的物理量均可经过它转换成电量输出。它常用于测量振动、厚度、应变、压力、加速度等各种物理量。

图 5-17 是差动变压器式加速度传感器结构原理和测振线路方框图。用于测定振动物体的频率和振幅时其激磁频率必须是振动频率的 10 倍以上，这样可以得到精确的测量结果。可测量的振幅范围为 0.1～5mm，振动频率一般为 0～150Hz。

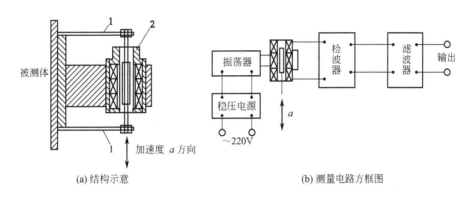

(a) 结构示意　　　　　　　　　　　　　(b) 测量电路方框图

图 5-17　差动变压器式加速度传感器
1—弹性支撑；2—差动变压器

将差动变压器和弹性敏感元件（膜片、膜盒和弹簧管等）相结合，可以组成各种形式的压力传感器。图 5-18 是微压力变送器的结构示意图，在被测压力为零时，膜盒在初始位置状态，此时固接在膜盒中心的衔铁位于差动变压器线圈的中间位置，因而输出电压为零。当被测压力由接头传入膜盒时，其自由端产生一正比于被测压力的位移，并且带动衔铁在差动变压器线圈中移动，从而使差动变压器输出电压。经相敏检波、滤波后，其输出电压可反映被测压力的数值。

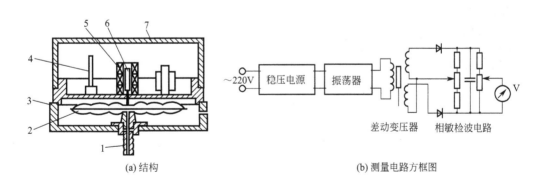

(a) 结构　　　　　　　　　　　　　　　(b) 测量电路方框图

图 5-18　微压力变送器
1—接头；2—膜盒；3—底座；4—线路板；5—差动变压器；6—衔铁；7—罩壳

微压力变送器测量线路包括直流稳压电源、振荡器、相敏检波器和指示器等部分。由于差动变压器输出电压比较大，所以线路中不需要放大器。这种微压力变送器经分挡可测量

$(-4\sim6)\times10^{4}\mathrm{Pa}$ 压力，输出信号电压为 $0\sim50\mathrm{mV}$，精度为 1.5 级。

# 5.3 电涡流式传感器

当导体置于交变磁场或在磁场中运动时，导体上引起感生电流 $i_e$，此电流在导体内闭合，称为涡流。涡流大小与导体电阻率 $\rho$、磁导率 $\mu$、产生交变磁场的线圈与被测体之间距离 $x$、线圈激励电流的频率 $f$ 有关。显然磁场变化频率越高，涡流的集肤效应越显著，即涡流穿透深度愈小。其穿透深度 $h$ 可用下式表示：

$$h=5030\sqrt{\frac{\rho}{\mu_r f}}\,\mathrm{cm} \tag{5-17}$$

式中，$\rho$ 为导体电阻率，$\Omega \cdot \mathrm{cm}$；$\mu_r$ 为导体相对磁导率；$f$ 为交变磁场频率，Hz。

由上式可知，涡流穿透深度 $h$ 和激励电流频率 $f$ 有关，所以涡流传感器根据激励频率高低，可以分为高频反射式或低频透射式两大类。

目前高频反射式电涡流传感器应用广泛，本节重点介绍此类传感器。

**（1）结构和工作原理**

高频反射式电涡流传感器结构比较简单，主要由一个安置在框架上的扁平圆形线圈构成。此线圈可以粘贴于框架上，或在框架上开一条槽沟，将导线绕在槽内。图 5-19 为 CZF1 型涡流传感器的结构原理，它采取将导线绕在聚四氟乙烯框架窄槽内形成线圈的结构方式。

如图 5-20 所示，传感器线圈由高频信号激励而产生一个高频交变磁场 $\phi_i$，当被测导体靠近线圈时，磁场作用范围内的导体表层，产生了与此磁场相交链的电涡流 $i_e$，而此电涡流又将产生一交变磁场 $\phi_e$ 阻碍外磁场的变化。从能量角度来看，在被测导体内存在着电涡流损耗（当频率较高时，忽略磁损耗）。能量损耗使传感器的 $Q$ 值和等效阻抗 $Z$ 降低，因此当被测体与传感器间的距离 $d$ 改变时，传感器的 $Q$ 值和等效阻抗 $Z$、电感 $L$ 均发生变化，于是把位移量转换成电量。

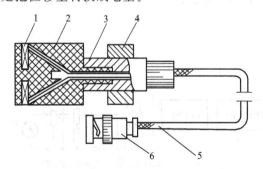

图 5-19　CZF1 型涡流传感器结构原理

1—线圈；2—框架；3—衬套；
4—支架；5—电缆；6—插头

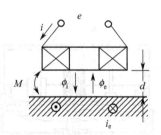

图 5-20　电涡流传感器原理

**（2）等效电路**

把金属导体形象地看作一个短路线圈，它与传感器线圈有磁耦合，于是可以得到图 5-21 所示的等效电路图。

图中，$R_1$ 和 $L_1$ 为传感器线圈的电阻和电感，$R_2$ 和 $L_2$ 为金属导体的电阻和电感，$E$ 为激励电压。根据克希霍夫定律及所设电流正方向，写出方程

$$\left.\begin{array}{r} R_1\boldsymbol{I}_1+\mathrm{j}\omega L_1\boldsymbol{I}_1-\mathrm{j}\omega M\boldsymbol{I}_2=\boldsymbol{E} \\ -\mathrm{j}\omega M\boldsymbol{I}_1+R_2\boldsymbol{I}_2+\mathrm{j}\omega L_2\boldsymbol{I}_2=0 \end{array}\right\} \qquad (5\text{-}18)$$

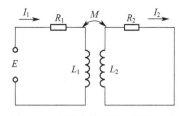

图 5-21　电涡流传感器的等效电路

解上述方程组，得

$$\left.\begin{array}{l} \boldsymbol{I}_1=\dfrac{\boldsymbol{E}}{R_1+\dfrac{\omega^2 M^2}{R_2^2+(\omega L_2)^2}R_2+\mathrm{j}\left[\omega L_1-\dfrac{\omega^2 M^2}{R_2^2+(\omega L_2)^2}\omega L_2\right]} \\[4mm] \boldsymbol{I}_2=\mathrm{j}\omega\dfrac{M\boldsymbol{I}_1}{R_2+\mathrm{j}\omega L_2}=\dfrac{M\omega^2 L_2\boldsymbol{I}_1+\mathrm{j}\omega M R_2\boldsymbol{I}_1}{R_2^2+\omega^2 L_2^2} \end{array}\right\}$$

$$(5\text{-}19)$$

于是，线圈的等效阻抗为

$$\boldsymbol{Z}=\left[R_1+R_2\frac{\omega^2 M^2}{R_2^2+(\omega L_2)^2}\right]+\mathrm{j}\left[\omega L_1-\omega L_2\frac{\omega^2 M^2}{R_2^2+(\omega L_2)^2}\right] \qquad (5\text{-}20)$$

线圈的等效电感为

$$L=L_1-L_2\frac{\omega^2 M^2}{R_2^2+\omega^2 L_2^2} \qquad (5\text{-}21)$$

线圈的等效 $Q$ 值为

$$Q=Q_0\frac{1-\dfrac{L_2}{L_1}\cdot\dfrac{\omega^2 M^2}{Z_2^2}}{1+\dfrac{R_2}{R_1}\cdot\dfrac{\omega^2 M^2}{Z_2^2}} \qquad (5\text{-}22)$$

式中，$Q_0$ 为无涡流影响下线圈的 $Q$ 值，$Q_0=\dfrac{\omega L_1}{R_1}$；$Z_2^2$ 为金属导体中产生电涡流部分的阻抗，$Z_2^2=R_2^2+\omega^2 L_2^2$。

从式(5-20)～式(5-22) 可知，线圈与金属导体系统的阻抗、电感和品质因数均是此系统互感系数平方的函数，而从麦克斯韦互感系数的基本公式出发，可以求得互感系数是两个磁性相连线圈距离 $x$ 的非线性函数。因此 $Z=F_1(x)$、$L=F_2(x)$、$Q=F_3(x)$ 均是非线性函数。但是，在某一范围内，这些函数关系可以近似地通过某一线性函数表示。也就是说，电涡流式位移传感器不是在电涡流整个波及范围内均能呈线性变换的。

式(5-21) 中第一项 $L_1$ 与静磁效应有关，线圈与金属导体构成一个磁路，其有效磁导率取决于此磁路的性质。当金属导体为磁性材料时，有效磁导率随导体与线圈距离的减小而增大，于是 $L_1$ 增大；若金属导体为非磁性材料，则有效磁导率和导体与线圈的距离无关，即 $L_1$ 不变。式(5-21) 中第二项为电涡流回路的反射电感，它使传感器的等效电感值减小。因此，当靠近传感器的被测物体为非磁性材料或硬磁材料时，传感器线圈的等效电感减小；当被测导体为软磁材料时，则由于静磁效应使传感器线圈的等效电感增大。

为了提高传感器的灵敏度，用一个电容与电涡流线圈并联，构成并联谐振回路。当不接被测导体时，传感器调谐到某一谐振频率 $f_0$；当接入被测导体时，回路将失谐。当被测体为非铁磁材料和硬磁材料时，因传感器电感量减小，谐振曲线右移；当被测体为软磁材料时，其电感量增大，谐振曲线左移，如图 5-22 所示。当载流频率一定时，传感器 $LC$ 回路的阻抗变化既反映了电感的变化，又反映了 $Q$ 值变化。

**(3) 测量电路**

根据电涡流传感器的基本原理，将传感器与被测体间的距离变换为传感器 $Q$ 值、等效

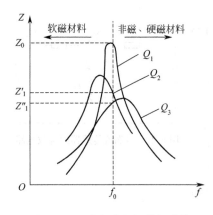

图 5-22　固定频率调幅谐振曲线

阻抗 $Z$ 和等效电感 $L$ 三个参数，用相应的测量电路测量。电涡流式传感器的测量电路可以归纳为高频载波调幅式和调频式两类。而高频载波调幅式又可分为恒定频率的载波调幅与频率变化的载波调幅两种。所以根据测量电路可以把电涡流式传感器分为三种类型，即恒定频率调幅式、变频调幅式和调频式。

① **载波频率改变的调幅法和调频法**　该测量电路的核心是一个电容三点式振荡器，传感器线圈作为振荡回路的电感元件，如图 5-23 所示。

这种测量电路的测量原理如下。

当无被测导体时，回路谐振于 $f_0$，此时 $Q$ 值最高，

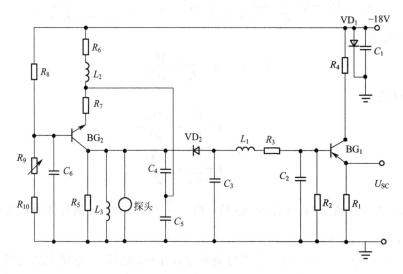

图 5-23　调频调幅式测量电路

所以对应的输出电压 $U_0$ 最大。当被测导体接近传感器线圈时，振荡器的谐振频率发生变化，谐振曲线向两边移动，且变得平坦。此时由传感器回路组成的振荡器输出电压的频率和幅值均发生变化，如图 5-24 所示。设其输出电压分别为 $U_1$，$U_2$，…，振荡频率分别为 $f_1$，$f_2$，…，假如我们直接取它的输出电压作为显示量，则这种线路就称为载波频率改变的调幅法。它直接反映了 $Q$ 值变化，因此可用于以 $Q$ 值作为输出的电涡流传感器。若取改变了的频率作为显示量，那么就用来测量传感器的等效电感量，这种方法称为调频法。

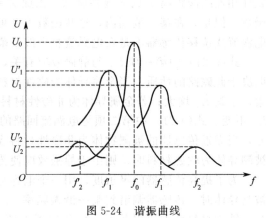

图 5-24　谐振曲线

这个测量电路是由下述三部分组成的。

a. 电容三点式振荡器。其作用是将位移变化引起的振荡回路的 $Q$ 值变化转换成高频载波信号的幅值变化。为使电路具有较高的效率而自行起振，电路采用自给偏压的办法。适当

选择振荡管分压电阻的比值,使电路静态工作点处于甲乙类。

b. 检波器。检波器由检波二极管和 π 形滤波器组成。采用 π 形滤波器可适应电流变化较大,而又要求纹波很小的情况,可获得平滑的波形。这部分电路的作用是将高频载波中的测量信号不失真地取出。

c. 射极跟随器。由于射极跟随器具有输入阻抗高、跟随性良好等特点,所以采用其作输出级以获得尽可能大的不失真输出的幅度值。

② **调频式测量电路** 该测量电路的测量原理是位移的变化引起传感器线圈电感的变化,而电感的变化导致振荡频率的变化,以频率变化作为输出量。这正是人们所需的测量信息。因此,电涡流传感器线圈在这个电路的振荡器中作为一个电感元件接入电路之中。其测量电路原理如图 5-25 所示。

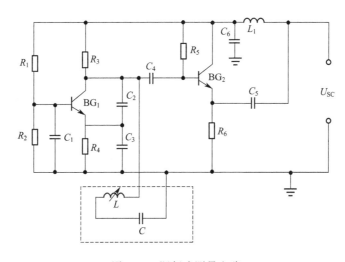

图 5-25 调频式测量电路

该测量电路由两大部分组成,即克拉泼电容三点式振荡器和射极输出器。

克拉泼振荡器产生一个高频正弦波,这个高频正弦波频率是随传感器线圈 $L(x)$ 的变化而变化的。频率和 $L(x)$ 之间关系见式(5-23),频率 $f$ 和位移 $x$ 的特性曲线见图 5-26。

$$f \approx \frac{1}{2\pi\sqrt{L(x)C}} \qquad (5\text{-}23)$$

射极输出器起阻抗匹配作用,以便和下级电路相连接。频率可以直接由数字频率计记录或通过频率—电压转换电路转换为电压量输出,再由其他记录仪器记录。

当使用这种调频式测量电路时,传感器输出电缆的分布电容的影响是不能忽视的。它使振荡器振荡频率发生变化,从而影响测量结果。为此可把电容 $C$ 和线圈 $L$ 都装在传感器内,如图 5-25 所示。这时电缆分布电容并

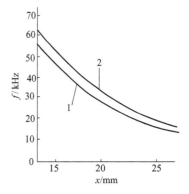

图 5-26 $f$-$x$ 特性曲线
1—钢板;2—铜板

联到大电容 $C_2$、$C_3$ 上,因而对振荡频率 $f \approx \dfrac{1}{2\pi\sqrt{LC}}$ 的影响就大大减小。尽可能将传感器靠近测量电路,甚至放在一起,这样分布电容的影响就更小了。

**（4）应用**

由于涡流式传感器具有测量范围大、灵敏度高、结构简单、抗干扰能力强以及可以非接触测量等优点，广泛用于工业生产和科学研究的各个领域。表 5-1 给出了电涡流传感器测量的参数、变换量及特征。

表 5-1　线圈可测量的参数

| 被测参数 | 变换量 | 特征 |
|---|---|---|
| 位移<br>振动<br>厚度 | 传感器线圈与被测体之间距离 $d$ | 非接触连续测量，受剩磁的影响 |
| 表面温度<br>电解质浓度<br>速度（流量） | 被测体电阻率 $\rho$ | 非接触连续测量，需进行温度补偿 |
| 应力硬度 | 被测体的磁导率 $\mu$ | 非接触连续测量，受剩磁和材质影响 |
| 损伤 | $d$、$\rho$、$\mu$ | 可定量判断 |

传感器在使用过程中，应注意被测体材料对测量的影响。被测体电导率越高，灵敏度越高，在相同量程下其线性范围宽。此外，被测体形状对测量也有影响。当被测体面积比传感器检测线圈面积大得多时，传感器灵敏度基本不发生变化；当被测体面积为传感器线圈面积的一半时，传感器灵敏度减少一半；当被测物体面积更小时，传感器灵敏度则显著下降。如被测体为圆柱体，当它的直径 $D$ 是传感器线圈直径 $d$ 的 3.5 倍以上时，不影响测量结果；在 $D/d=1$ 时，传感器灵敏度降低至 70%。

下面就几种主要应用作一简略介绍。

① **位移测量**　电涡流式传感器可以用来测量各种形式的位移量，如图 5-27 所示。

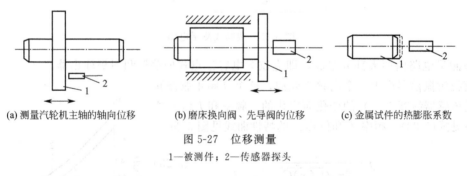

(a) 测量汽轮机主轴的轴向位移　　(b) 磨床换向阀、先导阀的位移　　(c) 金属试件的热膨胀系数

图 5-27　位移测量

1—被测件；2—传感器探头

② **振幅测量**　电涡流式传感器可无接触地测量各种振动的幅值。在汽轮机、空气压缩机中，电涡流式传感器常用来监控主轴的径向振动〔见图 5-28(a)〕，也可以测量发动机涡轮叶片的振幅〔见图 5-28(b)〕。研究轴的振动常需要了解轴的振动形状，作出轴振形图，为此，可用数个传感器探头并排地安置在轴附近〔见图 5-28(c)〕，用多通道指示仪输出至记录仪。这样在轴振动时可以获得各个传感器所在位置轴的瞬时振幅，从而画出轴振形图。

③ **厚度测量**　电涡流式传感器可以无接触地测量金属板厚度和非金属板的镀层厚度。图 5-29(a) 即为电涡流式厚度计的基本测量原理，当金属板的厚度变化时，传感器探头与金属板间距离改变，从而引起输出电压的变化。由于在工作过程中金属板会上、下波动，这将影响测量精度，因此一般电涡流式厚度计常用比较的方法测量，如图 5-29(b) 所示。被测金属板的上、下方各装一个传感器探头，其间距离为 $D$，而它们与板的上表面、下表面分别相距 $x_1$ 和 $x_2$，这样板厚 $t=D-(x_1+x_2)$，当两个传感器在工作时分别测得 $x_1$ 和 $x_2$，

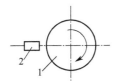 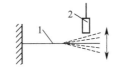 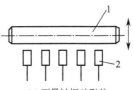

(a) 测量主轴的径向振动　　(b) 测量发动机涡轮叶片的振幅　　(c) 测量轴振动形状

图 5-28　振幅测量

1—被测件；2—传感器探头

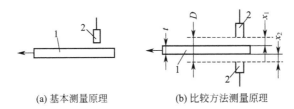

(a) 基本测量原理　　　　(b) 比较方法测量原理

图 5-29　厚度测量

1—金属板；2—传感器探头

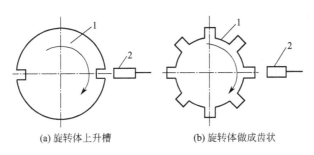

(a) 旋转体上升槽　　　　(b) 旋转体做成齿状

图 5-30　转速测量

1—被测件；2—传感器探头

转换成电压值后相加。相加后的电压值与两传感器间距离 $D$ 对应的设定电压再相减，就得到与板厚相对应的电压值。

④ **转速测量**　在一个旋转体上开一条或数条槽 [图 5-30(a)]，或者做成齿状 [图 5-30(b)]，旁边安装一个电涡式流传感器。当旋转体转动时，电涡流式传感器将周期性地改变输出信号，此电压经过放大、整形，可用频率计指示出频率数值。此值与槽数和被测转速有关，即

$$N = \frac{f}{n} \times 60 \tag{5-24}$$

式中，$f$ 为频率值，Hz；$n$ 为旋转体的槽（齿）数；$N$ 为被测轴的转速，r/min。

在航空发动机等试验中，常需测得轴的振幅与转速的关系曲线。如果把转速计的频率值经过频率-电压转换装置，接入（$X$-$Y$）函数记录仪的 $X$ 轴输入端，而把振幅计的输出接入 $X$-$Y$ 函数记录仪的 $Y$ 轴，这样利用 $X$-$Y$ 记录仪就可直接画出转速-振幅曲线。

⑤ **电涡流表面探伤**　利用电涡流传感器可检查金属表面裂纹及焊接处缺陷，如图 5-31、图 5-32 所示。探伤时，传感器与被测金属导体保持一定距离不变，检测时，如出现裂纹等缺陷，会引起导体电导率、磁导率的变化，即涡流损耗改变，从而引起输出电压突变。

图 5-31　手持式裂纹测量仪

图 5-32　油管探伤

## 例题分析

**【例 5-1】**　如图 5-33 所示气隙型电感传感器，衔铁横截面积 $S=(4\times4)\,\text{mm}^2$，气隙总长度 $l_\delta=0.8\text{mm}$，衔铁最大位移 $\Delta l_\delta=\pm0.08\text{mm}$，激励线圈匝数 $N=2500$ 匝，导线直径 $d=0.06\text{mm}$，电阻率 $\rho=1.75\times10^{-6}\,\Omega\cdot\text{cm}$。当激励电源频率 $f=4000\text{Hz}$ 时，忽略漏磁及铁损。要求计算：

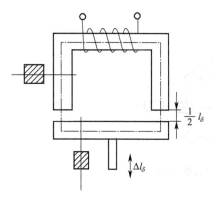

图 5-33　气隙型电感传感器

（1）线圈电感值；

（2）电感的最大变化量；

（3）当线圈外横截面积为 $(11\times11)\,\text{mm}^2$ 时的直流电阻值；

（4）线圈的品质因数；

（5）当线圈存在 200pF 分布电容，与之并联后的等效电感变化值。

**解：**（1）由图 5-33 可知气隙型电感计算公式为

$$L_0=\frac{N^2\mu_0 S}{l_\delta}=\frac{2500^2\times4\pi\times10^{-7}\times4\times4\times10^{-6}}{0.8\times10^{-3}}=0.157\text{H}=157\text{mH}$$

（2）当衔铁最大位移 $\Delta l_\delta=\pm0.08\text{mm}$ 时，分别计算 $\Delta l_\delta=+0.08\text{mm}$ 时电感值 $L_1$ 为

$$L_1=\frac{N^2\mu_0 S}{l_\delta+2\Delta l_\delta}=\frac{2500^2\times4\pi\times10^{-7}\times4\times4\times10^{-6}}{(0.8+2\times0.08)\times10^{-3}}=0.131\text{H}=131\text{mH}$$

$\Delta l_\delta=-0.08\text{mm}$ 时电感值 $L_2$ 为

$$L_2=\frac{N^2\mu_0 S}{l_\delta-2\Delta l_\delta}=\frac{2500^2\times4\pi\times10^{7}\times4\times4\times10^{-6}}{(0.8-2\times0.08)\times10^{-3}}=0.196\text{H}=196\text{mH}$$

所以当衔铁最大位移变化 $\pm0.08\text{mm}$ 时相应的电感变化量 $\Delta L=L_2-L_1=196-131=65\text{mH}$。

（3）根据铁芯截面 $(4\times4)\,\text{mm}^2$ 及线圈外断面 $(11\times11)\,\text{mm}^2$ 取平均值，按断面为 $(7.5\times7.5)\,\text{mm}^2$ 计算每匝总长 $l_{CP}=4\times7.5=30\text{mm}=3\text{cm}$，则线圈直流电阻

$$R_e=\frac{4\rho N l_{CP}}{\pi d^2}=\frac{4\times1.75\times10^{-6}\times2500\times3}{\pi\times(0.06\times10^{-1})^2}=464\,\Omega$$

（4）线圈品质因数

$$Q=\frac{\omega L}{R_{\rm e}}=\frac{2\pi fL}{R_{\rm e}}=\frac{2\pi\times4000\times157\times10^{-3}}{464}=8.5$$

（5）当线圈存在分布电容 $C=200{\rm pF}$ 时引起的电感变化可按下式计算：

$$\Delta L_{\rm P}=L_{\rm P}-L_0=\frac{L_0}{1-\omega^2L_0C}-L_0$$

$$=\frac{157\times10^{-3}}{1-(2\pi\times4000)^2\times157\times10^{-3}\times2\times10^{-10}}-157\times10^{-3}$$

$$=(160-157)\times10^{-3}{\rm H}=3{\rm mH}$$

以上结果说明分布电容存在使等效电感 $L_{\rm P}$ 值增大。

【例 5-2】 利用电涡法测板材厚度，已知：激励电源频率 $f=1{\rm MHz}$，被测材料相对磁导率 $\mu_{\rm r}=1$，电阻率 $\rho=2.9\times10^{-6}\Omega\cdot{\rm cm}$，被测板厚为 $(1+0.2){\rm mm}$。要求：

（1）计算采用高频反射法测量时涡流穿透深度 $h$；

（2）判断能否用低频透射法测板厚，若可以需要采取什么措施，并画出检测示意图。

**解：**（1）高频反射法求涡流穿透深度公式为

$$h=50.3\sqrt{\frac{\rho}{\mu_{\rm r}f}}=50.3\sqrt{\frac{2.9\times10^{-6}}{1\times10^6}}=85.7\times10^{-6}{\rm m}=0.0857{\rm mm}$$

高频反射法测板厚一般采用双探头，如图 5-34(a) 所示，两探头间距离 $D$ 为定值，被测板从线圈间通过，可计算出板厚

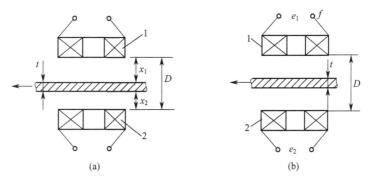

(a)　　　　(b)

图 5-34　例 5-2 图

$$t=D-(x_1+x_2)$$

式中，$x_1$ 和 $x_2$ 通过探头 1 和 2 可以测出。

（2）若采用低频透射法，需要降低信号源频率使涡流穿透深度大于板材厚度 $t_{\max}=1.2{\rm mm}$，即应满足 $t_{\max}<50.3\sqrt{\frac{\rho}{\mu_{\rm r}f}}$，$\rho$ 和 $\mu_{\rm r}$ 为定值，则

$$f<\frac{\rho}{\mu_{\rm r}}\times\left(\frac{50.3}{t_{\max}}\right)^2=\frac{2.9\times10^{-6}}{1}\left(\frac{50.3}{0.12}\right)^2=0.51{\rm kHz}$$

在 $f<0.51{\rm kHz}$ 时采用低频透射法测板材厚度如图 5-34(b) 所示。发射线圈在磁电压 $e_1$ 作用之下产生磁力线，经被测板后到达接收线圈 2 使之产生感应电势 $e_2$，由于 $e_2=f(t)$，只要线圈之间距离 $D$ 一定，测得 $e_2$ 的值即可计算出板厚 $t$。

5-1　何为电感式传感器？电感式传感器分哪几类？各有何特点？

5-2　说明差动式电感传感器与差动变压器工作原理的区别。

5-3　说明差动变压器零点残余电压产生的原因并指出消除残余电压的方法。

5-4　如何提高差动变压器的灵敏度？

5-5　电涡流式传感器有何特点？画出应用于测板材厚度的原理框图。

5-6　有一只螺管型差动式电感传感器如图 5-35(a) 所示。传感器线圈铜电阻 $R_1 = R_2 = 40\Omega$，电感 $L_1 = L_2 = 30\mathrm{mH}$，现用两只匹配电阻设计成四臂等阻抗电桥，如图 5-35(b) 所示，问：

(1) 匹配电阻 $R_3$ 和 $R_4$ 值为多大才能使电压灵敏度达到最大值？

(2) 当 $\Delta Z = \pm 10\Omega$ 时，电源电压为 4V，$f = 400\mathrm{Hz}$，电桥输出电压值 $U_{SC}$ 是多少？

5-7　现有一只螺管型差动式电感传感器如图 5-35(a) 所示，通过实验测得 $L_1 = L_2 = 100\mathrm{mH}$，其线圈导线电阻很小可以忽略。已知：电源电压 $U = 6\mathrm{V}$，频率 $f = 400\mathrm{Hz}$。要求：

(1) 从电压灵敏度最大角度考虑设计四臂交流电桥匹配，桥臂电阻最佳参数 $R_1$ 和 $R_2$ 应该是多大？

(2) 画出相应四臂交流电桥电路原理图。

(3) 当输入参数变化使线圈阻抗变化 $\Delta Z = \pm 20\Omega$ 时，电桥差动输出信号电压 $U_{SC}$ 是多少？

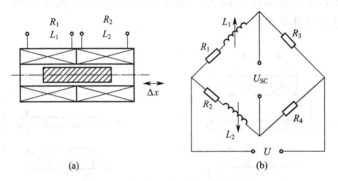

图 5-35　螺管型差动式电感传感器

# 第 6 章

# 压电式传感器

压电式传感器是一种典型的有源传感器（或发电型传感器）。它以某些电介质的压电效应为基础，在外力作用下，在电介质的表面上产生电荷，从而实现非电量电测的目的。

压电传感元件是力敏感元件，所以它测量最终能变换为力的物理量，例如拉力、压力、加速度等。

压电式传感器具有响应频带宽、灵敏度高、信噪比大、结构简单、工作可靠、质量轻等优点。近年来，随着电子技术的飞速发展和与之配套的二次仪表以及低噪声、小电容、高绝缘电阻电缆的出现，压电式传感器的使用更为方便。因此，压电式传感器在工程力学、生物医学、电声学等许多技术领域中获得了广泛的应用。

## 6.1 压电效应

某些电介质，当沿着一定方向对其施力使其变形时，其内部便产生极化现象，同时在两个表面上产生符号相反的电荷；当外力去掉后，又重新恢复为不带电状态。这种现象称为压电效应。当作用力方向改变时，电荷极性也随之改变。相反，在电介质的极化方向施加电场，这些电介质也会产生变形，这种现象称为逆压电效应（电致伸缩效应）。具有压电效应的物质很多，如天然形成的石英晶体，人工制造的压电陶瓷、锆钛酸铅等。现以石英晶体为例说明压电现象。

图 6-1 为天然形成的石英晶体的理想外形。它是一个正六面体，在晶体学中它可用三根互相垂直的轴来表示。其中纵向轴 $Z$-$Z$ 称为光轴；经过正六面体棱线，并垂直于光轴的 $X$-$X$ 轴称为电轴；与 $X$-$X$ 轴和 $Z$-$Z$ 轴同时垂直的 $Y$-$Y$ 轴（垂直于正六面体的棱面）称为机械轴。人们通常把沿电轴 $X$-$X$ 方向的力作用下产生电荷的压电效应称为"纵向压电效应"，而把沿机械轴 $Y$-$Y$ 方向的力作用下产生电荷的压电效应称为"横向压电效应"。它沿光轴 $Z$-$Z$ 方向受力则不产生压电效应。

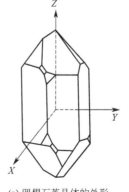
(a)理想石英晶体的外形

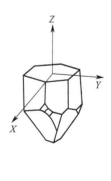
(b)坐标系

图 6-1　石英晶体

石英晶体之所以具有压电效应，与它的内部结构是分不开的。组成石英晶体的硅离子

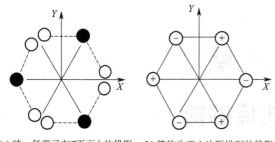

(a) 硅、氧离子在Z平面上的投影　(b) 等效为正六边形排列的投影

图 6-2　硅、氧离子的排列示意

$Si^{4+}$ 和氧离子 $O^{2-}$ 在 $Z$ 平面投影，如图 6-2（a）所示。为讨论方便，将这些硅、氧离子等效为图 6-2（b）中正六边形排列，图中 "$\oplus$" 代表 $Si^{4+}$，"$\ominus$" 代表 $2O^{2-}$。

下面讨论石英晶体受外力作用时晶格的变化情况。

当作用力 $F_X = 0$ 时，正、负离子（即 $Si^{4+}$ 和 $2O^{2-}$）正好分布在正六边形顶角上，形成三个互成 120°夹角的偶极矩 $P_1$、$P_2$、$P_3$，如图 6-3（a）所示。此时正、负电荷中心重合，电偶极矩的矢量和等于零，即

$$P_1 + P_2 + P_3 = 0$$

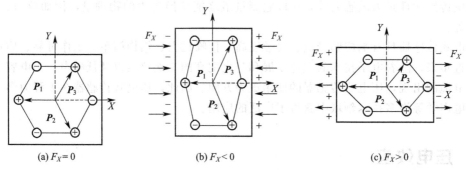

(a) $F_X = 0$ 　　(b) $F_X < 0$ 　　(c) $F_X > 0$

图 6-3　石英晶体的压电机构示意

当晶体受到沿 $X$ 方向的压力（$F_X < 0$）作用时，晶体沿 $X$ 方向将产生收缩，正、负离子相对位置随之发生变化，如图 6-3（b）所示。此时正、负电荷中心不再重合，电偶极矩在 $X$ 方向的分量为

$$(P_1 + P_2 + P_3)_X > 0$$

在 $Y$、$Z$ 方向的分量为

$$(P_1 + P_2 + P_3)_Y = 0$$
$$(P_1 + P_2 + P_3)_Z = 0$$

由上式看出，在 $X$ 轴的正向出现正电荷，在 $Y$、$Z$ 轴方向则不出现电荷。

当晶体受到沿 $X$ 方向的拉力（$F_X > 0$）作用时，其变化情况如图 6-3（c）所示。此时电极矩的三个分量为

$$(P_1 + P_2 + P_3)_X < 0$$
$$(P_1 + P_2 + P_3)_Y = 0$$
$$(P_1 + P_2 + P_3)_Z = 0$$

由上式看出，在 $X$ 轴的正向出现负电荷，在 $Y$、$Z$ 方向则不出现电荷。

由此可见，当晶体受到沿 $X$（即电轴）方向的力 $F_X$ 作用时，它在 $X$ 方向产生正压电效应，而在 $Y$、$Z$ 方向则不产生压电效应。

晶体在 $Y$ 轴方向力 $F_Y$ 作用下的情况与 $F_X$ 相似。当 $F_Y > 0$ 时，晶体的形变与图 6-3（b）相似；当 $F_Y < 0$ 时，则与图 6-3（c）相似。由此可见，晶体在 $Y$ 轴方向力 $F_Y$ 作用下，在 $X$ 方向产生正压电效应，在 $Y$、$Z$ 方向则不产生压电效应。

晶体在 $Z$ 轴方向力 $F_Z$ 的作用下，因为晶体沿 $X$ 方向和沿 $Y$ 方向所产生的正应变完全相同，所以，正、负电荷中心保持重合，电偶极矩矢量和等于零。这就表明，在 $Z$ 轴方向力 $F_Z$ 作用下，晶体不产生压电效应。

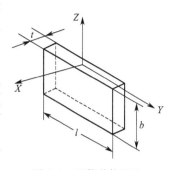

假设从石英晶体上切下一片平行六面体——晶体切片，使它的晶面分别平行于 $X$、$Y$、$Z$ 轴，如图 6-4 所示。并在垂直 $X$ 轴方向两面用真空镀膜或沉银法得到电极面。

图 6-4　石英晶体切片

当晶片受到沿 $X$ 轴方向的压缩应力 $\sigma_{XX}$ 作用时，晶片将产生厚度变形，并发生极化现象。在晶体线性弹性范围内，极化强度 $P_{XX}$ 与应力 $\sigma_{XX}$ 成正比，即

$$P_{XX} = d_{11}\sigma_{XX} = d_{11}\frac{F_X}{lb} \tag{6-1}$$

式中，$F_X$ 为沿晶轴 $X$ 方向施加的压缩力，N；$d_{11}$ 为压电系数（C/N），当受力方向和变形不同时，压电系数也不同，对于石英晶体，$d_{11} = 2.3 \times 10^{-12} \text{C/N}^{-1}$；$l$、$b$ 为石英晶片的长度和宽度，m。

极化强度 $P_{XX}$ 在数值上等于晶面上的电荷密度，即

$$P_{XX} = \frac{q_X}{lb} \tag{6-2}$$

式中，$q_X$ 为垂直于 $X$ 轴平面上电荷（C）。

将式(6-2)代入式(6-1)，得

$$q_X = d_{11}F_X \tag{6-3}$$

其极间电压为

$$U_X = \frac{q_X}{C_X} = d_{11}\frac{F_X}{C_X} \tag{6-4}$$

式中，$C_X$ 为电极面间电容（F），$C_X = \dfrac{\varepsilon_0\varepsilon_r lb}{t}$。

根据逆压电效应，晶体在 $X$ 轴方向将产生伸缩，即

$$\Delta t = d_{11}U_X \tag{6-5}$$

或用应变表示，则

$$\frac{\Delta t}{t} = d_{11}\frac{U_X}{t} = d_{11}E_X \tag{6-6}$$

式中，$E_X$ 为 $X$ 轴方向的电场强度，V/m。

沿 $X$ 轴方向施加压力时，左旋石英晶体的 $X$ 轴正向带正电；如果作用力 $F_X$ 改为拉力，则在垂直于 $X$ 轴的平面上仍出现等量电荷，但极性相反，见图 6-5(a)、(b)。

如果在同一晶片上作用力是沿着机械轴的方向，其电荷仍在与 $X$ 轴垂直平面上出现，其极性见图 6-5(c)、(d)，此时电荷的大小为

$$q_{XY} = d_{12}\frac{lb}{tb}F_Y = d_{12}\frac{l}{t}F_Y \tag{6-7}$$

式中，$d_{12}$ 为石英晶体在 $Y$ 轴方向受力时的压电系数。

根据石英晶体轴对称条件 $d_{11} = -d_{12}$，则式(6-7)可写成

$$q_{XY} = -d_{11}\frac{l}{t}F_Y \tag{6-8}$$

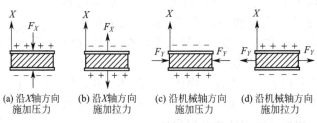

| (a) 沿X轴方向<br>施加压力 | (b) 沿X轴方向<br>施加拉力 | (c) 沿机械轴方向<br>施加压力 | (d) 沿机械轴方向<br>施加拉力 |

图 6-5　晶片上电荷极性与受力方向关系

式中，$t$ 为晶片厚度，m。

则其电极间电压为

$$U_X = \frac{q_{XY}}{C_X} = -d_{11}\,\frac{l}{t}\cdot\frac{F_Y}{C_X} \tag{6-9}$$

根据逆压电效应，晶片在 $Y$ 轴方向将产生伸缩变形，即

$$\Delta l = -d_{11}\,\frac{l}{t}U_X \tag{6-10}$$

或用应变表示为

$$\frac{\Delta l}{l} = -d_{11}E_X \tag{6-11}$$

由上述可知：

① 无论是正或逆压电效应，其作用力（或应变）与电荷（或电场强度）之间呈线性关系；

② 晶体在哪个方向上有正压电效应，则在此方向上一定存在逆压电效应；

③ 石英晶体不是在任何方向都存在压电效应的。

# 6.2　压电材料

应用于压电式传感器中的压电材料主要有两种：一种是压电晶体，如石英等；另一种是压电陶瓷，如钛酸钡、锆钛酸铅等。

对压电材料要求具有以下几方面特性。

① 转换性能。具有较大压电常数。

② 力学性能。压电元件作为受力元件，具有力学强度高、机械刚度大的物性，以获得宽的线性范围和高的固有振动频率。

③ 电性能。具有高电阻率和大介电常数，以减弱外部分布电容的影响并获得良好的低频特性。

④ 环境适应性强。温度和湿度稳定性好，具有较高的居里点，能获得较宽的工作温度范围。

⑤ 时间稳定性。压电性能不随时间变化。

**（1）石英晶体**

石英是一种具有良好压电特性的晶体。其介电常数和压电系数的温度稳定性相当好，在常温范围内这两个参数几乎不随温度变化，如图 6-6 和图 6-7 所示。

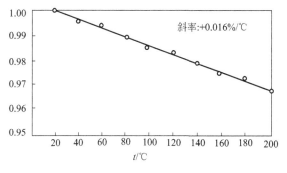

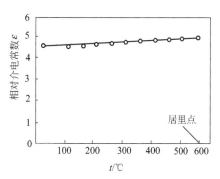

图 6-6  石英的 $d_{11}$ 系数相对于 20℃ 的
$d_{11}$ 随温度变化特性

图 6-7  石英在高温下相对
介电常数的温度特性

由图 6-6 可见，在 20～200℃ 温度范围内，温度每升高 1℃，压电系数仅减少 0.016%。但是当温度达到居里点（573℃）时，石英晶体便失去了压电特性。

石英晶体的突出优点是性能非常稳定，机械强度高，绝缘性能也相当好。但石英材料价格昂贵，且压电系数比压电陶瓷低得多，因此一般仅用于标准仪器或要求较高的传感器中。

需要指出的是，石英是一种各向异性晶体，因此，按不同方向切割的晶片，其物理性质（如弹性、压电效应、温度特性等）相差很大。在设计石英传感器时，应根据不同使用要求正确地选择石英片的切型。

**（2）压电陶瓷**

压电陶瓷由于具有很高的压电系数，因此在压电式传感器中得到广泛应用。压电陶瓷主要有以下几种。

① **钛酸钡压电陶瓷**  钛酸钡（$BaTiO_3$）是由碳酸钡（$BaCO_3$）和二氧化钛（$TiO_2$）按 1：1 摩尔比混合后充分研磨成型，经高温 1300～1400℃ 烧结，然后再经人工极化处理得到的压电陶瓷。

这种压电陶瓷具有很高的介电常数和较大的压电系数（约为石英晶体的 50 倍）。不足之处是居里温度低（120℃），温度稳定性和力学强度不如石英晶体。

② **锆钛酸铅系压电陶瓷**  锆钛酸铅（PZT）是由 $PbTiO_3$ 和 $PbZrO_3$ 组成的固溶体 $Pb(Zr,Ti)O_3$。它与钛酸钡相比，压电系数更大，居里温度在 300℃ 以上，各项机电参数受温度影响小，时间稳定性好。此外，在锆钛酸中添加一种或两种其他微量元素（如铌、锑、锡、锰、钨等）还可以获得不同性能的 PZT 材料。因此锆钛酸铅系压电陶瓷是目前压电式传感器中应用最广泛的压电材料。

表 6-1 列出了目前常用压电材料的主要特性，表中除了石英、压电陶瓷外，还有压电半导体 ZnO、CdS，它们在非压电基片上用真空蒸发或溅射方法形成很薄的膜构成半导体压电材料。

**表 6-1  常用压电材料的主要特性**

| 材料 | 形状 | 压电系数 /($\times 10^{-12}$C/N) | 相对介电系数 | 居里温度 /℃ | 密度 /($\times 10^3$kg/m³) | 品质因数 |
|------|------|------|------|------|------|------|
| 石英 ($\alpha$-$SiO_2$) | 单晶 | $d_{11}=2.31$ $d_{14}=0.727$ | 4.6 | 573 | 2.65 | $10^5$ |
| 钛酸钡 ($BaTiO_3$) | 陶瓷 | $d_{33}=190$ $d_{31}=-78$ | 1700 | ～120 | 5.7 | 300 |

| 材料 | 形状 | 压电系数 /（×10⁻¹² C/N） | 相对 介电系数 | 居里温度 /℃ | 密度 /（×10³ kg/m³） | 品质因数 |
|---|---|---|---|---|---|---|
| 锆钛酸铅 （PZT） | 陶瓷 | $d_{33}=71\sim590$ $d_{31}=-230\sim-100$ | $460\sim3400$ | $180\sim350$ | $7.5\sim7.6$ | $65\sim1300$ |
| 硫化镉 （CdS） | 单晶 | $d_{33}=10.3$ $d_{31}=-5.2$ $d_{15}=-14$ | 10.3 9.35 | | 4.82 | |
| 氧化锌 （ZnO） | 单晶 | $d_{33}=12.4$ $d_{31}=-5.0$ $d_{15}=-8.3$ | 11.0 9.26 | | 5.68 | |
| 聚二氟乙烯 （PVF₂） | 延伸 薄膜 | $d_{31}=6.7$ | 5 | $\sim120$ | 1.8 | |
| 复合材料 （PVF₂-PZT） | 薄膜 | $d_{31}=15\sim25$ | $100\sim120$ | | $5.5\sim6$ | |

目前已研制成将氧化锌（ZnO）膜制作在 MOS 晶体管栅极上的 PI-MOS 力敏器件。当力作用在 ZnO 薄膜上，由压电效应产生电荷并加在 MOS 管栅极上，从而改变了漏极电流。这种力敏器件具有灵活度高、响应时间短等优点。此外用 ZnO 作为表面声波振荡器的压电材料，可测力和温度等参数。

表中聚二氟乙烯（PVF₂）是目前发现的压电效应较强的聚合物薄膜，这种合成高分子薄膜就其对称性来看，不存在压电效应，但是这种物质具有"平面锯齿"结构，存在抵消不了的偶极子。经延展和拉伸后可以分子链轴呈规则排列，并在与分子轴垂直方向上产生自发极化偶极子。当在膜厚方向加直流高压电场极化后，可以成为具有压电性能的高分子薄。这种薄膜有可挠性，并容易制成大面积压电元件。这种元件耐冲击，不易破碎，稳定性好，频带宽。为提高其压电性能还可以掺入压电陶瓷粉末，制成混合复合材料（PVF₂-PZT）。PVF₂ 已成功用于水听器、医用超声换能器、硬币检测传感器、脉搏心音传感器、触觉传感器、加速度计等各方面。

# 6.3　压电式传感器的测量电路

## （1）等效电路

当压电式传感器中的压电晶体承受被测机械应力的作用时，它的两个极面上出现极性相反但电量相等的电荷。显然人们可以把压电式传感器看成一个静电发生器，如图 6-8(a) 所示；也可以把它视为两极板上聚集异性电荷，中间为绝缘体的电容器，如图 6-8(b) 所示。其电容量为

$$C_a=\frac{\varepsilon S}{t}=\frac{\varepsilon_r\varepsilon_0 S}{t}\text{F} \tag{6-12}$$

式中，$S$ 为极板面积，m²；$t$ 为晶体厚度，m；$\varepsilon$ 为压电晶体的介电常数，F/m；$\varepsilon_r$ 为压电晶体的相对介电常数（对石英晶体，$\varepsilon_r=4.58$）；$\varepsilon_0$ 为真空介电常数（$\varepsilon_0=8.85\times10^{-12}$F/m）。

当两极板聚集异性电荷时，两极板就呈现出一定的电压，其大小为

$$U_a=\frac{q}{C_a} \tag{6-13}$$

式中，$q$ 为板极上聚集的电荷电量，C；$C_a$ 为两极板间等效电容，F；$U_a$ 为两极板间电压，V。

因此，压电传感器可以等效地看作一个电压源 $U_a$ 和一个电容器 $C_a$ 的串联电路，如

图 6-9(a) 所示；也可以等效为一个电荷源 $q$ 和一个电容器 $C_a$ 的并联电路，如图 6-9(b) 所示。

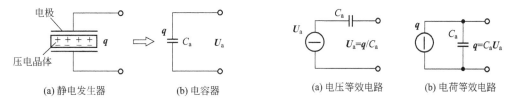

(a) 静电发生器　　(b) 电容器

图 6-8　压电传感器的等效原理

(a) 电压等效电路　　(b) 电荷等效电路

图 6-9　压电传感器等效电路

由等效电路可知，只有传感器内部信号电荷无"漏损"，外电路负载无穷大时，压电传感器受力后产生的电压或电荷才能长期保存下来，否则电路将以某时间常数按指数规律放电。这对于静态标定以及低频准静态测量极为不利，必然带来误差。事实上，传感器内部不可能没有泄漏，外电路负载也不可能无穷大，只有外力以较高频率不断地作用，传感器的电荷才能得以补充。从这个意义上讲，压电晶体不适于静态测量。

当用导线连接压电传感器和测量仪器时，应考虑连接导线的等效电容、电阻，前置放大器的输入电阻、输入电容。图 6-10 是压电传感器的完整电荷等效电路。

由图 6-10 等效电路看来，压电传感器的绝缘电阻 $R_a$ 与前置放大器的输入电阻 $R_i$ 相并联。为保证传感器和测试系统有一定的低频（或准静态）响应，就要求压电传感器的绝缘电阻保持在 $10^{13}\,\Omega$ 以上，才能使内部电荷泄漏减少到满足一般测试精度的要求。与此相适应，测试系统则应有较大的时间常数，亦即前置放大器要有相当高的输入阻抗，否则传感器的信号电荷将通过输入电路泄漏，产生测量误差。

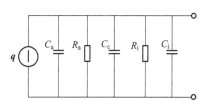

图 6-10　压电传感器的完整等效电路

$C_a$—传感器的电容；$C_i$—前置放大器输入电容；$C_c$—连接导线对地电容；$R_a$—包括连接导线在内的传感器绝缘电阻；$R_i$—前置放大器的输入电阻

**（2）测量电路**

压电式传感器的前置放大器有两个作用：①将压电式传感器的高输出阻抗变换成低阻抗输出；②放大压电式传感器输出的弱信号。根据压电式传感器的工作原理及其等效电路，它的输出可以是电压信号也可以是电荷信号。因此前置放大器也有两种形式：一种是电压放大器，其输出电压与输入电压（传感器的输出电压）成正比；另一种是电荷放大器，其输出电压与输入电荷成正比。

① **电压放大器**　压电式传感器连接电压放大器的等效电路如图 6-11(a) 所示，其简化的等效电路如图 6-11(b) 所示。

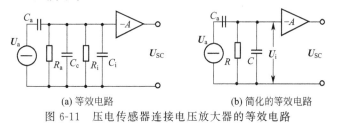

(a) 等效电路　　(b) 简化的等效电路

图 6-11　压电传感器连接电压放大器的等效电路

图 6-11(b) 中，等效电阻为

$$R=\frac{R_a R_i}{R_a+R_i}$$

等效电容为
$$C = C_c + C_i$$

而
$$U_a = \frac{q}{C_a}$$

假设压电元件所受作用力为
$$F = F_m \sin\omega t \tag{6-14}$$

式中，$F_m$ 为作用力的幅值。

若压电元件材料是压电陶瓷，其压电系数为 $d_{33}$，则在外力作用之下，压电元件产生的电压值为
$$U_a = \frac{d_{33}F_m}{C_a}\sin\omega t \tag{6-15}$$

或
$$U_a = U_m \sin\omega t \tag{6-16}$$

由图 6-11（b）可得送入放大器输入端的电压 $U_i$，将其写为复数形式，即
$$U_i = d_{33}F\frac{j\omega R}{1 + j\omega R(C + C_a)} \tag{6-17}$$

$U_i$ 的幅值为
$$U_{im} = \frac{d_{33}F_m\omega R}{\sqrt{1 + \omega^2 R^2(C_a + C_c + C_i)^2}} \tag{6-18}$$

输入电压与作用力之间的相位差为
$$\phi = \frac{\pi}{2} - \arctan[\omega R(C_a + C_c + C_i)] \tag{6-19}$$

令 $\tau = R(C_a + C_c + C_i)$，$\tau$ 为测量回路的时间常数，并令 $\omega_0 = 1/\tau$，则可得
$$U_{im} = \frac{d_{33}F_m\omega R}{\sqrt{1 + (\omega/\omega_0)^2}} \approx \frac{d_{33}F_m}{C_a + C_c + C_i} \tag{6-20}$$

由式（6-20）可知，如果 $\omega/\omega_0 \gg 1$，即作用力变化频率与测量回路时间常数的乘积远大于 1 时，前置放大器的输入电压 $U_{im}$ 与频率无关。一般认为 $\omega/\omega_0 \geqslant 3$，可以近似看成输入电压与作用力频率无关。这说明，在测量回路时间常数一定的条件下，压电式传感器具有相当好的高频响应特性。

但是，当被测动态量变化缓慢，而测量回路时间常数又不大时，就会造成传感器灵敏度下降，因而要扩大工作频带的低频端，就必须提高测量回路的时间常数 $\tau$。但是靠增大测量回路的电容来提高时间常数，会影响传感器的灵敏度。根据电压灵敏度 $K_u$ 的定义，得
$$K_u = \frac{U_{im}}{F_m} = \frac{d_{33}}{\sqrt{\left(\frac{1}{\omega R}\right)^2 + (C_a + C_c + C_i)^2}}$$

因为 $\omega R \gg 1$，故上式可以近似为
$$K_u \approx \frac{d_{33}}{C_a + C_c + C_i} \tag{6-21}$$

由式（6-21）可知，传感器的电压灵敏度 $K_u$ 与回路电容成反比，增加回路电容必然使传感器的灵敏度下降。为此常将输入内阻 $R_i$ 很大的前置放大器接入回路。其输入内阻越大，测量回路时间常数越大，则传感器低频响应也越好。

由式(6-20) 还可看出，当改变连接传感器与前置放大器的电缆长度时，$C_c$ 将改变，$U_{im}$ 也随之变化，从而使前置放大器的输出电压 $U_{SC} = -AU_{im}$ 也发生变化（$A$ 为前置放大器增益）。因此传感器与前置放大器组合系统的输出电压与电缆电容有关。在设计时，常常把电缆长度定为一常值。因而在使用时，如果改变电缆长度，必须重新校正灵敏度值，否则由于电缆电容 $C_c$ 的改变，将会引入测量误差。

图 6-12 为一实用的阻抗变换电路。MOS 型 FFT 管 3DO1F 为输入级，$R_4$ 为它的自给偏置电阻，$R_5$ 提供串联电流负反馈。适当调节 $R_2$ 的大小可以使 $R_3$ 的负反馈接近 100%。此电路的输入电阻可达 $2 \times 10^8 \, \Omega$。

近年来，出现了如 5G28 型结型场效应管输入的高阻抗器件，因而由集成运算放大器构成的电荷放大器电路进一步发展。随着 MOS 和双极型混合集成电路的发展，具有更高阻抗的器件也将问世。

**② 电荷放大器**　电荷放大器是一个具有深度负反馈的高增益放大器，其等效电路如图 6-13 所示。若放大器的开环增益 $A_0$ 足够大，并且放大器的输入阻抗很高，则放大器输入端几乎没有分流，运算电流仅流入反馈回路 $C_F$ 与 $R_F$。由图 6-13 可知

$$
\begin{aligned}
\boldsymbol{i} &= (\boldsymbol{U}_\Sigma - \boldsymbol{U}_{SC})\left(j\omega C_F + \frac{1}{R_F}\right) \\
&= [\boldsymbol{U}_\Sigma - (-A_0 \boldsymbol{U}_\Sigma)]\left(j\omega C_F + \frac{1}{R_F}\right) \\
&= \boldsymbol{U}_\Sigma \left[j\omega(A_0+1)C_F + (A_0+1)\frac{1}{R_F}\right]
\end{aligned}
\tag{6-22}
$$

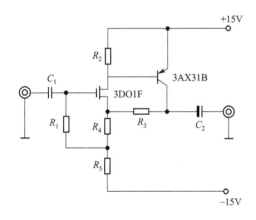

图 6-12　阻抗变换器

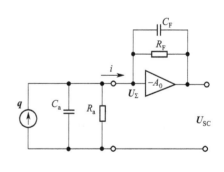

图 6-13　电荷放大器原理电路

根据式(6-22)可画出等效电路图，如图 6-14 所示。

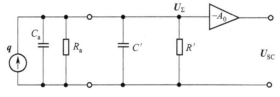

图 6-14　压电传感器接至电荷放大器的等效电路

由式(6-22)可见，$C_F$、$R_F$ 等效到电荷放大器的输入端时，电容 $C_F$ 将增大 $(1+A_0)$

倍。电导 $1/R_F$ 也增大了 $(1+A_0)$ 倍。所以图 6-16 中 $C'=(1+A_0)C_F$；$1/R'=(1+A_0)$ $\cdot 1/R_F$，这就是所谓"密勒效应"的结果。

由图 6-14 电路可以方便地求得 $U_\Sigma$ 和 $U_{SC}$：

$$U_\Sigma=\frac{j\omega q}{\left[\dfrac{1}{R_a}+(1+A_0)\dfrac{1}{R_F}\right]+j\omega[C_a+(1+A_0)C_F]}$$

$$U_{SC}=-A_0U_\Sigma=\frac{-j\omega qA_0}{\left[\dfrac{1}{R_a}+(1+A_0)\dfrac{1}{R_F}\right]+j\omega[C_a+(1+A_0)C_F]} \tag{6-23}$$

若考虑电缆电容 $C_c$，则有

$$U_{SC}=\frac{-j\omega qA_0}{\left[\dfrac{1}{R_a}+(1+A_0)\dfrac{1}{R_F}\right]+j\omega[C_a+C_c+(1+A_0)C_F]} \tag{6-24}$$

当 $A_0$ 足够大时，传感器本身的电容和电缆长短将不影响电荷放大器的输出。因此输出电压 $U_{SC}$ 只取决于输入电荷 $q$ 及反馈回路的参数 $C_F$ 和 $R_F$。由于 $1/R_F\ll\omega C_F$，则

$$U_{SC}\approx\frac{A_0q}{(1+A_0)C_F}\approx-\frac{q}{C_F} \tag{6-25}$$

可见当 $A_0$ 足够大时，输出电压只取决于输入电荷 $q$ 和反馈电容 $C_F$，改变 $C_F$ 的大小便可得到所需的电压输出。

下面讨论运算放大器的开环放大倍数 $A_0$ 对精度的影响。为此我们用如下关系式：

$$U_{SC}\approx\frac{-A_0q}{C_a+C_c+(1+A_0)C_F} \tag{6-26}$$

及

$$U'_{SC}\approx\frac{q}{-C_F} \tag{6-27}$$

以式(6-27)代替式(6-26)所产生的误差为

$$\delta=\frac{U'_{SC}-U_{SC}}{U'_{SC}}\approx\frac{C_a+C_c}{(1+A_0)C_F} \tag{6-28}$$

若 $C_a=1000\text{pF}$、$C_F=100\text{pF}$、$C_c=100\times100=10^4\text{pF}$，当要求 $\delta\leqslant1\%$ 时，则有

$$\delta=0.01=\frac{1000+10^4}{(1+A_0)\times100}$$

由此得 $A_0\geqslant10^4$。对线性集成运算放大器来说，这一要求是不难达到的。

由式(6-24)可知，当工作频率 $\omega$ 很低时，分母中的电导 $[1/R_a+(1+A_0)/R_F]$ 与电纳 $j\omega[C_a+C_c+(1+A_0)C_F]$ 相比不可忽略。此时电荷放大器的输出电压 $U_{SC}$ 就成为一复数，其幅值和相位都将与工作频率 $\omega$ 有关，即

$$U_{SC}\approx\frac{-j\omega qA_0}{(1+A_0)\dfrac{1}{R_F}+j\omega(1+A_0)C_F}\approx-\frac{q}{C_F}\cdot\frac{1}{1+\dfrac{1}{j\omega C_FR_F}} \tag{6-29}$$

由式（6-29）可知，$-3\text{dB}$ 截止频率为

$$f_L=\frac{1}{2\pi R_FC_F} \tag{6-30}$$

相位误差

$$\phi = 90° - \arctan \frac{1}{\omega R_F C_F} \qquad (6\text{-}31)$$

可见压电式传感器配用电荷放大器时，其低频幅值误差和截止频率只取决于反馈电路的参数 $R_F$ 和 $C_F$，其中 $C_F$ 的大小可以由所需要的电压输出幅度决定。所以当给定工作频带下限截止频率 $f_L$ 时，反馈电阻 $R_F$ 值可以由式(6-30)确定。譬如当 $C_F = 1000\text{pF}$，$f_L = 0.16\text{Hz}$ 时，则要求 $R_F \geqslant 10^9 \Omega$。

# 6.4 压电式传感器的应用

### (1) 压电式加速度传感器

压电式加速度传感器结构一般有纵向效应型、横向效应型和剪切效应型三种。纵向效应型是最常见的一种结构，如图 6-15 所示。压电陶瓷和质量块为环形，通过螺母对质量块预先加载，使之压紧在压电陶瓷上。测量时将传感器基座与被测对象牢牢地紧固在一起。输出信号由电极引出。

当传感器感受振动时，由于质量块相对于被测体质量较小，因此质量块感受到与传感器基座相同的振动，并受到与加速度方向相反的惯性力，此力为 $F = ma$。同时惯性力作用在压电陶瓷片上产生电荷为

$$q = d_{33} F = d_{33} ma \qquad (6\text{-}32)$$

此式表明电荷量直接反映加速度大小。它的灵敏度与压电材料压电系数和质量块质量有关。为了提高传感器灵敏度，一般选择压电系数大的压电陶瓷片。由于增加质量块的质量会影响被测振动，同时会降低振动系统的固有频率，因此一般不用增加质量的办法来提高传感器灵敏度。此外用增加压电片的数目和采用合理的连接方法也可以提高传感器灵敏度。

一般压电片的连接方式有并联和串联两种。图 6-16(a)所示为并联形式，片上的负极集中在中间极上，其输出电容 $C'$ 为单片电容 $C$ 的两倍，但输出电压 $U'$ 等于单片电压 $U$，极板上电荷量 $q$ 为单片电荷量 $q$ 的两倍，即

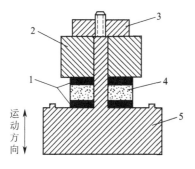

图 6-15　纵向效应型加速度
传感器的截面图
1—电极；2—质量块；3—螺母；
4—压电陶瓷；5—传感器基座

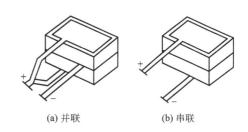

(a) 并联　　　(b) 串联

图 6-16　叠层式压电元件的连接方式

$$q' = 2q; \quad U' = U; \quad C' = 2C$$

图 6-16(b)为串联形式，正电荷集中在上极板，负电荷集中在下极板，而中间的

极板上产生的负电荷与下片产生的正电荷相互抵消。从图中可知，输出的总电荷 $q'$ 等于单片电荷 $q$，而输出电压 $U'$ 为单片电压 $U$ 的两倍，总电容 $C'$ 为单片电容 $C$ 的一半，即

$$q'=q\;;U'=2U\;;C'=\frac{1}{2}C$$

在两种接法中，并联接法输出电荷大，时间常数大，宜用于测量缓变信号，并且适用于以电荷作为输出量的场合。而串联接法输出电压大，本身电容小，适用于以电压作为输出信号，且测量电路输入阻抗很高的场合。

图 6-17 为压缩型加速度传感器的结构示意图，主要由预紧螺母、电极片、内嵌信号线、BGSPT 压电陶瓷片、惯性质量块和壳体等组成。压电加速度传感器在规定的频率范围内，振动体（此处为质量块）近似遵守牛顿第二定律：$F=ma$，其中 $m$ 为质量块质量，$a$ 为传感器附着在被测物体上的加速度，也可看作是传感器的加速度，$F$ 为质量块施加在压电片上的惯性力。压电片两极积累电荷的总量 $Q$ 和施加的力成正比，而施加的力和 $a$ 成正比，如果设压电陶瓷的二阶压电张量为 $d_{ij}$，该传感器输出电荷灵敏度为

$$S=\frac{Q}{a}=\frac{d_{33}m}{1+dk_1/EA} \tag{6-33}$$

式中，$E$ 为弹性模量；$A$ 为面积；$d$ 为厚度；$k_1$ 为预紧弹簧的刚度。

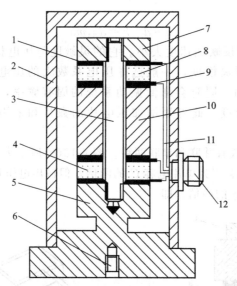

图 6-17　压缩型加速度传感器设计图

1—聚四氟乙烯垫片；2—壳体；3—导向预紧螺栓；
4,8—BGSPT 压电陶瓷；5—隔离基座；
6—安装螺栓；7—预紧螺母；9—电极；10—惯性质量块；
11—导线；12—信号输出

### (2) 压电式压力传感器

压电式压力传感器的结构形式与种类很多，根据弹性元件和受力机构的形式可分为膜片式和活塞式两类。其中膜片式压力传感器的结构如图 6-18 所示，主要由本体、膜片和压电元件组成。拉紧的薄壁管对晶体切片施一预载力，而感受外部压力的是由挠性材料做成的很薄的膜片。预载筒外的空腔与冷却系统相连，以保证传感器工作在一定的环境温度条件下，

这样就避免了因温度变化造成的预载力变化引起的测量误差。

压电元件支撑于本体上,由膜片将被测压力传给压电元件,再由压电元件输出至测量电路,转换成与被测压力有一定关系的电信号。

当膜片受到压力 $p$ 作用后,则在压电晶片上产生电荷。在一个压电片上所产生的电荷 $q$ 为

$$q = d_{11}F = d_{11}Sp \qquad (6-34)$$

式中,$F$ 为作用于压电片上的力,N;$d_{11}$ 为压电系数,C/N;$p$ 为压强,N/m$^2$,$p = \dfrac{F}{S}$;$S$ 为膜片的有效面积,m$^2$。

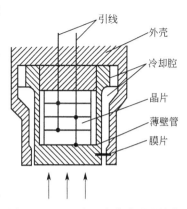

图 6-18　压电式压力传感器的结构

测压传感器的输入量为压力 $p$,如果传感器只由一个压电晶片组成,则根据灵敏度的定义有以下两种表达方法。

电荷灵敏度

$$k_q = \frac{q}{p} \qquad (6-35)$$

电压灵敏度

$$k_u = \frac{U_0}{p} \qquad (6-36)$$

根据式(6-34),电荷灵敏度可表示为

$$k_q = d_{11}S \qquad (6-37)$$

因为 $U_0 = \dfrac{q}{C_0}$,所以电压灵敏度也可表示为

$$k_u = \frac{d_{11}S}{C_0} \qquad (6-38)$$

式中,$C_0$ 为压电片等效电容,F。

### (3) 压电式测力传感器

图 6-19 为压电式刀具切削力测量示意图。

由于压电陶瓷元件的自振频率高,特别适合测量变化剧烈的载荷。图中压电传感器位于车刀前部的下方,当进行切削加工时,切削力通过刀具传给压电传感器,压电传感器将切削力转换为电信号输出,记录下电信号的变化便可测得切削力的变化。

### (4) 压电式周界报警系统

最常见的周界报警器是安装有报警器的铁丝网,但在民用部门常使用隐蔽的传感器。常用的有以下几种形式:地音式、高频辐射电缆式、红外激光遮断式、微波多普勒式、高分子压电的电缆式等。高分子压电电缆周界报警系统如图 6-20 所示。

警戒区域的四周埋设多根以高分子压电材料为绝缘物的单芯屏蔽电缆。屏蔽层接大地。它与电缆芯线之间以 PVDF 为介质而构成分布电容。当入侵者踩到电缆上面的柔性地面时,该压电电缆受到挤压,产生压电脉冲,引起报警。

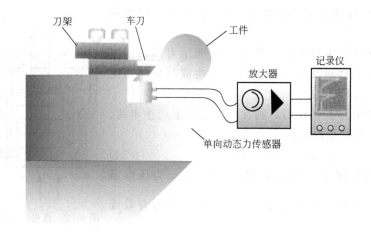

图 6-19　压电式刀具切削力测量

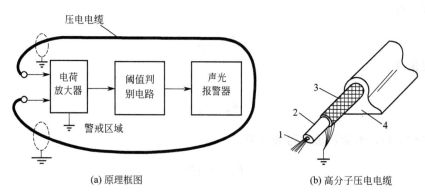

(a) 原理框图　　　　　　　　　　(b) 高分子压电电缆

图 6-20　高分子压电电缆周界报警系统

1—铜芯线（分布电容内电极）；2—管状高分子压电塑料绝缘层；

3—铜网屏蔽层（分布电容外电极）；4—橡胶保护层（承压弹性元件）

## 例题分析

**【例 6-1】**　某压电式压力传感器为两片石英晶片并联，每片厚度 $t=0.2$mm，圆片半径 $r=1$cm，$\varepsilon_r=4.5$，$x$ 切型 $d_{11}=2.31\times10^{-12}$C/N。当 0.1MPa 压力垂直作用于 $p_X$ 平面时，求传感器输出电荷 $q$ 和电极间电压 $U_a$ 的值。

**解**　当两片石英晶片并联，输出电荷 $q'_X$ 为单片的 2 倍，所以得到

$$q'_X=2q_X=2d_{11}F_X=2d_{11}\pi r^2 p_X=2\times2.31\times10^{-12}\times\pi\times1^2\times0.1\times10^2$$
$$=145\times10^{-12}\text{C}=145\text{pC}$$

并联总电容为单电容的 2 倍，得

$$C'=2C=2\frac{\varepsilon_0\varepsilon_r\pi r^2}{t}=\frac{2\times1/(3.6\pi)\times4.5\times\pi\times1^2}{0.02}=125\text{pF}$$

所以电极间电压

$$U_X=q'_X/C'=\frac{145}{125}=1.16\text{V}$$

**【例 6-2】**　压电加速度计的固有电容为 $C_a$，连接电缆电容为 $C_c$，输出电压灵敏度 $S_u=$

$u_o/a$（$a$ 为输入加速度），输出电荷灵敏度 $S_q = q/a$。

（1）推导出传感器的电压灵敏度与电荷灵敏度之间关系。

（2）如已知 $C_a = 1000\text{pF}$，$C_c = 100\text{pF}$，标定的电压灵敏度为 $100(\text{mV/g})$，则电荷灵敏度 $S_q = ?$ 如果改用 $C_c = 300\text{pF}$ 的电缆则此时的电压灵敏度 $S_u = ?$ 电荷灵敏度有无变化？（$g$ 为重力加速度）

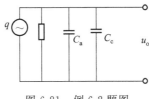

图 6-21　例 6-2 题图

**解**　画出等效电路图如图 6-21 所示。

（1）压电式加速度计的灵敏度是指其输出量（电荷量或电压）与其输入量（加速度）的比值。故有两种表示方法：

（a）电荷灵敏度 $S_q$（与电荷放大器联用时用 $S_q$）；

（b）电压灵敏度 $S_u$（与电压放大器联用时用 $S_u$）。

因为 $S_q = \dfrac{q}{a}$（pC/g）；$S_u = \dfrac{U_0}{a}$（mV/g）

而 $u_o = \dfrac{q}{C_a + C_c}$，则

$$S_u = \frac{q/(C_a + C_c)}{a} = \frac{q}{a} \cdot \frac{1}{C_a + C_c} = \frac{S_q}{C_a + C_c}$$

$$S_q = S_u(C_a + C_c) \text{ 或 } S_u = \frac{S_q}{C_a + C_c}$$

（2）已知 $C_a = 1000\text{pF}$，$C_c = 100\text{pF}$，$S_u = 100\text{mV/g}$。则

$$S_q = S_u(C_a + C_c) = 100 \times (1000 + 100) = 1.10 \times 10^5 \left(\frac{\text{mV}}{\text{g}} \cdot \text{pF}\right) = 110(\text{pC/g})$$

如改接电缆 $C_c = 300\text{pF}$ 时，则此时的电荷灵敏度不变，而电压灵敏度发生变化

$$S_u = \frac{S_q}{C_a + C_c} = \frac{110}{1000 + 300} = \frac{110}{1300}\left(\frac{\text{pC}}{\text{g}} \cdot \frac{1}{\text{pF}}\right)$$

$$\approx 0.0846(\text{V/g}) = 84.6(\text{mV/g})$$

**【例 6-3】**　如图 6-22 所示电荷前置放大器电路。已知 $C_a = 100\text{pF}$，$R_a = \infty$，$C_F = 10\text{pF}$。若考虑引线 $C_c$ 的影响，当 $A_0 = 10^4$ 时，要求输出信号衰减小于 1%。问使用 90pF/m 的电缆，其最大允许长度为多少？

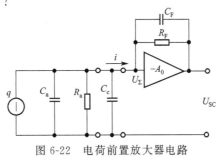

图 6-22　电荷前置放大器电路

**解** 由电荷前置放大器输出电压表达式

$$U_{SC} = \frac{-A_0 q}{C_a + C_c + (1 + A_0) C_F}$$

可知，当运算放大器处于理想状态，$A_0 \to \infty$ 时，上式可简化为 $U'_{SC} = -\dfrac{q}{C_F}$。则实际输出与理想输出信号的误差为

$$\delta = \frac{U'_{SC} - U_{SC}}{U'_{SC}} \approx \frac{C_a + C_c}{(1 + A_0) C_F}$$

由题意已知要求 $\delta < 1\%$ 并代入 $C_a$、$C_F$、$A_0$ 得

$$\delta = \frac{100 + C_c}{(1 + 10^4) \times 10} < 1\%$$

解出 $\qquad\qquad\qquad\qquad C_c = 900\text{pF}$

所以电缆线最大允许长度为

$$L = \frac{900}{90} = 10\text{m}$$

## 思考题与习题

6-1 何谓压电效应？正压电效应传感器能否测静态信号？为什么？

6-2 石英晶体的压电效应有何特点？标出图 6-23（b）、（c）、（d）中压电片上电荷的极性。并结合下图说明什么是纵向压电效应，什么是横向压电效应。

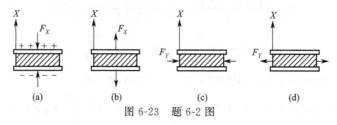

图 6-23 题 6-2 图

6-3 压电式传感器的前置放大器作用是什么？比较电压式和电荷式前置放大器各有何特点，并说明为何电压灵敏度与电缆长度有关，而电荷灵敏度与电缆长度无关。

6-4 压电元件在使用时常采用多片串接或并接的结构形式。试述在不同接法下输出电压、电荷、电容的关系，并指出它们分别适用于何种应用场合。

6-5 何谓电压灵敏度和电荷灵敏度？两者之间有何关系？

6-6 某石英晶体压电元件 $x$ 切型 $d_{11} = 2.31 \times 10^{-12}\text{C/N}$，$\varepsilon_r = 4.5$，截面积 $S = 5\text{cm}^2$，厚度 $t = 0.5\text{cm}$。

（1）试求纵向受压力 $F_X = 9.8\text{N}$ 时，压电片两极片间输出电压值；

（2）若此元件与高阻抗运放间连接电缆电容 $C_c = 4\text{pF}$，试求该压电元件的输出电压。

6-7 压电式传感器测量电路如图 6-22 所示。其中压电片固有电容 $C_a = 1000\text{pF}$，固有电阻 $R_a = 10^{14}\Omega$，连线电缆电容 $C_c = 300\text{pF}$，反馈回路 $C_F = 100\text{pF}$，$R_F = 1\text{M}\Omega$。

（1）推导输出电压 $U_0$ 表达式。

（2）当 $A_0 = 10^4$ 时，系统的测量误差是多少？

（3）该测量系统下限截止频率是多少？

# 第7章

# 数字式传感器

本书前几章所介绍的传感器均属于模拟式传感器。这类传感器将诸如应变、压力、位移、加速度等被测参数转变为电模拟量（如电流、电压）显示出来。因此，若用数字显示或输入计算机，就需要经过模数转换（A/D 转换）装置，将模拟量变成数字量，这不但增加了投资，而且增加了系统的复杂性，降低了系统的可靠性和精确度。若直接采用数字式传感器，则可将被测参数直接转换成数字信号输出。数字式传感器有以下优点：

①精确度和分辨力高；

②抗干扰能力强，便于远距离传输；

③信号易于处理和存贮；

④可以减少读数误差。

正因为如此，数字式传感器引起人们的普遍重视。根据工作原理不同，它可分为脉冲数字式传感器（如码盘式传感器、光栅传感器、感应同步器、磁栅传感器等）和频率输出式数字传感器（如振弦式传感器、振筒式传感器和振膜式传感器等）。

## 7.1 码盘式传感器

这种传感器建立在编码器的基础上，只要编码器保证一定的制作精度，并配置合适的读出部件，这种传感器便可达到较高的精度。另外，它的结构简单，可靠性高，因此在空间技术、数控机械系统等方面获得广泛应用。

编码器按工作原理可以分为电触式、电容式、感应式、光电式等，又可以分为绝对式编码器和增量式编码器两大类。这里只讨论光电式编码器。光电式编码器又称为光学编码器。

编码器包括码盘和码尺。前者用于测角度，后者用于测长度。因为测长度实际应用较少，故这里只讨论码盘。

### 7.1.1 绝对式编码器

光学码盘式传感器是用光电方法把被测角位移转换成以数字代码形式表示的电信号的转换部件。图 7-1 为其工作原理示意图。由光源发出的光线，经柱面镜变成一束平行光或会聚光，照射到码盘上。码盘由光学玻璃制成，其上刻有许多同心码道，每位码道上按一定规律排列着若干透光和不透光部分，即亮区和暗区。通过亮区的光线经狭缝后，形成一束很窄的光束照射在元件上。光电元件的排列与码道一一对应。当有光照射时，对应于亮区和暗区的光电元件的输出相反，如前者为"1"，后者为"0"。光电元件的各种信号组合，反映出按一定规律编码的数字量，代表了码盘转角的大小。由此可见，码盘在传感器中是将轴的转角转换成代码输出的主要元件。

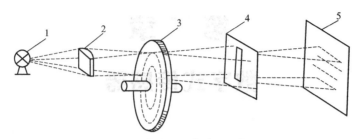

图 7-1　光学码盘式传感器工作原理

1—光源；2—柱面镜；3—码盘；4—狭缝；5—元件

**（1）码制与码盘**

图 7-2 所示是一个 6 位的二进制码盘。最内圈称为 $C_6$ 码道，一半透光、一半不透光。最外圈称为 $C_1$ 码道，一共分成 $2^6 = 64$ 个黑白间隔。每一个角度方位对应于不同的编码。例如零位对应于 000000（全黑），第 23 个方位对应于 010111。测量时，只要根据码盘的起始和终止位置即可确定转角，与转动的中间过程无关。

二进制码盘具有以下主要特点。

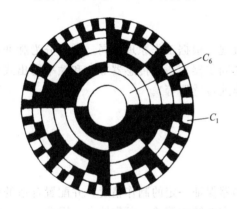

图 7-2　6 位二进制码盘

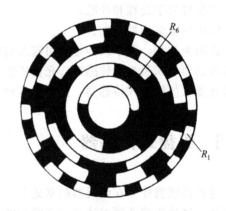

图 7-3　6 位循环码码盘

① $n$ 位（$n$ 个码道）的二进制码盘具有 $2^n$ 种不同编码，称其容量为 $2^n$，其最小分辨力 $\theta_1 = 360°/2^n$，它的最外圈角节距为 $2\theta_1$；

② 二进制码为有权码，编码 $C_n$，$C_{n-1}$，…，$C_1$ 对应于由零位算起的转角为 $\sum\limits_{i=1}^{n} C_i 2^{i-1}\theta_1$；

③ 码盘转动中，$C_k$ 变化时，所有 $C_j$（$j<k$）应同时变化。

为了达到 $1''$ 左右的分辨力，二进制码盘需要采用 20 或 21 位码盘。一个刻画直径为 400mm 的 20 位码盘，其外圈分别间隔稍大于 $1\mu m$。不仅要求各个码道刻画精确，而且要求彼此对准，这给码盘制作造成很大困难。

二进制码盘，由于微小的制作误差，只要有一个码道提前或延后改变，就可能造成输出的粗误差。

为了消除粗误差，可以采用循环码代替二进制码。图 7-3 所示是一个 6 位的循环码码盘。循环码码盘具有以下特点：

① $n$ 位循环码码盘，与二进制码一样具有 $2^n$ 种不同编码，最小分辨力为 $\theta_1=360°/2^n$，最内圈为 $R_n$ 码道，一半透光、一半不透光，其他第 $i$ 码道相当于二进制码码盘第 $i+1$ 码道向零位方向转过 $\theta_1$ 角，它的最外圈 $R_1$ 码道的角节距为 $4\theta_1$；

② 循环码码盘具有轴对称性，其最高位相反，而其余各位相同；

③ 循环码为无权码；

④ 循环码码盘转到相邻区域时，编码中只有一位发生变化，不会产生粗误差，由于这一原因循环码码盘获得了广泛应用。

**（2）二进制码与循环码的转换**

表 7-1 是 4 位二进制码与循环码的对照表。

**表 7-1　4 位二进制码与循环码对照表**

| 十进制数 | 二进制码 | 循环码 | 十进制数 | 二进制码 | 循环码 |
|---|---|---|---|---|---|
| 0 | 0000 | 0000 | 8 | 1000 | 1100 |
| 1 | 0001 | 0001 | 9 | 1001 | 1101 |
| 2 | 0010 | 0011 | 10 | 1010 | 1111 |
| 3 | 0011 | 0010 | 11 | 1011 | 1110 |
| 4 | 0100 | 0110 | 12 | 1100 | 1010 |
| 5 | 0101 | 0111 | 13 | 1101 | 1011 |
| 6 | 0110 | 0101 | 14 | 1110 | 1001 |
| 7 | 0111 | 0100 | 15 | 1111 | 1000 |

按表 7-1 所列，可以找到循环码和二进制码之间存在一定转换关系，为

$$\left.\begin{array}{l} C_n=R_n \\ C_i=C_{i+1}\oplus R_i \\ R_i=C_{i+1}\oplus C_i \end{array}\right\} \tag{7-1}$$

图 7-4 所示为将二进制码转换为循环码的电路。图（a）为并行变换电路；图（b）为串行变换电路。

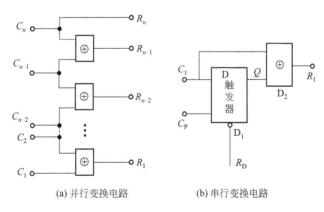

(a) 并行变换电路　　　(b) 串行变换电路

图 7-4　二进制码转换为循环码的电路

采用串行电路时，工作之前先将 D 触发器 $D_1$ 置零，$Q=0$。在 $C_i$ 端送入 $C_n$，异或门 $D_2$ 输出 $R_n=C_n\oplus 0=C_n$；随后加 $C_P$ 脉冲，使 $Q=C_n$；在 $C_i$ 端加入 $C_{n-1}$，$D_2$ 输出 $R_{n-1}=C_{n-1}\oplus C_n$。以后重复上述过程，可依次获得 $R_n$，$R_{n-1}$，$\cdots$，$R_2$，$R_1$。

图 7-5 所示为将循环码转变为二进制码的电路。图（a）为并行变换电路，图（b）为串

行变换电路。采用串行变换电路时，开始之前先将 $JK$ 触发器 D 复零，$Q=0$。将 $R_n$ 同时加到 $J$、$K$ 端，再加入 $C_P$ 脉冲后，$Q=C_n=R_n$。以后若 $Q$ 端为 $C_{i+1}$，在 $J$、$K$ 端加入 $R_i$，根据 $JK$ 触发器的特性，若 $J$、$K$ 为 "1"，则加入 $C_P$ 脉冲后 $Q=\bar{C}_{i+1}$；若 $J$、$K$ 为 "0"，则加入 $C_P$ 脉冲后保持 $Q=\bar{C}_{i+1}$。其逻辑关系可写成

$$Q=C_i=R_i\bar{C}_{i+1}+\bar{R}_iC_{i+1}=C_{i+1}\oplus R_i \tag{7-2}$$

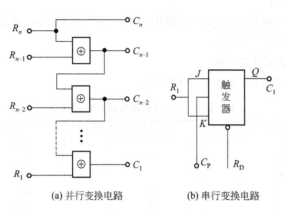

(a) 并行变换电路　　　　(b) 串行变换电路

图 7-5　循环码转变为二进制码的电路

重复上述步骤，可以依次获得 $C_n$，$C_{n-1}$，…，$C_2$，$C_1$。

循环码是无权码，直接译码有困难，一般先把它转换为二进制码后再译码。并行转换速度快，所用元件较多；串行转换所用元件少，但速度慢，只能用于速度要求不高的场合。

### 7.1.2　增量式编码器

增量式编码器随转轴旋转的码盘给出一系列脉冲，然后根据旋转方向用计数器对这些脉冲进行加减计数，以此表示转过的角位移量。增量式光电编码器结构示意图如图 7-6 所示。光电码盘与转轴连在一起。码盘可用玻璃材料制成，表面镀上一层不透光的金属铬，然后在边缘制成向心的透光狭缝。透光狭缝在码盘圆周上等分，数量从几百条到几千条不等。这样，整个码盘圆周上被等分成 $n$ 个透光的槽。增量式光电码盘也可用不锈钢薄板制成，然后在圆周边缘切割出均匀分布的透光槽。

增量式编码器的工作原理如图 7-7 所示。它由主码盘、鉴向盘、光学系统和光电变换器组成。在图形的主码盘（光电盘）周边上刻有节距相等的辐射状窄缝，形成均匀分布的透明区和不透明区。鉴向盘与主码盘平行，并刻有 A、B 两组透明检测窄缝，它们彼此错开 1/4 节距，以使 A、B 两个光电变换器的输出信号在相位上相差 90°。工作时，鉴向盘静止不动，主码盘与转轴一起转动，光源发出的光投射到主码盘与鉴向盘上。当主码盘上的不透明区正好与鉴向盘上的透明窄缝对齐时，光线被全部遮住，光电变换器输出电压为最小；当主码盘上的透明区正好与鉴向盘上的透明窄缝对齐时，光线全部通过，光电变换器输出电压为最大。主码盘每转过一个刻线周期，光电变换器将输出一个近似的正弦波电压，且光电变换器 A、B 的输出电压相位差为 90°。

光电编码器的光源最常用的是自身有聚光效果的发光二极管。当光电码盘随工作轴一起转动时，光线透过光电码盘和光栏板狭缝形成忽明忽暗的光信号。光敏元件将此光信号转换成电脉冲信号，通过信号处理电路后，向数控系统输出脉冲信号，也可由数码管直接显示位移量。

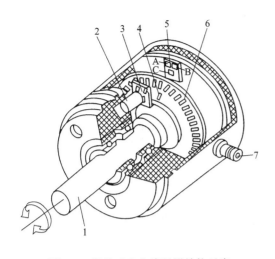

图 7-6 增量式光电编码器结构示意

1—转轴；2—发光二极管；3—光栅板；

4—零标志位光槽；5—光敏元件；6—码

盘；7—电源及信号线连接座

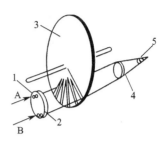

图 7-7 增量式编码器工作原理

1—光电变换器；2—鉴向盘；

3—主码盘；4—透镜；5—光源

光电编码器的测量准确度与码盘圆周上的狭缝条纹数 $n$ 有关，能分辨的角度 $\alpha$ 为 $360°/n$，分辨力为 $1/n$。例如：码盘边缘的透光槽数为 1024 个，则能分辨的最小角度 $\alpha = 360°/1024 = 0.352°$。

为了判断码盘旋转的方向，必须在光栅板上设置两个狭缝，其距离是码盘上的两个狭缝距离的 $(m+1/4)$ 倍（$m$ 为正整数），并设置了两组对应的光敏元件，如图 7-6 的 A、B 光敏元件，也称为 cos 元件、sin 元件。当检测对象旋转时，同轴或关联安装的光电编码器便会输出 A、B 两路相位相差 90° 的数字脉冲信号。光电编码器的输出波形如图 7-8 所示。为了得到码盘转动的绝对位置，还须设置一个基准点，如图 7-6 中的"零标志位光槽"。码盘每转一圈，零标志位光槽对应的光敏元件产生一个脉冲，见图 7-8 中的 $C_0$ 脉冲。

图 7-9 给出了编码器正反转时 A、B 信号的波形及其时序关系，当编码器正转时，A 信号的相位超前 B 信号 90°，如图 7-9（a）所示；反转时则 B 信号相位超前 A 信号 90°，如图 7-9（b）所示。A 和 B 输出的脉冲个数与被测角位移变化量呈线性关系，因此，通过对脉冲个数计数就能计算出相应

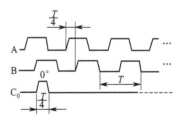

图 7-8 光电编码器的输出波形

的角位移。根据 A 和 B 之间的关系正确地解调出被测机械的旋转方向和旋转角位移/速率就是所谓的脉冲辨向和计数。脉冲的辨向和计数既可用软件实现也可用硬件实现。

### 7.1.3 编码器的应用

**（1）角编码器测量轴转速**

除了能直接测量角位移或间接测量直线位移外，还可以测量轴的转速。

由于增量式角编码器的输出信号是脉冲形式，因此，可以通过测量脉冲频率或周期的方法测量转速。

在一定的时间间隔 $t_s$ 内（又称闸门时间，如 10s、1s、0.1s 等），用角编码器所产生的脉冲数确定速度的方法称为 M 法测速。

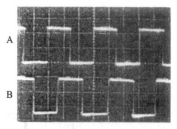
(a) A超前于B,判断为正向旋转

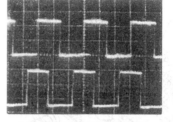
(b) A滞后于B,判断为反向旋转

图 7-9　光电编码器的正转和反转波形

若角编码器每转产生 $N$ 个脉冲,在闸门时间间隔 $t_s$ 内得到 $m_1$ 个脉冲,则角编码器所产生的脉冲频率

$$f = \frac{m_1}{t_s} \tag{7-3}$$

则转速

$$n = 60\frac{f}{N} = 60\frac{m_1}{t_s N}(\text{r/min}) \tag{7-4}$$

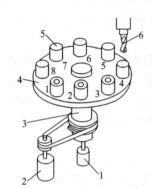

例如某角编码器的指标为 2048 个脉冲/r(即 $N = 2048/\text{r}$),在 0.2s 时间内测得 8K 脉冲,即 $t_s = 0.2\text{s}$,$m_1 = 8\text{K} = 8192$ 个脉冲,则角编码器轴的转速为

$$n = 60\frac{m_1}{t_s N} = 60 \times \frac{8192}{2048 \times 0.2} = 1200\text{r/min}$$

**（2）工位编码**

由于绝对式编码器每一转角位置均有一个固定的编码输出,若编码器与转盘同轴相连,则转盘上每一工位安装的被加工工件均可以与一个编码相对应,转盘工位编码原理如图 7-10 所示。当转盘上某一工位转到加工点时,该工位对应的编码由编码器输出给控制系统。

图 7-10　转盘工位编码原理
1—绝对式编码器;
2—电动机;3—转轴;
4—转盘;5—工件;
6—刀具

例如要使处于工位 6 上的工件转到加工点等待钻孔加工,计算机控制电动机通过带轮带动转盘顺时针旋转。与此同时,绝对式编码器(假设为 4 码道)输出的编码不断变化。设工位 1 的绝对二进制码为 0000,当输出从工位 4 的 0100 变为 0110 时,表示转盘已将工位 6 转到加工点,电动机停转。

# 7.2　光栅传感器

光栅传感器是根据摩尔条纹原理制成的,它主要用于线位移和角位移的测量。由于光栅传感器具有精度高、测量范围大、易于实现测量自动化和数字化等特点,所以目前光栅传感器的应用已扩展到测量与长度和角度有关的其他物理量,如速度、加速度、振动、质量、表面轮廓等方面。

**（1）光栅传感器的结构原理**

光栅传感器由照明系统、光栅副和光电接收元件组成，如图 7-11 所示。光栅副是光栅传感器的主要部分。在长度计量中应用的光栅通常称为计量光栅，它主要由主光栅（也称标尺光栅）和指示光栅组成。当标尺光栅相对于指示光栅移动时，形成的莫尔条纹产生亮暗交替变化，利用光电接收元件将莫尔条纹亮暗变化的光信号转换成电脉冲信号，并用数字显示，从而测量出标尺光栅的移动距离。

透射光栅是在一块长方形的光学玻璃上均匀地刻上许多条纹，形成规则排列的明暗线条。图 7-12 中 $a$ 为刻线宽度，$b$ 为刻线间的缝隙宽度，$a+b=W$ 称为光栅的栅距（或光栅常数）。

通常情况下，$a=b=W/2$，也可以做成 $a:b=1.1:0.9$。刻线密度一般为每毫米 10、25、50、100 条线。

指示光栅一般比主光栅短得多，通常刻有与主光栅同样密度的线纹。

光源一般用钨丝灯泡，它有较大的输出功率、较宽的工作范围，可以在 $-40℃$ 到 $+130℃$ 温度下工作。但是它与光电元件组合的转换效率低。在机械振动和冲击条件下工作时，使用寿命将降低。因此，必须定期更换照明灯泡以防止由于灯泡失效而造成的失误。近年来固态光源有很大发展。如砷化镓发光二极管可以在 $-66℃$ 到 $+100℃$ 的温度下工作，发出的光为近似红外光（$91\sim94\mu m$），接近硅光敏三极管的敏感波长。虽然砷化镓发光二极管的输出功率比钨丝灯泡低，但是它与硅光敏三极管相结合，有很高的转换效率，最高可达 $30\%$ 左右。此外砷化镓发光二极管的脉冲响应速度约为几十纳秒，与光敏三极管组合可得到 $2\mu s$ 的响应速度。这种快速的响应特性，可以使光源工作在触发状态，从而减小功耗和热耗散。

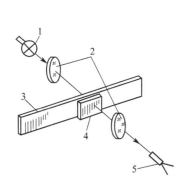

图 7-11　光栅传感器的构成

1—光源；2—透镜；3—标尺光栅；
4—指示光栅；5—光电元件

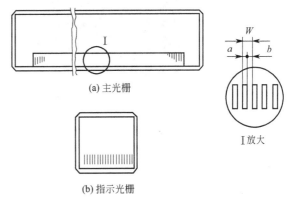

(a) 主光栅

(b) 指示光栅

图 7-12　黑白透射光栅示意

光电元件包括光电池和光敏三极管等部分。在采用固态光源时，需要选用敏感波长与光源相接近的光敏元件，以获得高的转换效率。光敏元件的输出端，接放大器，通过放大器得到足够的信号输出以防干扰的影响。

**（2）莫尔条纹形成的原理及特点**

① **莫尔条纹的形成原理**　把光栅常数相等的主光栅和指示光栅相对叠合在一起（片间留有很小的间隙），并使两者栅线（光栅刻线）之间保持很小的夹角 $\theta$，于是在近于垂直栅

线的方向上出现明暗相间的条纹，如图 7-13 所示。在 $a$-$a$ 线上两光栅的栅线彼此重合，光线从缝隙中通过，形成亮带；在 $b$-$b$ 线上，两光栅的栅线彼此错开，形成暗带。这种明暗相间的条纹称为莫尔条纹。莫尔条纹方向与刻线方向垂直，故又称横向莫尔条纹。

由图 7-13 可看出，横向莫尔条纹的斜率为

$$\tan\alpha = \tan\frac{\theta}{2} \tag{7-5}$$

式中，$a$ 为亮（暗）带的倾斜角，rad；$\theta$ 为两光栅的栅线夹角，rad。

横向莫尔条纹（亮带与暗带）之间距离为

$$B_{\mathrm{H}} = AB = \frac{BC}{\sin\frac{\theta}{2}} = \frac{W}{2\sin\frac{\theta}{2}} \approx \frac{W}{\theta} \tag{7-6}$$

式中，$B_{\mathrm{H}}$ 为横向莫尔条纹之间的距离，mm；$W$ 为光栅常数，mm·rad。

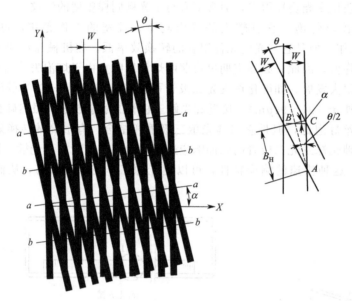

图 7-13　光栅和横向莫尔条纹

由此可见，莫尔条纹的宽度 $B_{\mathrm{H}}$ 由光栅常数与光栅的夹角 $\theta$ 决定。对于给定光栅常数 $W$ 的两光栅，夹角 $\theta$ 越小，条纹宽度越大，即条纹越稀。所以通过调整夹角 $\theta$，可以使条纹宽度为任何所需要的值。

**② 莫尔条纹技术的特点如下。**

a. 由式（7-6）可知，虽然光栅常数 $W$ 很小，但只要调整夹角 $\theta$，即可得到很大的莫尔条纹的宽度 $B_{\mathrm{H}}$，起到了放大作用。例如，$W=0.02\mathrm{mm}$，若使 $\theta=0.01\mathrm{rad}=0.57°$，则有 $B_{\mathrm{H}}=2\mathrm{mm}$，相当于放大了 100 倍。这样，就把一个微小移动量的测量转变成一个较大移动量的测量，既方便又提高了测量精度。

b. 莫尔条纹的光强度变化近似正弦变化，因此，便于将电信号作进一步细分，即采用"倍频技术"。将计数单位变成比一个周期 $W$ 更小的单位，例如变成 $W/10$ 记一个数。这样可以提高测量精度或可以采用较粗的光栅。

c. 由图 7-11 可知，光电元件接收的并不只是固定一点的条纹，而是在一定长度范围内所有刻线产生的条纹。这样，对于光栅刻线的误差起到了平均作用。也就是说，刻线的局部

误差和周期误差对于测量精度没有直接的影响。因此就有可能得到比光栅本身的刻线精度高的测量精度。这是用光栅测量和普通标尺测量的主要差别。

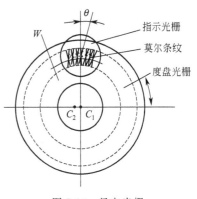

图 7-14　径向光栅

d. 莫尔条纹技术除了用上述长度光栅进行位移测量外，还可以用径向光栅进行角度测量。所谓径向光栅就是在一圆盘面上刻有由圆心向四周辐射的等角间距的辐射线，如图 7-14 所示。当两块径向光栅重叠在一起时，如果使指示光栅刻线的辐射中心 $C_2$ 略微偏离标尺光栅（度盘光栅）的中心 $C_1$，便形成莫尔条纹，条纹垂直于两中心连线的垂直平分线。当标尺光栅相对于指示光栅转动时，条纹即沿径向移动，测出条纹的移动数目，即可得到标尺光栅相对于指示光栅转动的角度，以刻线的角间距为单位表示。目前径向光栅的刻线角间距范围多为 $20''\sim20'$（相当于一圆周内刻有 1080～64800 条线）。

### (3) 光栅常用的光路

形成莫尔条纹信号的光路有多种形式，这里仅简单介绍其中两种应用最广的光路形式。

① 垂直透射式光路　如图 7-15 所示，光源发出的光，经准直透镜形成平行光束，垂直投射到光栅上，由主光栅和指示光栅形成的莫尔条纹光信号由光电元件接收。

此光路适合粗栅距的黑白透射光栅。这种光路的特点是结构简单，位置紧凑，调整使用方便，目前应用比较广泛。

② 反射式光路　该光路适用于黑白反射光栅，如图 7-16 所示。光源经聚光镜和场镜后形成平行光束，以一定角度射向指示光栅，经反射主光栅反射后形成莫尔条纹，再经反射镜和物镜在光电池上成像。

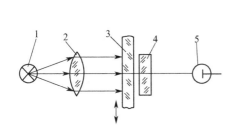

图 7-15　垂直透射式光路
1—光源；2—准直透镜；3—主光栅；
4—指示光栅；5—光电元件

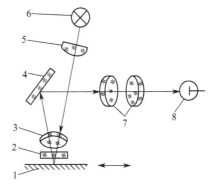

图 7-16　反射式光路
1—反射主光栅；2—指示光栅；3—场镜；
4—反射镜；5—聚光镜；6—光源；
7—物镜；8—光电池

### (4) 辨向原理

在实际应用中，大部分被测物体的移动往往不是单向的，既有正向运动，也可能有反向运动。单个光电元件接收一固定点的莫尔条纹信号，只能判别明暗的变化而不能辨别莫尔条纹的移动方向，因而不能判别运动零件的运动方向，以致不能正确测量位移。

设主光栅随被测零件正向移动 10 个栅距后，又反向移动一个栅距，也就是相当于正向移动了 9 个栅距。可是，单个光电元件由于缺乏辨向本领，从正向运动的 10 个栅距得到 10 个条纹信号，从反向运动的一个栅距又得到一个条纹信号，总计得到 11 个条纹信号。这和正向移动 11 个栅距得到的条纹信号数相同。因而这种测量结果是不正确的。

如果能够在物体正向移动时，将得到的脉冲数累加，而物体反向移动时可从已累加的脉冲数中减去反向移动的脉冲数，这样就能得到正确的测量结果。

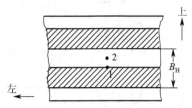

图 7-17　相距 $\frac{1}{4}B_H$ 的两个光电元件

完成这种辨向任务的电路就是辨向电路。为了能够辨向，应当在相距 $\frac{1}{4}B_H$ 的位置上设置两个光电元件 1 和 2，以得到两个相位互差 90° 的正弦信号，见图 7-17，然后送到辨向电路中去处理，见图 7-18。

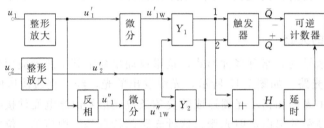

图 7-18　辨向电路原理

主光栅正向移动时，莫尔条纹向上移动，这时光电元件 2 的输出电压波形如图 7-19(a)中曲线 $u_2$ 所示。光电元件 1 的输出电压波形如曲线 $u_1$ 所示，显然 $u_1$ 超前 $u_2$ 90° 相角。$u_1$、$u_2$ 经整形放大后得到两个方波信号 $u_1'$ 和 $u_2'$、$u_1'$ 仍超前 $u_2'$ 90°。$u_1''$ 是 $u_1'$ 反相后得到的方波。$u_{1W}'$ 和 $u_{1W}''$ 是 $u_1'$ 和 $u_1''$ 两个方波经微分电路后得到的波形。由图 7-19(a)可见，对于与门 $Y_1$，由于 $u_{1W}''$ 处于高电平时，$u_2'$ 总是处于低电平，因而 $Y_1$ 输出为零。对于与门 $Y_2$，$u_{1W}'$ 处于高电平时，$u_2'$ 也正处于高电平，因而与门 $Y_2$ 有信号输出，使加减控制触发器置 1，可逆计数器作加法计数。主光栅反向移动时，莫尔条纹向下移动。这时光电元件 2 的输出电压波形如图 7-19(b)中 $u_2$ 曲线所示，光电元件 1 的输出电压波形如 $u_1$ 曲线所示。显然 $u_2$ 超前 $u_1$ 90° 相角，与正向移动时情况相反。整形放大后的 $u_2'$ 仍超前 $u_1'$ 90°。同样 $u_1''$ 是 $u_1'$ 反向后得到的方波，$u_{1W}'$ 和 $u_{1W}''$ 是 $u_1'$ 和 $u_1''$ 两个方波经微分电路后得到的波形。由图 7-19(b)可见，对于与门 $Y_1$，$u_{1W}'$ 处于高电平时，$u_2'$ 也是处于高电平，因而 $Y_1$ 有输出。而对于与门 $Y_2$，$u_{1W}''$ 处于高电平时，$u_2'$ 却处于低电平，$Y_2$ 无输出。因此，加减控制器置零，将控制可逆计数器作减法计数。

正向移动时脉冲数累加，反向移动时，便从累加的脉冲数中减去反向移动所得到的脉冲数，这样光栅传感器就可辨向，因而可以进行正确的测量。

**(5) 细分技术**

光栅数字传感器的测量分辨率等于一个栅距。但是，在精密检测中常常需要测量比栅距更小的位移量，为了提高分辨率，可以采用以下两种方法实现：

① 通过增加刻线密度来减小栅距，但是这种方法受光栅刻线工艺的限制；

② 采用细分技术，使光栅每移动一个栅距时输出均匀分布的 $n$ 个脉冲，从而得到比栅距更小的分度值，使分辨率提高到 $W/n$。

细分的方法有多种，如直接细分、电桥细分、锁相细分、调制信号细分、软件细分等。

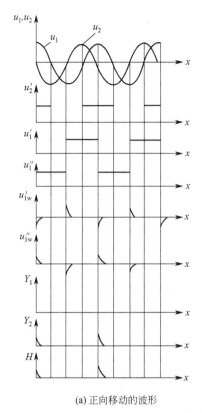 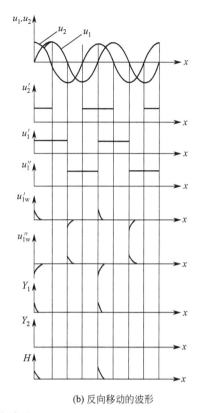

(a) 正向移动的波形  (b) 反向移动的波形

图 7-19　辨向电路各点波形

下面介绍常用的直接细分方法。

直接细分又称位置细分，这里介绍一个 4 倍频的电路。所谓 4 倍频，就是从莫尔条纹原来的一个脉冲信号，变为在 0、$\pi/2$、$\pi$、$3\pi/2$ 都有脉冲输出，从而使精度提高 4 倍。

图 7-20 为一鉴向和 4 倍频电路，实现 4 倍频的方法是每隔 1/4 莫尔条纹宽度放置一个硅光电池。其中：1、3 接差动放大器 1，经放大整形后变为正弦方波；硅光电池 2、4 接差动放大器 2，经放大整形后变为余弦方波。方波再经微分电路变为尖脉冲信号。由于脉冲是在方波上升沿产生的，为了使 0、$\pi/2$、$\pi$、$3\pi/2$ 的位置上都有脉冲，可先把正弦、余弦方波各自反向一次，然后再微分，就可获得 4 个两两相差 $\pi/2$ 的尖脉冲 $A'$、$B'$、$C'$、$D'$，这些脉冲再通过一些或门与 4 个方波 $A$、$B$、$C$、$D$ 进行逻辑组合以判断正反向。如果是正向，就会通过与或门 $YH_1$ 每隔 $\pi/2$ 送出一个脉冲；如果是反向，就会在与或门 $YH_2$ 每隔 $\pi/2$ 送出一个脉冲。这样，在一个周期内，送出了 4 个脉冲。很显然，分辨精度提高了 4 倍。若光栅栅距为 0.01mm，则工作台每移动 0.0025mm，就会送出一个脉冲，即分辨率为 0.0025mm。

由此可以看出，光栅检测系统的分辨率不仅取决于光栅尺的栅距，还取决于鉴向倍频的倍数 $n$，即：

$$分辨率 = \frac{W}{n}$$

4 倍频细分线路简单，对信号无严格要求，又可实现可逆技术和动、静态测量，其分辨率也可满足一般数控机床的要求，因而获得了广泛的应用。同时 4 倍频细分信号获取法（获得 4 相信号）又是多种电子细分的基础，故十分重要。

微机光栅数显表的组成如图 7-21 所示。在微机光栅数显表中，放大、整形采用传统的

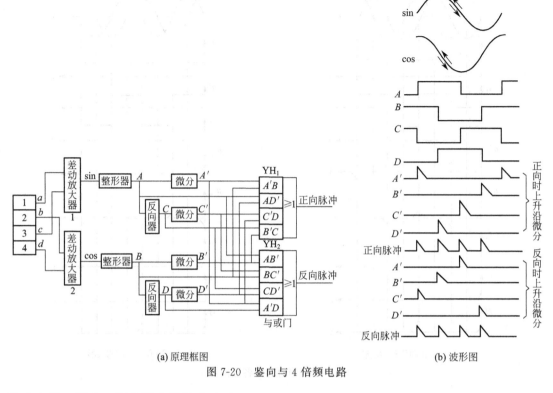

(a) 原理框图             (b) 波形图

图 7-20 鉴向与 4 倍频电路

集成电路，辨向、细分可由微机来完成。

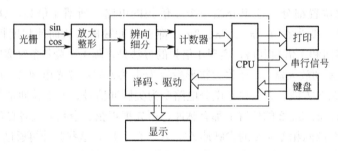

图 7-21 微机光栅数显表组成框图

### （6）光栅数字传感器的应用

  光栅数字传感器测量精度高，分辨率高，测量范围大，动态特性好，适合于非接触式动态测量，易于实现自动控制，广泛用于数控机床和精密测量设备中。但是光栅在工业现场使用时，对工作环境要求较高，不能承受大的冲击和振动，要求密封，以防止尘埃、油污和铁屑等的污染，成本较高。

  图 7-22 所示为光栅数字传感器用于数控机床的位置检测和位置闭环控制系统框图。由控制系统生成的位置指令 $P_c$ 控制工作台移动。工作台移动过程中，光栅数字传感器不断检测工作台的实际位置 $P_f$，并进行反馈（与位置指令 $P_c$ 比较），形成位置偏差 $P_e$（$P_e = P_f - P_c$）。当 $P_f = P_c$ 时，则 $P_e = 0$，表示工作台已到达指令位置，伺服电动机停转，工作台准确地停在指令位置上。

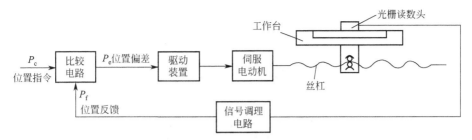

图 7-22　数控机床位置控制框图

## 例题分析

**【例 7-1】**　一个 21 码道的循环码盘，其最小分辨力 $\theta_1$ 是多少？若一个 $\theta_1$ 角对应圆弧长度至少为 0.001mm，问码盘直径多大？

**解**　已知码道数 $n=21$，代入码盘最小分辨力公式得

$$\theta_1 = \frac{360°}{2^{21}} = 0.0001717° = 3.00 \times 10^{-6} \text{rad}$$

码盘直径 $D = 2r = 2\dfrac{L}{\theta_1}$，式中 $L$ 表示圆弧长度，已知 $L = 0.001\text{mm}$，所以

$$D = 2r = 2 \times \frac{0.001}{3.00 \times 10^{-6}} = 667\text{mm}$$

**【例 7-2】**　若某光栅的栅线密度为 50 线/mm，主光栅与指标光栅之间夹角 $\theta = 0.01\text{rad}$。

（1）其形成的莫尔条纹间距 $B_H$ 是多少？

（2）若采用 4 个光敏二极管接收莫尔条纹信号，并且光敏二极管响应时间为 $10^{-6}$s，问此时光栅最大允许运动速度 $v$ 是多少？

**解**　（1）由光栅密度 50 线/mm 可知，其光栅常数

$$W = \frac{1}{50} = 0.02\text{mm}$$

根据公式可求莫尔条纹间距 $B_H = \dfrac{W}{\theta}$，式中 $\theta$ 为主光栅与指标光栅夹角，得

$$B_H = \frac{0.02}{0.01} = 2\text{mm}$$

（2）光栅运动速度与光敏二极管响应时间成反比，即

$$v = \frac{W}{t} = \frac{0.02}{10^{-6}} = 2 \times 10^4 \text{mm} = 20\text{m/s}$$

所以最大允许速度为 20m/s。

## 思考题与习题

7-1　莫尔条纹是如何形成的？它有哪些特性？

7-2　如何提高光栅传感器的分辨力？

7-3　绝对式光电编码器和增量式光电编码器各有何优缺点？

7-4　如何提高增量编码器的分辨力？

7-5　若两个 100 线/mm 的光栅相互叠合，它们的夹角为 0.1°，试计算所形成的莫尔条纹的宽度。

7-6　用 4 个光敏二极管接收长光栅的莫尔条纹信号，如果光敏二极管的响应时间为 $10^{-6}$s，光栅的线密度为 50 线/mm，试计算长光栅所允许的最大运动速度。

# 第 8 章

# 热电式传感器

热电式传感器是一种将温度变化转换为电量变化的装置。在各种热电式传感器中,把温度量转换为电势和电阻的方法最为普遍。其中将温度转换为电势的热电式传感器叫热电偶,将温度转换为电阻的热电式传感器称为热电阻。这两种传感器目前在工业生产中得到了广泛的应用,并且可以选用定型的显示仪表和记录仪进行显示和记录。

## 8.1 热电偶

### 8.1.1 热电偶的工作原理

**(1) 热电效应**

热电偶是利用热电效应制成的温度传感器。如图 8-1 所示,把两种不同的导体或半导体材料 A、B 连接成闭合回路,将它们的两个接点分别置于温度为 $T$ 及 $T_0$(设 $T>T_0$)的热源中,则在该回路内就会产生热电动势(简称热电势),可用 $E_{AB}(T,T_0)$ 表示,这种现象称作热电效应。我们把两种不同导体或半导体的这种组合称为热电偶,A 和 B 称为热电极,温度高的接点称为热端(或工作端),温度低的接点称为冷端(或自由端)。

图 8-1 所示的热电偶回路中所产生的热电势由两种导体的接触电势和单一导体的温差电势所组成。

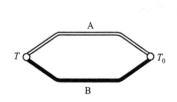

图 8-1 热电效应原理

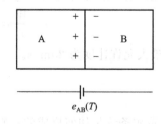

图 8-2 接触电势

① **接触电势** 所有金属中都有大量自由电子,而不同的金属材料其自由电子密度不同。当两种不同的金属导体接触时,在接触面上因自由电子密度不同而发生电子扩散,电子扩散速率与两导体的电子密度有关,并和接触区的温度成正比。设导体 A 和 B 的自由电子密度分别为 $n_A$ 和 $n_B$,且有 $n_A>n_B$,则在接触面上由 A 扩散到 B 的电子必然比由 B 扩散到 A 的电子数多。因此,导体 A 失去电子而带正电荷,导体 B 因获得电子而带负电荷,在 A、B 的接触面上便形成一个从 A 到 B 的静电场,如图 8-2 所示。这个电场阻碍了电子的继续扩

散，当达到动态平衡时，在接触区形成一个稳定的电位差，即接触电势，其大小可以表示为

$$e_{AB}(T) = \frac{kT}{e}\ln\frac{n_A}{n_B} \qquad (8-1)$$

式中，$e_{(AB)}(T)$为导体 A 和 B 的接点在温度 $T$ 时形成的接触电势；$e$ 为电子电荷，$e = 1.6 \times 10^{-19}$C；$k$ 为玻耳兹曼常数，$k = 1.38 \times 10^{-23}$J/K。

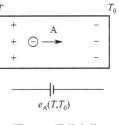

图 8-3　温差电势

② **温差电势**　单一导体中，如果两端温度不同，在两端间会产生电势，即单一导体的温差电势。这是由于导体内自由电子在高温端具有较大的动能，因而向低温端扩散，结果高温端因失去电子而带正电荷，低温端因得到电子而带负电荷，从而形成一个静电场，如图 8-3 所示。该电场阻碍电子的继续扩散，当达到动态平衡时，在导体的两端便产生一个相应的电位差，该电位差称为温差电势。温差电势的大小可表示为

$$e_A(T,T_0) = \int_{T_0}^{T} \sigma dT \qquad (8-2)$$

式中，$e_A(T, T_0)$ 为导体 A 两端温度为 $T$、$T_0$ 时形成的温差电势；$\sigma$ 为汤姆逊系数，表示单一导体两端温度差为 1℃时所产生的温差电势，其值与材料性质及两端温度有关。

③ **热电偶回路热电势**　对于由导体 A、B 组成的热电偶闭合回路，当温度 $T > T_0$，$n_A > n_B$ 时，闭合回路总的热电势为 $E_{AB}(T, T_0)$，如图 8-4 所示，并可用下式表示：

$$E_{AB}(T, T_0) = [e_{AB}(T) - e_{AB}(T_0)] + [-e_A(T, T_0) + e_B(T, T_0)] \qquad (8-3)$$

或者

$$E_{AB}(T, T_0) = \frac{kT}{e}\ln\frac{n_{AT}}{n_{BT}} - \frac{kT_0}{e}\ln\frac{n_{AT_0}}{n_{BT_0}} + \int_{T_0}^{T}(\sigma_B - \sigma_A)dT \qquad (8-4)$$

式中，$n_{AT}$，$n_{AT_0}$ 分别为导体 A 在接点温度为 $T$ 和 $T_0$ 时的电子密度；$n_{BT}$，$n_{BT_0}$ 分别为导体 B 在接点温度为 $T$ 和 $T_0$ 时的电子密度；$\sigma_A$，$\sigma_B$ 分别为导体 A 和 B 的汤姆逊系数。

由此可以得出如下结论：

a. 如果热电偶两电极材料相同，即 $n_A = n_B$，$\sigma_A = \sigma_B$，虽然两端温度不同，但闭合回路的总热电势仍为零，因此热电偶必须用两种不同材料作为热电极；

b. 如果热电偶两电极材料不同，而热电偶两端的温度相同，即 $T = T_0$，闭合回路中也不产生热电势。

应当指出的是，在金属导体中自由电子数目很大，以致温度不能显著地改变它的自由电子浓度，所以，在同一种金属导体内，温差电势极小，可以忽略。因此，在一个热电偶回路中起决定作用的，是两个接点处产生的与材料性质和该点所处温度有关的接触电势。故上式可以近似改写为

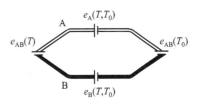

图 8-4　回路总电势

$$E_{AB}(T, T_0) = e_{AB}(T) - e_{AB}(T_0) = e_{AB}(T) + e_{BA}(T_0) \qquad (8-5)$$

在工程中，常用式(8-5)来表征热电偶回路的总热电势。从该式可以看出，回路的总电势是随 $T$ 和 $T_0$ 而变化的，即总电势为 $T$ 和 $T_0$ 的函数差，这在实际使用中很不方便。为此，在标定热电偶时，使 $T_0$ 为常数，即

$$e_{AB}(T_0) = f(T_0) = C(常数)$$

则式(8-5)可以改写成

$$E_{AB}(T, T_0) = e_{AB}(T) - f(T_0) = f(T) - C \tag{8-6}$$

式(8-6)表示,当热电偶回路的一个端点保持温度不变,则热电势 $E_{AB}(T, T_0)$ 只随另一个端点的温度变化而变化。两个端点温差越大,同路总热电势 $E_{AB}(T, T_0)$ 也就越大,这样回路总热电势就可以看成温度 $T$ 的单值函数,这给工程中用热电偶测量温度带来了极大的方便。

**(2)热电偶基本定律**

**①中间导体定律** 用热电偶测量温度时,回路中总要接入仪表和连接导线,即插入第三种材料C,如图8-5所示。假设3个接点的温度均为 $T_0$,回路的总电热电动势为

$$E_{ABC}(T_0) = E_{AB}(T_0) + E_{BC}(T_0) + E_{CA}(T_0) = 0 \tag{8-7}$$

若A、B接点的温度为 $T$,其余接点温度为 $T_0$,且 $T > T_0$,则回路的总热电动势为

$$E_{ABC}(T, T_0) = E_{AB}(T) + E_{BC}(T_0) + E_{CA}(T_0) \tag{8-8}$$

由式(8-7)得

$$E_{AB}(T_0) = -[E_{BC}(T_0) + E_{CA}(T_0)] \tag{8-9}$$

将式(8-9)代入式(8-8)可得

$$E_{ABC}(T, T_0) = E_{AB}(T) - E_{AB}(T_0) = E_{AB}(T, T_0) \tag{8-10}$$

由此证明,在热电偶回路中插入测量仪或插入第三种材料,只要插入材料的两端的温度相同,则插入后对回路热电动势没有影响。利用中间导体定律可以用第三种廉价导体将测量时的仪表和观测点延长至远离热端的位置,而不影响热电偶的热电动势值。

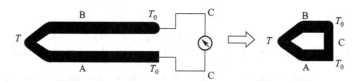

图 8-5 中间导体定律

**② 标准电极定律** 当接点温度为 $T$、$T_0$ 时,用导体A、B组成热电偶产生的热电势等于A、C热电偶和C、B热电偶热电势的代数和,即

$$E_{AB}(T, T_0) = E_{AC}(T, T_0) + E_{CB}(T, T_0) \tag{8-11}$$

导体C称为标准电极(一般由铂制成)。这一规律称为标准电极定律。三种导体分别构成的热电偶如图8-6所示。

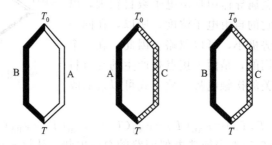

图 8-6 三种导体分别组成的热电偶

**③ 中间温度定律** 任何两种均匀材料构成的热电偶,接点温度为 $T$、$T_0$ 时的热电动势

等于次热电偶在接点温度为 $T$、$T_n$ 和 $T_n$、$T_0$ 的电动势的代数和，如图 8-7 所示，即

$$E_{AB}(T,T_0)=E_{AB}(T,T_n)+E_{AB}(T_n,T_0) \tag{8-12}$$

式中，$T_n$ 为中间温度。

图 8-7　中间温度定律

中间温度定律是制定热电偶的分度表的理论基础。热电偶的分度表都是以冷端为 0℃ 时制做的。而在工程测试中，冷端往往不是零摄氏度，这时就需要利用中间温度定律修正测量的结果。

### 8.1.2　常用热电偶及结构

从理论上讲，任何两种不同导体（或半导体）都可以配制成热电偶，但是从实用角度考虑，对热电偶电极材料的要求是多方面的。为了保证工程技术中的可靠性以及足够的测量精度，热电偶的电极材料应满足下列基本要求：

① 在测温范围内，热电性质稳定，不随时间而变化，有足够的物理化学稳定性，不易氧化或腐蚀；

② 电阻温度系数小，电导率高，比热小；

③ 测温中产生热电势要大，并且热电势与温度之间呈线性或接近线性的单值函数关系；

④ 材料复制性好，机械强度高，制造工艺简单，价格便宜。

**（1）常用热电偶**

目前，常用的热电偶电极材料分贵金属和普通金属两大类。在我国被广泛使用的热电偶有以下几种。

① **铂铑-铂热电偶**　由直径为 0.5mm 的纯铂丝和相同直径的铂铑丝（铂和铑的质量分数分别为 90% 和 10%）制成，其分度号为 S。在 S 型热电偶中铂铑丝为正极，铂丝为负极。此种热电偶在 1300℃ 以下范围内可长期使用，在良好的使用环境下可短期测量 1600℃ 高温。由于容易得到高纯度的铂和铂铑，故 S 型热电偶的复制精度和测量准确性较高，可用于精密温度测量和做标准热电偶，它在氧化性或中性介质中具有较高的物理化学稳定性。其主要缺点是：热电势较小；在高温时易受还原性气体发出的蒸气和金属蒸气的侵害而变质；铂铑丝中铑分子在长期使用后受高温作用产生挥发现象，使铂丝受到污染而变质，从而引起热电偶特性变化，失去测量的准确性；另外，S 型热电偶的材料系贵重金属，成本较高。

② **镍铬-镍硅热电偶**　镍铬为正极，镍硅为负极，热偶丝直径为 1.2～2.5mm，分度号为 K。K 型热电偶化学稳定性较高，可在氧化性或中性介质中长时间地测量 900℃ 以下的温度，短期可测 1200℃。其复制性好，产生热电势大，线性好，价格便宜，完全能满足工业测温要求，是工业生产中最常用的一种热电偶。但它在还原性介质中易受腐蚀，只能测 500℃ 以下的温度，测量精度偏低。

③ **镍铬-考铜热电偶**　它由镍铬材料与镍、铜合金材料组成。镍铬为正极，考铜为负极，热偶丝直径为 1.2～2mm，分度号为 E。E 型热电偶适用于还原性和中性介质，长期使用温度不超过 600℃，短期测温可达 800℃。该热电偶灵敏度高，价格便宜，但测温范围窄而低，考铜合金丝易受氧化而变质，由于材质坚硬而不易得到均匀线径。

④ **铂铑₃₀-铂铑₆ 热电偶** 铂铑₃₀丝（铂和铑的质量分数分别为70％和30％）为正极，铂铑₆（铂和铑的质量分数分别为94％和6％）为负极，分度号为B。它可长期测1600℃高温，短期测1800℃。B型热电偶性能稳定，精度高，适用于氧化性或中性介质，但其输出热电势小，价格高。B型热电偶由于在低温时热电势极小，因此冷端在40℃以下范围内对热电势值可不必修正。

⑤ **铜-康铜热电偶** 铜-康铜热电偶是非标准分度热电偶中应用较多的一种，尤其在低温下使用更为普遍，测量范围为－200～200℃，多用于实验室和科研中，其分度号为T。

由于康铜电极热电特性复制性差，所以做出的各种铜-康铜热电偶的热电势也不一致。铜-康铜热电偶的热电势与温度的关系可以近似地由下式决定：

$$E_t = at + bt^2 \tag{8-13}$$

式中，$E_t$ 为热电势（冷端为0℃时），V；$a$、$b$ 为常数，测负温时 $a \approx -39.5$、$b \approx -0.05$。

由于铜-康铜热电偶在低温下有较好的稳定性，所以在低温技术领域应用较多。

现将我国常用的热电偶型号、测温范围及性能列于表8-1中，以供参考。

**表8-1　工业热电偶分类及性能**

| 名称 | 分度号 | 测量范围/℃ | 适用气氛 | 稳定性 |
|---|---|---|---|---|
| 铂铑₃₀-铂铑₆ | B | 200～1800 | O、N | <1500℃,优;>1500℃,良 |
| 铂铑₁₃-铂 | R | －40～1600 | O、N | <1400℃,优;>1400℃,良 |
| 铂铑₁₀-铂 | S | | O、N | |
| 镍铬-镍硅（铝） | K | －270～1300 | O、N | 中等 |
| 镍铬硅-镍硅 | N | －270～1260 | O、N、R | 良 |
| 镍铬-康铜 | E | －270～1000 | O、N | 中等 |
| 铁-康铜 | J | －40～760 | O、N、R、V | <500℃,良;>500℃,差 |
| 铜-康铜 | T | －270～350 | O、N、R、V | －170～200℃,优 |
| 钨铼₃-钨铼₂₅ | WRe3-WRe25 | 0～2300 | N、V、R | 中等 |
| 钨铼₅-钨铼₂₆ | WRe5-WRe26 | | N、V、R | |

注：表中 O 为氧化气氛，N 为中性气氛，R 为还原气氛，V 为真空。

表8-2列出8种热电偶分度表。由分度表可以看出，各种型号的热电偶在相同温度下，具有不同的热电势，在0℃时，热电偶的热电势均为0。各种型号的热电偶还有更细的分度表可查。

**表8-2　热电偶分度表**　　　　　单位：mV

| $t_{90}$/℃ | 热电偶类型 | | | | | | | |
|---|---|---|---|---|---|---|---|---|
| | B | R | S | K | N | E | J | T |
| －270 | — | — | — | －6.458 | －4.345 | －9.835 | — | －6.258 |
| －200 | — | — | — | －5.891 | －3.990 | －8.825 | －7.890 | －5.603 |
| －100 | — | — | — | －3.554 | －2.407 | －5.237 | －4.633 | －3.379 |
| 0 | 0 | 0 | 0 | 0 | 0 | 0 | 0 | 0 |
| 100 | 0.033 | 0.647 | 0.646 | 4.096 | 2.774 | 6.319 | 5.269 | 4.279 |
| 200 | 0.178 | 1.469 | 1.441 | 8.138 | 5.913 | 13.421 | 10.779 | 9.288 |
| 300 | 0.431 | 2.401 | 2.323 | 12.209 | 9.341 | 21.036 | 16.327 | 14.862 |
| 400 | 0.787 | 3.408 | 3.259 | 16.397 | 12.974 | 28.946 | 21.848 | 20.872 |
| 500 | 1.242 | 4.471 | 4.233 | 20.644 | 16.748 | 37.005 | 27.393 | — |
| 600 | 1.792 | 5.583 | 5.239 | 24.905 | 20.613 | 45.093 | 33.102 | — |
| 700 | 2.431 | 6.743 | 6.275 | 29.129 | 24.527 | 53.112 | 39.132 | — |
| 800 | 3.154 | 7.950 | 7.345 | 33.275 | 28.455 | 61.017 | 45.494 | — |
| 900 | 3.957 | 9.205 | 8.449 | 37.326 | 32.371 | 68.787 | 51.877 | — |
| 1000 | 4.834 | 10.506 | 9.587 | 41.276 | 36.256 | 76.373 | 57.953 | — |
| 1100 | 5.780 | 11.850 | 10.757 | 45.119 | 40.087 | — | 63.792 | — |

| $t_{90}/℃$ | 热电偶类型 | | | | | | | |
|---|---|---|---|---|---|---|---|---|
| | B | R | S | K | N | E | J | T |
| 1200 | 6.786 | 13.228 | 11.951 | 48.838 | 43.846 | — | 69.553 | |
| 1300 | 7.848 | 14.629 | 13.159 | 52.410 | 47.513 | | | |
| 1400 | 8.956 | 16.040 | 14.373 | — | — | | | |
| 1500 | 10.099 | 17.451 | — | | | | | |
| 1600 | 11.263 | 18.849 | | | | | | |
| 1700 | 12.433 | 20.222 | | | | | | |
| 1800 | 13.591 | — | | | | | | |
| 1900 | — | — | — | | | | | |

#### （2）热电偶的结构

工程上实际使用的热电偶大多数是由热电极、绝缘套管、保护套管和接线盒等几部分构成，如图 8-8 所示。

① **热电极** 热电极的直径是由材料的价格、机械强度、电导率以及热电偶的用途和测量范围等决定的。贵金属热电偶的热电极多采用直径为 0.35～0.65mm 的细导线，这样不仅保证了必要的强度，而且整个热电偶的阻值不会太大。非贵重金属热电极的直径一般是 0.5～3.2mm，热电极的长度由安装条件，特别是工作端在介质中插入深度来决定，通常为 350～2000mm，最长可达 3500mm。

热电偶热电极的工作端牢固地焊接在一起，焊接后的热电偶均需经过退火处理。

② **绝缘套管** 绝缘套管又叫绝缘子，用来防止热电偶的两个电极之间短路。绝缘材料种类很多，应根据测量范围选择。

③ **保护管** 为了延长使用寿命和保证测量的准确度，热电偶需要有适当的保护装置，这样可以防止热电极直接和被测介质接触，避免各种有害气体和物质的侵蚀，同时还可以避免火焰和气流的直接冲击作用。保护套管采用的材料须根据各种热电偶的类型和实际使用时热电偶所处介质情况而定。

④ **接线盒** 热电偶接线盒供热电偶和测量仪表之间连接用，多采用铝合金制成。为防止灰尘及有害气体进入内部，接线盒及其出线孔和接线盒都具有密闭用的垫片和垫圈。

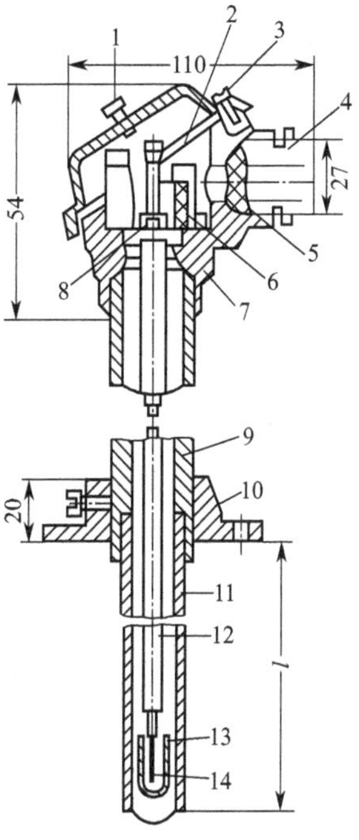

### 8.1.3 热电偶冷端温度补偿

由热电偶测温的原理可知，只有当热电偶冷端温度保持不变时，热电势才是被测温度的单值函数。在实际应用中，由于冷端暴露于空气中，容易受到周围环境温度波动的影响，因而冷端温度难以保持恒定，为此可采用下述几种方法进行补偿。

#### （1）补偿导线法

为了使冷端温度保持恒定（最好为0℃），热电偶可以做得很长，使冷端远离工作端，

图 8-8 热电偶的结构
1—链环；2—垫圈；3—螺丝；4—填料；5—石棉；6—瓷座垫料；7—头部外壳；8—接线柱；9—保护管非工作段；10—法兰；11—保护管工作段；12—瓷珠；13—瓷帽；14—热电偶工作端

并连同测量仪表一起放置到恒温或温度波动较小的地方。但这种方法一方面安装使用不方便，另一方面也要多耗费许多贵重金属材料。因此一般是用一导线（称之为补偿导线）将热电偶的冷端延伸出来，如图8-9所示。图中 $A'$、$B'$ 为补偿导线；$t_0'$ 为原冷端温度；$t_0$ 为新冷端温度。这种补偿导线要求在 $0\sim100℃$ 范围内和所连接的热电

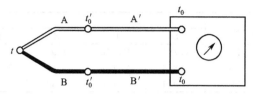

图8-9 补偿导线在同路中连接

偶应具有相同的热电性能，而其材料又是廉价金属。对于常用的热电偶，例如铂铑-铂热电偶，补偿导线用铜-镍铜；镍铬-镍硅热电偶，补偿导线用铜-康铜；对于镍铬-考铜、铜-康铜等用廉价金属制成的热电偶，则可用其本身的材料做补偿导线将冷端延伸到温度恒定的地方。

必须指出的是，只有当新移的冷端温度恒定或配用仪表本身具有冷端温度自动补偿装置时，应用补偿导线才有意义。

此外，热电偶和补偿导线连接处温度不应超过 $100℃$，同时所用的补偿导线不应选错，否则会由于热电特性不同而带来新的误差。

### （2）冷端温度计算校正法

由于热电偶的分度表是在冷端温度保持 $0℃$ 的情况下得到的，与它配套使用的仪表又是根据分度表进行刻度的，因此，尽管已采用了补偿导线使热电偶冷端延伸到温度恒定的地方，但只要冷端温度不等于 $0℃$，就必须对仪表示值加以修正。例如，冷端温度高于 $0℃$，但恒定于 $t_0$，则测得的热电偶热电势要小于该热电偶的分度值，此时可用下式进行修正：

$$E(t,0°)=E(t,t_0)+E(t_0,0°)$$

**【例8-1】** K型热电偶在工作时冷端温度 $t_0=30℃$，测得热电势 $E_K(t,t_0)=39.17\text{mV}$。求被测介质的实际温度 $t$。

**解**：由分度表查出 $E_K(30℃,0℃)=1.20\text{mV}$，则
$$\begin{aligned} E_K(t,0℃)&=E_K(t,30℃)+E_K(30℃,0℃)\\ &=39.17+1.20=40.37\text{mV} \end{aligned}$$

查分度表求出真实温度 $t=977℃$。

### （3）冰浴法

为避免经常校正的麻烦，可采用冰浴法使冷端保持 $0℃$，如图8-10所示。这种办法最为妥善，但是不够方便，所以仅限于科学实验和实验室使用。

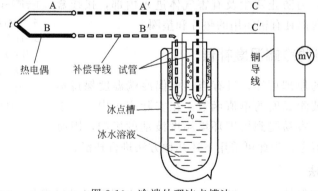

图8-10 冷端处理冰点槽法

**（4）补偿电桥法**

补偿电桥如图 8-11 所示，它的四个桥臂中有一个铜电阻 $R_{Cu}$，铜的电阻温度系数较大，阻值随温度而变，其余三个臂由阻值恒定的锰铜电阻制成，铜电阻必须和热电偶冷端靠近，处于同一温度。

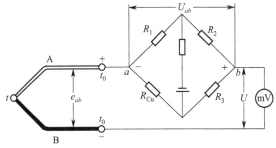

图 8-11  补偿电桥法

设计时使 $R_{Cu}$ 在 20℃ 下的阻值和其余三个桥臂电阻完全相等，即 $R_{Cu20} = R_1 = R_2 = R_3$，这种情况下电桥处于平衡状态，图中 $a$ 和 $b$ 之间电压 $U_{ab}=0$，对热电势没有补偿作用。

当冷端温度 $t_0>20$℃时，热电势随之减小，但这时 $R_{Cu}$ 亦增大，使电桥不平衡，并且 $U_{ab}$ 电压方向与热电势相同，即 $a$ 点为负、$b$ 点为正，此时回路总电压 $U=E(t,t_0)+U_{ab}$。若 $t_0<20$℃，则 $U_{ab}$ 电压方向为 $a$ 点为正，$b$ 点为负，此时回路总电压 $U=E(t,t_0)-U_{ab}$。

如果铜电阻选择合适，可使电桥产生的不平衡电压 $U_{ab}$ 正好补偿由于冷端温度变化而引起的热电势变化量，仪表即可指示出正确温度。由于电桥是在 20℃ 时平衡的，所以采用这种补偿电桥须把仪表机械零位调到 20℃。

### 8.1.4  热电偶测温

图 8-12 为常用炉温测量采样的热电偶测量系统图，图中由毫伏定值器给出设定温度的相应热电势（毫伏），如热电偶的热电势与定值器的输出值有偏差，则说明炉温偏离给定值，此偏差经放大器送入调节器，再经过晶闸管触发器推动晶闸管执行器，从而调整炉丝的加热功率，消除偏差，达到控温的目的。

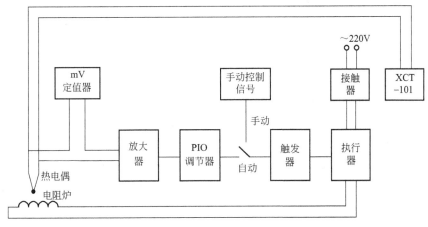

图 8-12  热电偶炉温测量系统图

## 8.2 热电阻

绝大多数金属具有正的电阻温度系数 $\alpha_t$，温度越高，电阻越大。利用这一规律可制成温度传感器，与热电偶对应，称为热电阻。用于制造热电阻的金属材料应满足以下要求：

① 电阻温度系数大，电阻随温度变化保持单值并且最好呈线性关系；

② 热容量小；

③ 电阻率尽量大，这样可以在同样灵敏度情况下使元件尺寸做得小一些；

④ 在工作范围内，物理和化学性能稳定；

⑤ 容易获得较纯物质，材料复制性好，价格便宜。

根据以上要求，目前世界上大都采用铂和铜两种金属作为制造热电阻的材料。

**(1) 常用热电阻**

**① 铂电阻** 在氧化性介质中，甚至在高温下，铂的物理、化学性质都很稳定；但在还原性介质中，特别是在高温下，很容易被氧化物中还原成金属的金属蒸气所沾污，以致铂丝变脆，并改变电阻与温度关系特性。另外，铂是贵金属，价格较贵。尽管如此，从对热电阻的要求衡量，铂在极大程度上能满足上述要求，所以它是制造基准热电阻、标准热电阻和工业用热电阻的最好材料。至于它的缺点，可以用保护套管设法避免或减轻。

铂电阻与温度的关系可以用下式表示：

$$-200℃\leqslant t\leqslant 0℃:R_t=R_0[1+At+Bt^2+Ct^3(t-100)]$$
$$0℃\leqslant t\leqslant 650℃:R_t=R_0(1+At+Bt^2) \tag{8-14}$$

式中，$A=3.90802\times10^{-3}(℃^{-1})$；$B=-5.802\times10^{-7}(℃^{-2})$；$C=-4.27350\times10^{-12}(℃^{-4})$。

铂电阻的分度号如表 8-3 所示，表中 $\dfrac{R_{100}}{R_{10}}$ 代表温度范围为 0～100℃内阻值变化的倍数。

表 8-3    铂电阻分度号

| 材质 | 分度号 | 0℃时电阻值 $R_0/\Omega$ | | 电阻比 $R_{100}/R_0$ | | 温度范围/℃ |
|---|---|---|---|---|---|---|
| | | 名义值 | 允许误差 | 名义值 | 允许误差 | |
| 铂 | Pt10 | 10<br>(0～850℃) | A 级±0.006<br>B 级±0.012 | 1.385 | ±0.001 | −200～850 |
| | Pt100 | 100<br>(−200～850℃) | A 级±0.06<br>B 级±0.12 | | | |

**② 铜电阻** 铜电阻与温度近似呈线性关系，且温度系数大，容易加工和提纯，价格便宜；缺点是，当温度超过 100℃时容易被氧化，电阻率较小。

铜电阻的测温范围一般为−50～150℃，其电阻与温度的关系可用下式表示：

$$-50℃\leqslant t\leqslant 150℃:R_t=R_0(1+At+Bt^2+Ct^3) \tag{8-15}$$

式中，$A=4.28899\times10^{-3}(℃^{-1})$；$B=-2.133\times10^{-7}(℃^{-2})$；$C=1.233\times10^{-9}(℃^{-3})$。

铜电阻分度号如表 8-4 所示。

表 8-4　铜电阻分度号

| 材质 | 分度号 | 0℃时电阻值 $R_0/\Omega$ | | 电阻比 $R_{100}/R_0$ | | 温度范围/℃ |
| --- | --- | --- | --- | --- | --- | --- |
| | | 名义值 | 允许误差 | 名义值 | 允许误差 | |
| 铜 | Cu50 | 50 | ±0.05 | 1.428 | ±0.002 | −50~150 |
| | Cu100 | 100 | ±0.1 | | | |

两种热电阻亦有分度表可查见表 8-5、表 8-6。

**表 8-5　工业热电阻分度表（1）**　　　　　　　　　单位：Ω

| $t_{90}/℃$ | Pt100 | Pt10 | $t_{90}/℃$ | Pt100 | Pt10 | $t_{90}/℃$ | Pt100 | Pt10 |
| --- | --- | --- | --- | --- | --- | --- | --- | --- |
| −200 | 18.52 | 1.852 | 160 | 161.05 | 16.105 | 520 | 287.62 | 28.762 |
| −180 | 27.10 | 2.710 | 180 | 168.48 | 16.848 | 540 | 294.21 | 29.421 |
| −160 | 35.54 | 3.554 | 200 | 175.86 | 17.586 | 560 | 300.75 | 30.075 |
| −140 | 43.88 | 4.388 | 220 | 183.19 | 18.319 | 580 | 307.25 | 30.725 |
| −120 | 52.11 | 5.211 | 240 | 190.47 | 19.047 | 600 | 313.71 | 31.371 |
| −100 | 60.26 | 6.026 | 260 | 197.71 | 19.771 | 620 | 320.12 | 32.012 |
| −80 | 68.33 | 6.833 | 280 | 204.90 | 20.490 | 640 | 326.48 | 32.648 |
| −60 | 76.33 | 7.633 | 300 | 212.05 | 21.205 | 660 | 332.79 | 33.279 |
| −40 | 84.27 | 8.427 | 320 | 219.15 | 21.915 | 680 | 339.06 | 33.906 |
| −20 | 92.16 | 9.216 | 340 | 226.21 | 22.621 | 700 | 345.28 | 34.528 |
| 0 | 100.00 | 10.000 | 360 | 233.21 | 23.321 | 720 | 351.46 | 35.146 |
| 20 | 107.79 | 10.779 | 380 | 240.18 | 24.018 | 740 | 357.59 | 35.759 |
| 40 | 115.54 | 11.554 | 400 | 247.09 | 24.709 | 760 | 363.67 | 36.367 |
| 60 | 123.24 | 12.324 | 420 | 253.96 | 25.396 | 780 | 369.71 | 36.971 |
| 80 | 130.90 | 13.090 | 440 | 260.78 | 26.078 | 800 | 375.70 | 37.570 |
| 100 | 138.51 | 13.581 | 460 | 267.56 | 26.756 | 820 | 381.65 | 38.165 |
| 120 | 146.07 | 14.607 | 480 | 274.29 | 27.429 | 840 | 387.55 | 38.775 |
| 140 | 153.58 | 15.358 | 500 | 280.98 | 28.098 | 850 | 390.48 | 39.048 |

**表 8-6　工业热电阻分度表（2）**　　　　　　　　　单位：Ω

| $t_{90}/℃$ | Cu100 | Cu50 |
| --- | --- | --- |
| −40 | 82.80 | 41.401 |
| −20 | 94.1 | 45.706 |
| 0 | 100.0 | 50.000 |
| 20 | 108.57 | 54.285 |
| 40 | 117.13 | 58.565 |
| 60 | 125.68 | 62.842 |
| 80 | 134.24 | 67.119 |
| 100 | 142.80 | 71.400 |
| 120 | 151.37 | 75.687 |
| 140 | 159.97 | 79.983 |

**（2）热电阻结构**

工业热电阻按结构分为普通型和铠装型两种形式。

① **普通型热电阻**　普通型热电阻结构如图 8-13（a）所示，主要由感温元件、内引线、绝缘套管、保护套管和接线盒等部分组成。感温元件是由细的铂丝或铜丝绕在绝缘支架上构成，为了使电阻体不产生电感，电阻丝要用无感绕法绕制，即将电阻丝对折后双绕，使电阻丝的两端均由支架的同一侧引出，如图 8-13（b）所示。对于保护套管的要求与热电偶相同。

② **铠装型热电阻**　铠装电缆作为保护管—绝缘物—内引线组件，前端与感温元件连接，外部焊接短保护管，便组成铠装型热电阻。铠装型热电阻外径一般为 2~8mm。其特点是体

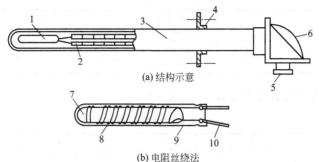

(a) 结构示意

(b) 电阻丝绕法

图 8-13　普通型热电阻结构

1—电阻体；2—瓷绝缘套管；3—不锈钢套管；4—安装固定件；
5—引线口；6—接线盒；7—芯柱；8—电阻丝；9—保护膜；10—引线端

积小，热响应快，耐振动和冲击性能好，除感温元件部分外，其他部分可以弯曲，适合复杂条件下的安装。

**（3）热电阻测温线路**

工业用热电阻安装在生产现场，而其指示或记录仪表则安装在控制室，其间的引线很长，如果仅用两根导线接在热电阻两端，导线本身的阻值必然和热电阻的阻值串联在一起，造成测量误差。如果每根导线的阻值是 $r$，测量结果中必然含有绝对误差 $2r$。实际上这种误差很难修正，因为导线阻值 $r$ 随其所处环境温度而变，因而两线制连接方式不宜在工业热电阻上应用。

① **三线制**　为避免或减小导线电阻对测温的影响，工业热电阻多采用三线制接法，即热电阻的一端与一根导线相接，另一端同时接两根导线。当热电阻与电桥配合时，三线制的优越性可用图 8-14 说明。图中热电阻 $R_t$ 的三根连接导线，直径和长度均相同，阻值均为 $r$。其中一根串联在电桥的电源上，对电桥的平衡与否毫无影响，另外两根分别串联在电桥的相邻两臂里，则相邻两臂的阻值都增加相同的阻值 $r$。

当电桥平衡时，可写出下列关系式，即

$$(R_t+r)R_2=(R_3+r)R_1$$

由此可以得出

$$R_t=\frac{R_3R_1}{R_2}+\left(\frac{R_1}{R_2}-1\right)r \tag{8-16}$$

设计电桥时如满足 $R_1=R_2$，则式(8-16)中右边含有 $r$ 的项完全消去，这种情况下连线电阻 $r$ 对桥路平衡毫无影响，即可以消除热电阻测量过程中 $r$ 的影响。但必须注意，只有在电桥对称（即 $R_1=R_2$），且处于平衡状态下才如此。

工业热电阻有时用不平衡电桥指示温度，例如动圈仪表是采用不平衡电桥原理指示温度的。虽然不能完全消除连接导线电阻 $r$ 对测温的影响，但采用三线制接法肯定会减少它的影响。

② **四线制**　四线制就是热电阻两端各用两根导线连到仪表上，一般是用直流电位差计作为指示或记录仪表，其接线方式如图 8-15 所示。

由恒流源供给已知电流 $I$ 流过热电阻 $R_t$，使其产生压降 $U$，再用电位差计测出 $U$，便可利用欧姆定律得

$$R_t=\frac{U}{I} \tag{8-17}$$

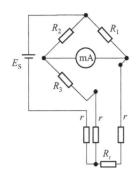

图 8-14　热电阻的三线制
电桥测量电路

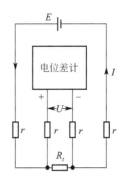

图 8-15　热电阻的四线制接法

此处供给电流和测量电压使用了热电阻上四根导线，尽管导线有电阻 $r$，但电流在导线上形成的压降 $r \cdot I$ 不在测量范围之内。电压导线上虽有电阻但无电流，因为电位差计测量时不取电流，所以四根导线的电阻 $r$ 对测量均无影响。四线制和电位差计配合测量热电阻是比较完善的方法，它不受任何条件的约束，总能消除连接导线电阻对测量的影响，当然恒流源必须保证电流 $I$ 的稳定不变，而且其值的精确度应该和 $R_t$ 的测量精度相适应。

**（4）热电阻的特点**

热电阻与热电偶相比有以下特点。

① 同样温度下输出信号较大，易于测量。以 $0 \sim 100℃$ 为例，用 K 型热电偶输出为 $4.095\mathrm{mV}$，用 S 型热电偶输出只有 $0.643\mathrm{mV}$，但用铂热电阻测量 $0℃$ 时阻值为 $100\Omega$，$100℃$ 时为 $139.1\Omega$，电阻增量为 $39.1\Omega$；如用铜热电阻增量可达 $42.8\Omega$。测量毫伏级电动势，显然不如测几十欧姆电阻增量容易。

② 测电阻必须借助外加电源。热电偶只要热端和冷端有温差，就会产生电动势，是不需要电源的发式传感器；热电阻却必须通过电流才能体现出电阻变化，无电源就不能工作。

③ 热电阻感温部分尺寸较大，而热电偶工作端是很小的焊点，因而热电阻测温的反应速度比热电偶慢。

④ 同类材料制成的热电阻不如热电偶测温上限高。由于热电阻必须用细导线绕在绝缘支架上，支架材质在高温下的物理性质限制了温度上限范围。

**（5）热电阻温度传感器的典型应用**

① **测量真空度**　如图 8-16 所示，铂电阻装在盛有被测介质的玻璃管内。测量时，用较大的恒定电流 $I$ 对电阻丝加热，当环境温度与玻璃管内的被测介质导热而散失的热量相平衡时，铂丝有一定的平衡温度，对应这个确定的温度有一定的阻值 $R_t$。当被测介质真空度升高时，玻璃管内气体变得稀少，导热能力下降，铂丝的平衡温度和电阻值均增大。因此，电阻值的大小反映了被测介质真空度的高低。

通常为了避免环境温度的影响，测量是在恒温容器中进行的。该装置一般可测到 $10^{-3}\mathrm{Pa}$。

② **气体成分分析**　气体成分分析室的结构如图 8-17 所示，又称热导池。池内悬吊一根电阻丝（长度为 $L$）

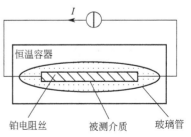

图 8-16　热电阻测量真空度

作为热敏元件，通以一定的工作电流。当通以较大的恒定电流 $I$ 时，电阻丝发热并向四周散热，热量主要通过池内混合气体传向池壁。池壁温度 $t_0$ 基本稳定；电阻丝达到热平衡状态时的温度为 $t_0$，对应的电阻丝阻值为 $R_0$。显然，混合气体的导热系数 $\lambda$ 越大，$t_0$ 越低，$R_0$ 越小。通过电阻值的变化来实现对导热系数变化（即气体组分变化）的检测与分析。

对于不相互发生化学反应的混合气体，其导热系数 $\lambda$ 为各成分气体导热系数的平均值，即

$$\lambda = \sum_{i=1}^{n} \frac{n_i \lambda_i}{100} \tag{8-18}$$

式中，$\lambda_i$ 为分析室内第 $i$ 种气体的导热系数；$n_i$ 为分析室内第 $i$ 种气体的百分含量。

假若热导池内只有两种混合气体，它们的导热系数分别是 $\lambda_1$ 和 $\lambda_2$，$\lambda_1$ 的百分含量为 $a$，由式(8-18)可得

$$\lambda = \lambda_1 a + \lambda_2 (1-a) \tag{8-19}$$

若 $\lambda_1$ 和 $\lambda_2$ 已知，只要测出 $\lambda$，就可以利用式(8-19)算出两种气体的百分含量。测量电阻丝的阻值就可以知道电阻丝的平衡温度，由此可得到混合气体的导热系数 $\lambda$，从而求出气体的百分含量。

热导式气体分析仪的测量电桥如图 8-18 所示。铂丝电阻 $R_1 \sim R_4$ 组成不平衡电桥：$R_1$、$R_3$ 为工作臂，置于待测气体流过的热导室内；$R_2$、$R_4$ 为参比臂，置于流过参比气体的参比室内。整个电桥处于温度基本保持稳定的环境中。当待测气体以定速度通过测量室时，通过电桥和显示仪可以直接指示或记录待测组分的百分含量。

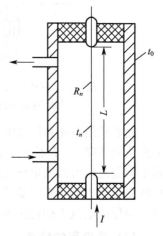

图 8-17 气体成分分析室（热导池）

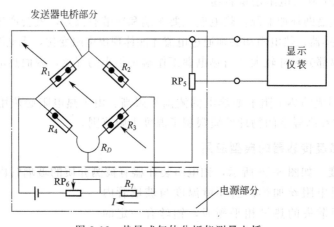

图 8-18 热导式气体分析仪测量电桥

# 8.3 热敏电阻

热敏电阻是一种用半导体材料制成的敏感元件，其主要特点如下。

① 灵敏度高。通常温度变化 1℃阻值变化 1%～6%，电阻温度系数绝对值比一般金属电阻大 10～100 倍。

②体积小。珠形热敏电阻探头的最小尺寸达 0.2mm，能测量热电偶和其他温度计无法测量的空隙、腔体、内孔等处的温度，如人体血管内温度等。

③使用方便。热敏电阻阻值范围在 $10^2 \sim 10^3 \Omega$，可任意挑选，热惯性小，而且不像热电偶需要冷端补偿，不必考虑线路引线电阻和接线方式，容易实现远距离测量，功耗小。

热敏电阻主要缺点是其阻值与温度变化呈非线性关系，元件稳定性和互换性较差。

**（1）热敏电阻的结构与材料**

① **结构** 热敏电阻主要由热敏探头、引线、壳体等构成，如图 8-19 所示。

热敏电阻一般做成二端器件，但也有做成三端或四端器件的。二端和三端器件为直热式，即热敏电阻直接由连接的电路中获得功率。四端器件则是旁热式的。

根据不同的使用要求，可以把热敏电阻做成不同的形状和结构，其典型结构如图 8-20 所示。

从电阻体的形状来说，有片状（包括垫圈形）、杆形（包括管形）、珠形、线形、薄膜形等，其特点如下。

片形电阻：通过粉末压制、烧结成型，适于大批生产。由于体积大，功率也较大。圆片形热敏电阻器中心留一个圆孔，便成为垫圈形。它便于用螺丝固定散热片，因此功率可以更大，也便于把多个元件进行串联、并联。

杆形电阻：用挤压工艺可做成杆形或管形，杆形比片形容易制成高阻值元件。管形内部加电极又易于得到低阻值，因此，其阻值调整方便，阻值范围广。

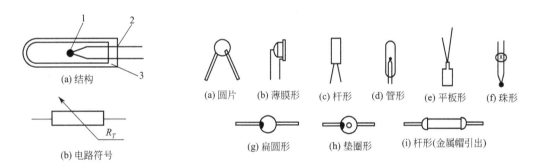

图 8-19 热敏电阻器的结构及电路符号　　　　图 8-20 热敏电阻的结构形式
1—热敏探头；2—引线；3—壳体

线形电阻：线形是在金属管的中心（管的中心有一金属丝）灌注已烧结好的粉状热敏材料然后拉伸而成。这种热敏电阻适于缠绕、贴附在物体上，用于控制温度或报警。

珠形电阻：在两根丝间滴上糊状热敏材料的小珠后烧结而成，铂丝作为电极一般用玻璃壳或金属壳密封。其特点是热惰性小、稳定性好，但使用功率小。

薄膜形电阻：用溅射法或真空蒸镀成型。其热容量和时间常数很小，一般可作红外探测器和用于流量检测。

② **材料** 最常见的热敏电阻是用金属氧化物半导体材料制成的。各种氧化物在不同条件下烧成半导体陶瓷，可获得热敏特性。

以 $Mn_3O_4$、$CuO$、$NiO$、$Co_3O_4$、$Fe_2O_3$、$TiO_2$、$MgO$、$V_2O_5$、$ZnO$ 等两种或两种以上的材料进行混合、成型、烧结，可制成具有负温度系数的热敏电阻，其电阻率（$\rho$）和材料常数（$B$）随制备材料的成分比例、烧结温度、烧结气氛和结构状态不同而变化。

**（2）基本参数**

**① 标称电阻值 $R_{25}(\Omega)$** 标称电阻是热敏电阻在25℃时的阻值。标称阻值大小由热敏电阻材料和几何尺寸决定。如果环境温度 $t$ 不是（25±0.2）℃而在25～27℃，则可按下式换算成25℃时的阻值：

$$R_{25} = \frac{R_t}{1 + \alpha_{25}(t - 25)} \tag{8-20}$$

式中，$R_{25}$ 为温度为25℃时的阻值，Ω；$R_t$ 为温度为 $t$ ℃时的实际电阻值，Ω；$\alpha_{25}$ 为被测热电阻在25℃时的电阻温度系数，℃$^{-1}$。

**② 材料常数 $B(K)$** 材料常数 $B$ 是描述热敏材料物理特性的一个常数，由 $B = \Delta E/2k$（$k$ 为玻耳兹曼常数）可知，其大小取决于热敏电阻材料的激活能 $\Delta E$。一般 $B$ 值越大，则阻值越大，灵敏度越高。在工作温度范围内，$B$ 值并不是一个严格的常数，它随着温度升高略有增加。

**③ 电阻温度系数 $\alpha_t(\%/℃)$** 电阻温度系数是指热敏电阻的温度变化1℃时其阻值变化率与其值之比，即

$$\alpha_t = \frac{1}{R_T} \cdot \frac{\mathrm{d}R_T}{\mathrm{d}T} \tag{8-21}$$

式中 $\alpha_t$ 和 $R_T$ 是与温度 $T(K)$ 相对应的电阻温度系数和阻值。$\alpha_t$ 决定热敏电阻在全部工作范围内的温度灵敏度。一般说来，电阻率越大，电阻温度系数也就越大。

**④ 时间常数 $\tau(s)$** 时间常数定义为热容量 $C$ 与耗散系数 $H$ 之比，即

$$\tau = \frac{C}{H} \tag{8-22}$$

其数值等于热敏电阻在零功率测量状态下，当环境温度突变时热敏电阻随温度变化量从起始到最终变量的63.2%所需的时间。时间常数表征热敏电阻加热或冷却的速度。

**⑤ 耗散系数 $H(W/℃)$** 耗散系数是指热敏电阻温度变化1℃所耗散的功率。其大小与热敏电阻的结构、形状以及所处介质的种类、状态等有关。

**⑥ 最高工作温度 $T_{max}(K)$** 最高工作温度是指热敏电阻在规定的技术条件下长期连续工作所允许的温度。

$$T_{max} = T_0 + P_E/H \tag{8-23}$$

式中，$T_0$ 为环境温度，K；$P_E$ 为环境温度 $T_0$ 时的额定功率，W；$H$ 为耗散系数。

**⑦ 额定功率 $P_E(W)$** 额定功率（$P_E$）是热敏电阻在规定的技术条件下长期连续工作所允许的耗散功率，在此条件下热敏电阻自身温度不应超过 $T_{max}$。

**⑧ 测量功率 $P_C(W)$** 测量功率是指热敏电阻在规定的环境温度下，电阻体由测量电流加热而引起的电阻值变化不超过0.1%时所消耗的功率，即

$$P_C \leqslant \frac{H}{1000\alpha_t} \tag{8-24}$$

**（3）主要特性**

**① 热敏电阻的电阻-温度($R_T$-$T$)特性** 电阻—温度特性与热敏电阻器的电阻率 $\rho$ 和温度 $T$ 的关系是一致的，它表示热敏电阻的阻值 $R_T$ 随温度的变化规律，一般用 $R_T$-$T$ 特性曲线表示。

a. 具有负电阻温度系数的热敏电阻的电阻-温度特性。具有负温度系数的热敏电阻，其电阻-温度曲线如图 8-21 中曲线 1 所示，其一般数学表达式为

$$R_T = R_{T_0} \exp\left[B_n\left(\frac{1}{T} - \frac{1}{T_0}\right)\right] \tag{8-25}$$

式中，$R_T$、$R_{T_0}$ 分别为温度为 $T$、$T_0$ 时热敏电阻的阻值，$\Omega$；$B_n$ 为负电阻温度系数热敏电阻的材料常数。

此式是一个经验公式。测试结果表明，无论是由氧化材料还是由单晶体材料制成的负温度系数热敏电阻，在不太宽的测温范围（<450℃）内，均可用该式表示。

为了使用方便，常取环境温度为 25℃ 作为参考温度（即 $T_0 = 298K$），则负温度系数热敏电阻的电阻—温度特性可写成

$$\frac{R_T}{R_{25}} = \exp B_n\left(\frac{1}{T} - \frac{1}{298}\right)$$

如果以 $R_T/R_{25}$ 和 $T$ 分别作为纵、横坐标，则负温度系数热敏电阻的 $R_T/R_{25}$-$T$ 曲线如图 8-22 所示。

如果对式（8-25）两边取对数，则

$$\ln R_T = B_n\left(\frac{1}{T} - \frac{1}{T_0}\right) + \ln R_{T_0} \tag{8-26}$$

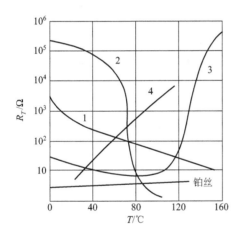

图 8-21　热敏电阻的电阻-温度特性曲线
1—负温度系数热敏电阻的 $R_T$-$T$ 曲线；
2—临界负温度系数热敏电阻的 $R_T$-$T$ 曲线；
3—开关型热敏电阻器 $R_T$-$T$ 曲线；
4—缓变型正温度系数热敏电阻器 $R_T$-$T$ 曲线

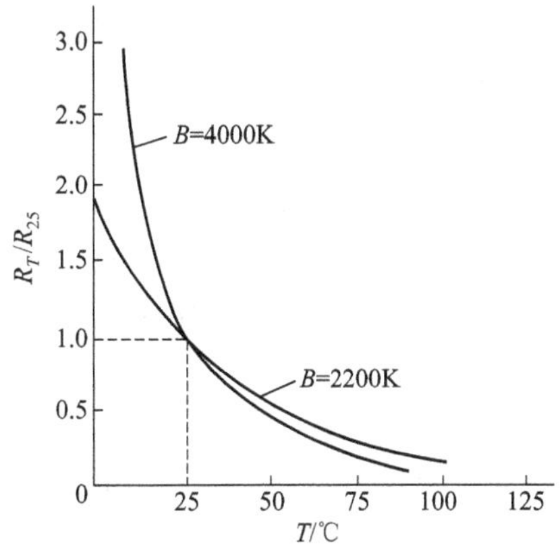

图 8-22　$R_T/R_{25}$-$T$ 特性曲线

如果以 $\ln R_T$、$\frac{1}{T}$ 分别作为纵坐标和横坐标，可知式（8-26）代表斜率为 $B_n$、通过点 $\left[\frac{1}{T_0}, \ln R_{T_0}\right]$ 的一条直线，如图 8-23 所示。用 $\ln R_T$-$\frac{1}{T}$ 表示负电阻温度系数的热敏电阻-温度特性，实际应用中比较方便。材料不同或配方比例不同，则 $B_n$ 也不同。图 8-23 中画出了 $B_n$ 不同的五条 $\ln R_T$-$\frac{1}{T}$ 曲线。

b. 正温度系数热敏电阻的电阻-温度特性。正温度系数热敏电阻的电阻-温度特性，是利

用正温度系数热敏材料在居里点附近结构发生相变而引起电导率的突变而取得的，其典型的电阻—温度特性曲线如图 8-24 所示。

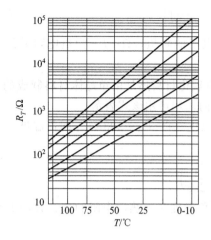

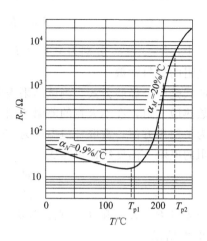

图 8-23　负温度系数热敏
电阻的电阻-温度曲线

图 8-24　正温度系数热敏
电阻的电阻-温度曲线

正温度系数热敏电阻的工作温度范围较窄，在工作区两端，电阻-温度曲线上有两个拐点 $T_{p1}$ 和 $T_{p2}$。当温度低于 $T_{p1}$ 时，温度灵敏度低；当温度升高到 $T_{p2}$ 后，电阻值随温度升高按指数规律迅速增大。正温度系数热敏电阻在工作温度范围 $T_{p1}$ 至 $T_{p2}$ 内存在温度 $T_c$，对应有较大的温度系数 $\alpha_T$。经实验证实，在工作温度范围内，正温度系数热敏电阻的电阻-温度特性可近似地用下面经验公式表示：

$$R_T = R_{T_0}\exp[B_p(T-T_0)] \tag{8-27}$$

式中，$R_T$、$R_{T_0}$ 分别为温度分别为 $T$、$T_0$ 时的电阻值，$\Omega$；$B_p$ 为正温度系数热敏电阻的材料常数。

对式(8-27)两边取对数，则得

$$\ln R_T = B_p(T-T_0)+\ln R_{T_0} \tag{8-28}$$

以 $\ln R_T$，$T$ 分别为纵坐标和横坐标得到图 8-25 中直线。由式(8-27)可求得正温度系数热敏电阻的电阻温度系数 $\alpha_{tp}$，即

$$\alpha_{tp} = \frac{1}{R_T} \cdot \frac{\mathrm{d}R_T}{\mathrm{d}T} = B_p \tag{8-29}$$

可见，正温度系数热敏电阻的电阻温度系数 $\alpha_{tp}$ 恰好等于它的材料常数 $B_p$ 值。

② 热敏电阻的伏安特性　伏安特性也是热敏电阻的重要特性之一。它表示加在热敏电阻上的端电压和通过电阻的电流在热敏电阻与周围介质达到热平衡时的相互关系。

a. 负温度系数热敏电阻的伏安特性。

其伏安特性曲线如图 8-26 所示。该曲线是在环境温度为 $T_0$ 时的静态介质中测出的静态伏安曲线。

热敏电阻的端电压 $U_T$ 和通过它的电流 $I$ 之间有

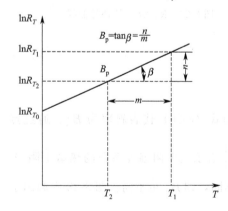

图 8-25　用 $\ln R_T$-$T$ 表示的正温度系数热敏电阻的电阻-温度曲线

如下关系：

$$U_T = IR_T = IR_{T_0} \exp B_n \left[ \left( \frac{1}{T} - \frac{1}{T_0} \right) \right] \tag{8-30}$$

式中，$T_0$ 为环境温度，K。

图 8-26 表明：当电流很小（如小于 $I_a$）时，元件的功耗小，电流不足以引起热敏电阻发热，元件的温度基本上就是环境温度 $T_0$。在这种情况下，热敏电阻相当于一个固定电阻，电压与电流之间关系符合欧姆定律，所以 $Oa$ 段为线性工作区域。随着电流的增加，热敏电阻的耗散功率增加，工作电流引起热敏电阻的自然温升超过介质温度，则热敏电阻的阻值下降。当电流继续增加时，电压的增加却逐渐缓慢，因此出现非线性正阻区 $ab$ 段。当电流为 $I_m$ 时，其电压达到最大值（$U_m$）。若电流继续增加，热敏电阻自身温升更剧烈，使其阻值迅速减小，其阻值减小的速度超过电流增加的速度，因此热敏电阻的电压降随电流的增加而降低，形成 $cd$ 段负阻区。当电流超过某一允许值时，热敏电阻将被烧坏。

b. 正温度系数热敏电阻的伏安特性。其伏安曲线如图 8-27 所示。它与负温度系数热敏电阻一样，曲线的起始段为直线，其斜率与热敏电阻在环境温度下的电阻值相等。这是因为流过的电流很小时，耗散功率引起的温升可以忽略不计的缘故。当热敏电阻的温度超过环境温度时，阻值增大，曲线开始弯曲，当电压增至 $U_m$ 时，存在一个电流最大值 $I_m$，如电压继续增加，由于温升引起电阻值增加的速度超过电压增加的速度，电流反而减小，曲线斜率由正变负。

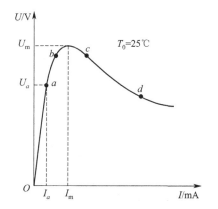

图 8-26　负温度系数热敏电阻的静态伏安特性

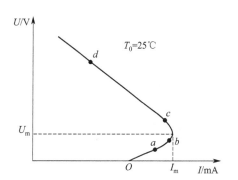

图 8-27　正温度系数热敏电阻的静态伏安特性

### （4）热敏电阻的应用

热敏电阻器的用途主要分成两大类，一类是作为检测元件，另一类是作为电路元件。从元件的电负荷观点看，热敏电阻工作在伏-安特性曲线 $Oa$ 段时（见图 8-26），流过热敏电阻的电流很小。当外界温度发生变化时，尽管热敏电阻的耗散系数也发生变化，但电阻体温度并不发生变化，而接近环境温度。属于这一类的应用有温度测量、各种电路元件的温度补偿、空气的湿度测量、热电偶冷端温度补偿等。热敏电阻工作在伏-安特性曲线 $bc$ 段（见图8-26），热敏电阻伏-安特性曲线峰值电压 $U_m$ 随环境温度和耗散系数的变化而变化。利用这个特性，可用热敏电阻器作为各种开关元件。热敏电阻工作在其伏-安特性曲线 $cd$ 段时（见图 8-26，热敏电阻由于所施加的耗散功率使电阻体温度大大超过环境温度，这一区域内热敏电阻器用作低频振荡器、启动电阻、时间继电器以及用于流量测量。

① **温度补偿**　将热敏电阻器用于温度补偿是其应用的一个重要方面。温度补偿的工作

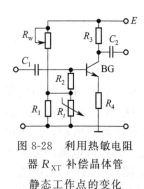

图 8-28 利用热敏电阻器 $R_{XT}$ 补偿晶体管静态工作点的变化

原理是利用热敏电阻的电阻温度特性补偿电路中某些具有相反电阻温度系数的元件，从而改善该电路对环境温度变化的适应能力。

图 8-28 是利用负温度系数热敏电阻 $R_t$ 补偿晶体管温度特性的一个实例。当温度升高使晶体管集电极电流 $I_C$ 增加，同时由于温度升高也使 NTC 热敏电阻器 $R_t$ 阻值相应地减小，则晶体管基极电位 $U_b$ 下降，从而使基极电流 $I_b$ 减小，达到稳定静态工作点的目的。

② **电机过热保护** 利用 PTC 热敏电阻的特性可以对特定的温度进行监控，如电机的过热保护。

电机在运行中由于过载往往会过热，破坏电机绕组的绝缘，缩短电机使用寿命。图 8-29 示出了 PTC 元件用于电机过热保护的示意图。图中的 3 个 PTC 热敏电阻器串联使用，并与辅助继电器串联。电机正常运行时 PTC 热敏电阻处于低阻状态，控制主继电器使之吸合。一旦电机过热，PTC 热敏电阻突变为高阻状态，辅助继电器切断主继电器回路，从而切断电源，达到保护电机的目的。

③ **管道流量测量** 图 8-30 中 $R_{t1}$ 和 $R_{t2}$ 为热敏电阻，$R_{t1}$ 放在被测流量管道中，$R_{t2}$ 放在不受流体干扰的容器内，$R_1$ 和 $R_2$ 为普通电阻，4 个电阻组成电桥。

当流体静止时，使电桥处于平衡状态。当流体流动时，带走热量，使热敏电阻 $R_{t1}$ 和 $R_{t2}$ 散热情况不同，$R_{t1}$ 因温度变化引起阻值变化，电桥失去平衡，电流表有指示。因为 $R_{t1}$ 的散热条件取决于流量的大小，因此测量结果反映流量的变化。

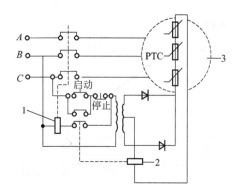

图 8-29 电机过热保护示意图

1—主继电器；2—辅助继电器；3—电机

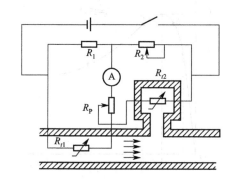

图 8-30 管道流量测量

# 8.4 集成温度传感器

**(1) 基本原理**

这种传感器是利用 PN 结的伏安特性与温度之间的关系研制成的一种固态传感器。

PN 结伏安特性可用下式表示：

$$I = I_S \left( \exp\frac{qU}{KT} - 1 \right) \tag{8-31}$$

式中，$I$ 为 PN 结正向电流；$U$ 为 PN 结正向压降；$I_S$ 为 PN 结反向饱和电流；$q$ 为电子电荷量，$g=1.60\times10^{-19}$C；$K$ 为玻尔兹曼常数，$k=1.38\times10^{-23}$J/K；$T$ 为热力学温度。

当 $\exp\dfrac{qU}{KT}\gg1$ 时，则上式可简化为

$$I=I_{\mathrm{S}}\exp\frac{qU}{KT}$$

则

$$U=\frac{KT}{q}\ln\frac{I}{I_{\mathrm{S}}} \tag{8-32}$$

由上式可见，只要通过 PN 结上的正向电流 $I$ 恒定，则 PN 结的正向压降 $U$ 与温度 $T$ 的线性关系只受反向饱和电流 $I_{\mathrm{S}}$ 的影响。$I_{\mathrm{S}}$ 是温度的缓变函数，只要选择合适的掺杂浓度，就可认为在不太宽的温度范围内，$I_{\mathrm{S}}$ 近似为常数。因此，正向压降 $U$ 与温度 $T$ 呈线性关系。

$$\frac{\mathrm{d}U}{\mathrm{d}T}=\frac{K}{q}\ln\frac{I}{I_{\mathrm{S}}}\approx 常数$$

实际使用中二极管作为温度传感器虽然工艺简单，但线性差，因而选用把 NPN 晶体三极管的 bc 结短接，利用 be 结作为感温元件。通常这种三极管形式更接近理想 PN 结，其线性更接近理论推导值。

**（2）集成温度传感器分类**

集成温度传感器的典型工作温度范围是 $-50\sim150\,℃$。目前大量生产和应用的集成温度传感器按输出量不同可分为电压型、电流型和脉冲信号型（也称频率输出型）三类。电压输出型的优点是直接输出电压，且输出阻抗低，易于读出或控制电路接口；电流输出型的输出阻抗极高，因此可以简单地使用双绞线进行数百米远的精密温度遥感或遥测，而不必考虑长馈线上引起的信号损失和噪声问题，也可用于多点温度测量系统中，而不必考虑选择开关或多路转换器引入的接触电阻造成的误差；频率输出型与电流输出型具有相似的优点。

① **电压输出型** LM135、LM235、LM335 系列是一种精密的、易于标定的三端电压输出型集成温度传感器。它作为两端器件工作时相当于一个齐纳二极管，其击穿电压正比于热力学温度。其灵敏度为 10mV/K，工作温度范围分别是 $-55\sim155\,℃$、$-40\sim125\,℃$、$-10\sim100\,℃$。图 8-31 给出了 LM135 系列两种封装接线图。这种传感器的内部结构包括一个感温元件和一个运算放大器。外部一个端子接 $U_+$，一个端子接 $U_-$，第三个端子为调整端，供传感器作外部标定时使用。

把传感器作为一个两端器件与一个电阻串联，加上适当的电压，如图 8-32 所示，即可得到灵敏度为 10mV/K、直接正比于热力学温度的电压输出。

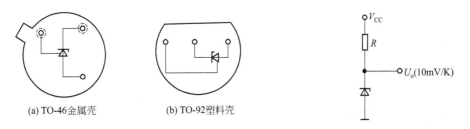

(a) TO-46金属壳　　　　(b) TO-92塑料壳

图 8-31　LM135 系列封装接线　　　　图 8-32　基本温度检测电路

② **电流输出型**　电流输出型集成温度传感器的典型代表是 AD590 型温度传感器，这种传感器具有灵敏度高、体积小、反应快、测量精度高、稳定性好、校准方便、价格低廉、使用简单等优点。另外，电流输出可通过一个外加电阻很容易变为电压输出。

将 AD590 与一个 1kΩ 电阻串联，即得到基本温度检测电路，如图 8-33 所示。在 1kΩ 电阻上得到正比于热力学温度的电压输出，其灵敏度为 1mV/K。可见，利用这样一个简单的电路，很容易把传感器的电流输出转换为电压输出。

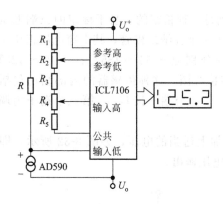

图 8-33　基本温度检测电路

近年来美国 DALLAS 半导体公司推出的数字式温度传感器 DS18B20，是 DS1820 的更新产品。通过它可直接读出被测温度，通过简单的编程实现 9～12 位的数字读数方式，并且从 DS18B20 读出的信息或写入 DS18B20 的信息仅需要一根口线（单线接口）读写。温度变换功率来源于数据总线，总线本身也可以向所挂接的 DS18B20 供电，而无需额外电源，因而使用 DS18B20 可使系统结构更趋简单、灵活，可靠性更高。

③ **集成温度传感器应用**

a. 摄氏和华氏数字温度计。AD590 是一个两端器件，只需要一个直流电压源，功率的需求比较低（1.5mW，5V）。其输出是高阻抗（710MΩ）电流，因而长线上的电阻对器件工作影响不大。适合长线传输，但要采用屏蔽线，防止干扰。

摄氏和华氏数字温度计主要由电流温度传感器 AD590、ICL7106 和显示器组成，如图 8-34 所示。

ICL7106 包括模/数转换器、时钟发生器、参考电压源、BCD 的七段译码和显示驱动器等，它与 AD590 和几个电阻及液晶显示器构成了一个数字温度计。而且能实现两种定标制的温度测量和显示。

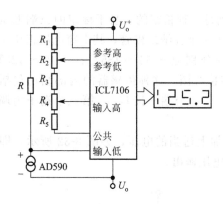

图 8-34　华氏和摄氏数字温度计电路

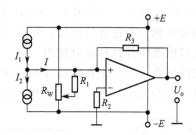

图 8-35　AD590 测温差

b. AD590 测量温差。利用两块 AD590，按图 8-35 可以组成温差测量电路。两块 AD590 分别处于两个被测点，其温度分别为 $T_1$、$T_2$，AD590 输出的相应电流分别为 $I_1$、$I_2$，若两块 AD590 有相同的标度因子 $K_t$，则

$$I = I_1 - I_2 = K_t(T_1 - T_2)$$

运放 A 的输出电压 $U_o$ 为

$$U_o = IR_3 = K_t R_3 (T_1 - T_2)$$

可见，只要 $K_t$ 一定，输出电压正比于两个被测点的温差。但在实际中感温器件的 $K_t$ 值总有差异，因此，在电路中引入电位器 $R_W$，通过隔离电阻 $R_1$ 注入一个校正电流 $\Delta I$，以获得平稳的零位误差。

## 例题分析

【例8-2】 有一米用 S 分度热电偶的测温系统，如下图 8-36 所示。当 $t = 1000℃$，$t_x = 40℃$，冷端温度补偿器的平衡温度为 20℃ 时，试问此温度显示表的机械零位应调在多少度上？当冷端温度补偿器的电源开路（失电）时，仪表指示为多少？电源极性接反时，仪表指示又为多少？

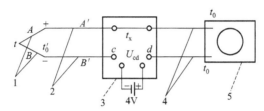

图 8-36 具有冷端温度补偿装置的热电偶测量线路
1—热电偶；2—补偿导线；3—补偿装置；4—连接导线；5—显示仪表

**解：**（1）热电偶冷端在 40℃，但由于冷端温度补偿器的作用，相当于冷端温度在 20℃，此时仪表的机械零位应调整到 20℃，仪表指示 $t = 1000℃$。

（2）当冷端温度补偿器电源开路而失去补偿作用时，仪表输入的电势为

$$E_t = E_1 + E_2 = E_s(1000, 40) + E_s(20, 0) = 9.465 (mV)$$

则得

$$t = 989℃$$

（3）当冷端温度补偿器电源接反时，它不但不补偿，还抵消了一部分热电势，即

$$E_t = E_1 - U_{cd} + E_2 = E_s(1000, 40) - E_s(40, 20) + E_s(20, 0) = 9.334 (mV)$$

$$t = 978℃$$

【例8-3】 现用一支镍铬-铜镍热电偶测某换热器内温度，其冷端温度为 30℃，而显示仪表机械零位为 0℃，这时指示值为 400℃，若认为换热器内的温度为 430℃，对不对？为什么？正确值为多少？

**解：**不对。

因为仪表机械零位在 0℃ 与冷端 30℃ 温度不一致，而仪表刻度是以冷端为 0℃ 刻度的，故此时指示值不是换热器真实温度 $t$。必须经过计算、查表、修正方可得到真实温度 $t$ 值。由题意首先查热电势表，得

$$E(400, 0) = 28.943mV, E(30, 0) = 1.801mV$$

实际热电势为实际温度 $t℃$ 与冷端 30℃ 产生的热电势，即

$$E(t, 30) = E(400, 0) = 28.943mV$$

而

$$E(t, 0) = E(t, 30) + E(30, 0) = 28.943 + 1.801mV = 30.744mV$$

查热电势表得 $t = 422℃$。

以上结果表明，不能用指示温度与冷端温度之和表示实际温度。而是通过计算热电势之

和，查表得到真实温度。

**【例 8-4】** 一支分度号为 Cu100 的热电阻，在 130℃时它的电阻 $R_t$ 是多少？要求精确计算和估算。

**解：** 应根据铜电阻体电阻-温度特性公式，精确计算如下：

$$R_t = R_0(1 + At + Bt^2 + Ct^3)$$

式中：$R_0$ 为 Cu100 铜电阻在 0℃时阻值，$R_0 = 100\Omega$；$A$、$B$、$C$ 为分度系数，其中 $A = 4.289 \times 10^{-3}/℃$，$B = -2.133 \times 10^{-7}/(℃)^2$，$C = 1.233 \times 10^{-9}/(℃)^3$。则

$$R_t = 100 \times (1 + 4.289 \times 10^{-3} \times 130 - 2.133 \times 10^{-7} \times 130^2 + 1.233 \times 10^{-9} \times 130^3) = 155.667\Omega$$

若近似计算，可根据 $R_t = R_0(1 + \alpha t)$，式中 $\alpha = 0.00425$，得

$$R_t = 100 \times (1 + 0.00425 \times 130) = 155.25\Omega$$

另一种近似计算法可以根据 $R_{100}/R_0 = 1.428$ 计算：

$$R_t = \frac{R_{100} - R_0}{100}t + R_0 = \frac{1.428R_0 - R_0}{100}t + R_0$$

$$= \frac{1.428 \times 100 - 100}{100} \times 130 + 100 = 155.64\Omega$$

从上面分析可看出，在仪表使用维护中，可用估算法在测得热电阻值情况下，近似算出温度或已知温度，粗略地判断相应的电阻值，从而可以分析判断仪表工作是否正常。

## 思考题与习题

8-1　热电偶的测温原理是什么？热电偶测温计由哪几部分组成？

8-2　什么叫热电效应？热电势由哪几部分组成？热电偶产生热电势的必要条件是什么？

8-3　热电偶测温时为什么要进行冷端温度补偿？其冷端温度补偿的方法有哪几种？

8-4　试述热电阻测温原理。常用热电阻的种类有哪些？$R_0$ 各为多少？

8-5　常用热电偶有哪几种？所配用的补偿导线是什么？选择补偿导线有什么要求？

8-6　热敏电阻测温有什么特点？热敏电阻可分为几种类型？

8-7　图 8-37 中两种电阻测温桥路有什么区别？其各自特点是什么？（图中：$R_t$ 为测温电阻；$R_L$ 为引线电缆电阻；$R$ 为桥臂固定电阻；$E$ 为桥路电源；$U$ 为桥路输出信号电压）。

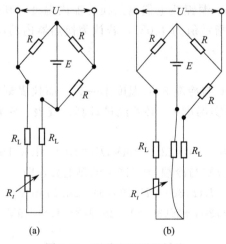

(a)　　　　(b)

图 8-37　两种电阻测温桥路

8-8 如图 8-38 所示热电偶回路，只将 B 一根丝插入冷筒中作为冷端，$t$ 为待测温度，问 C 这段导线应采用哪种导线（是 A、B 还是铜线）？说明原因。对 $t_1$ 和 $t_2$ 有什么要求？为什么？

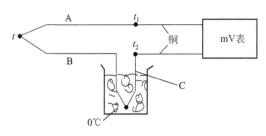

图 8-38 热电偶回路

8-9 某热电偶灵敏度为 0.04mV/℃，把它放在温度为 1200℃ 处，若以指示表处温度 50℃ 为冷端，试求热电势的大小。

8-10 某热电偶的热电势 $E(600, 0) = 5.257$mV，若冷端温度为 0℃，测某炉温输出热电势 $E = 5.267$mV，试求该加热炉实际温度 $t$。

8-11 已知铂电阻温度计 0℃ 时电阻为 100Ω，100℃ 时电阻为 139Ω，当它与热介质接触时，电阻值增至 281Ω，试确定该介质温度。

8-12 当某电偶高温接点为 1000℃，低温接点为 50℃，试计算在热电偶上产生的热电势，建设该热电偶在 1000℃ 时热电势为 $E_{1000} = 1.31$mV，50℃ 时热电势为 $E_{50} = 2.02$mV。

8-13 已知某负温度系数热敏电阻（NTC）的材料系数 $B$ 值为 2900K，若 0℃ 电阻值为 500kΩ，试求 100℃ 时电阻值。

# 第 9 章

## 磁敏传感器

由于电子技术的飞速发展，以半导体传感器为代表的各种固态传感器相继问世。这类传感器主要以半导体、电介质、铁电体等为敏感材料，在力、磁、热、光、射线、气体、湿度等因素作用下材料发生物理特性变化，通过检测其物理特性变化即可反映被测参数值。它与前述各种传感器相比，具有如下特点：

① 由于传感器原理是基于物性变化，因而没有相对运动部件，不存在磨损问题，可以做到结构简单，小型轻量；

② 感受外界信息灵敏，动态响应好，并且输出为电量；

③ 以半导体为敏感材料，容易实现传感器集成化、一体化、多功能化、图像化、智能化；

④ 功耗低，安全可靠。

但是，固态传感器存在以下问题：

① 因为固态传感器输出特性一般为非线性，所以线性范围较窄，在线性度要求高的场合需要进行线性化处理；

② 输出特性易受温度影响而产生漂移，所以需要采取温度补偿措施；

③ 过载能力差，性能参数离散性大。

固态传感器虽然存在上述问题，但是仍代表着目前传感器发展的方向。尤其是随着大规模集成电路技术不断发展，固态传感器的发展将使检测技术进入一个崭新阶段。

# 9.1 霍尔元件

磁敏传感器是基于磁电转换原理的传感器。虽然早在 1856 年和 1879 年就发现了霍尔效应和磁阻效应，但是实用的磁敏传感器却产生于半导体材料发现之后。20 世纪 60 年代初，西门子公司研制成第一个实用的磁敏元件；1966 年又出现了铁磁性薄膜磁阻元件；1968 年和 1971 年日本索尼公司相继研制出性能优良、灵敏度高的锗、硅磁敏二极管；1974 年美国韦冈德发明双稳态磁性元件。

### 9.1.1　霍尔元件原理、结构及特性

**（1）霍尔效应**

图 9-1 为霍尔效应原理图。在与磁场垂直的半导体薄片上通以电流 $I$，假设载流子为电子（N 型半导体材料），沿与电流 $I$ 相反的方向运动。由于洛伦兹力 $f_L$ 的作用，电子将向一侧偏转（如图中虚线箭头方向），并使该侧形成电子的积累。而另一侧形成正电荷积累，

于是元件的横向便形成了电场。该电场阻止电子继续向侧面偏移，当电子所受到的电场力 $f_E$ 与洛伦兹力 $f_L$ 相等时，电子的积累达到动态平衡。这时在两端面之间建立的电场称为霍尔电场 $E_H$，相应的电势称为霍尔电势 $U_H$。

在磁感应强度 $B$ 的磁场作用下，设电子以相同的速度 $v$ 按图示方向运动，并设正电荷所受洛伦兹力方向为正，则电子受到的洛伦兹力可用下式表示：

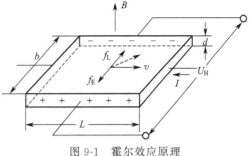

图 9-1　霍尔效应原理

$$f_L = -evB \tag{9-1}$$

式中，$e$ 为电子电量，C。

与此同时，霍尔电场作用于电子的力 $f_E$ 可表示为

$$f_E = (-e)(-E_H) = e\frac{U_H}{b} \tag{9-2}$$

式中，$b$ 为霍尔元件的宽度，m。其中 $-E_H$（V/m）指电场方向与所规定的正方向相反。

当达到动态平衡时，二力代数和为零，即 $f_L + f_E = 0$，于是得

$$vB = \frac{U_H}{b} \tag{9-3}$$

又因为

$$j = -nev$$

式中，$j$ 为电流密度，A/m$^2$；$n$ 为单位体积中的电子数，负号表示电子运动方向与电流方向相反。

于是电流强度 $I$ 可表示为

$$I = -nevbd$$
$$v = -I/(nebd) \tag{9-4}$$

式中，$d$ 为霍尔元件的厚度，m。

将式（9-4）代入式（9-3），得

$$U_H = -IB/(ned) \tag{9-5}$$

若霍尔元件采用 P 型半导体材料，则可推导出

$$U_H = IB/(ped) \tag{9-6}$$

式中，$p$ 为单位体积中空穴数。

由式（9-5）及式（9-6）可知，根据霍尔电势的正负可以判别材料的类型。

**（2）霍尔系数和灵敏度**

设 $R_H = 1/(ne)$，则式（9-5）可写成

$$U_H = -R_H IB/d \tag{9-7}$$

式中，$R_H$ 为霍尔系数，其大小反映出霍尔效应的强弱。

由电阻率公式 $\rho = 1/(ne\mu)$，得

$$R_H = \rho\mu \tag{9-8}$$

式中，$\rho$ 为材料的电阻率，$\Omega \cdot m$；$\mu$ 为载流子的迁移率，即单位电场作用下载流子的

运动速度，$m^2/(s \cdot V)$。

一般电子的迁移率大于空穴的迁移率，因此制作霍尔元件时多采用 N 型半导体材料。

若设

$$K_H = -R_H/d = -1/(ned) \qquad (9\text{-}9)$$

将上式代入式(9-7)，则有

$$U_H = K_H IB \qquad (9\text{-}10)$$

式中，$K_H$ 称为元件的灵敏度，它表示霍尔元件在单位磁感应强度和单位控制电流作用下霍尔电势的大小，其单位是 $[mV/(mA \cdot T)]$。

由式(9-9) 说明：

① 由于金属的电子浓度很高，所以它的霍尔系数或灵敏度都很小，因此不适合制作霍尔元件；

② 元件的厚度 $d$ 越小，灵敏度越高，因而制作霍尔片时可采取减小 $d$ 的方法增加灵敏度，但是不能认为 $d$ 越小越好，因为这会导致元件的输入和输出电阻增加。

还应指出的是，当磁感应强度 $B$ 和霍尔片平面法线 $n$ 成角度 $\theta$ 时，如图 9-2 所示，此时实际作用于霍尔片的有效磁场是其法线方向的分量，即 $B\cos\theta$，则其霍尔电势为

$$U_H = K_H IB\cos\theta \qquad (9\text{-}11)$$

由上式可知，当控制电流转向时，输出电势方向也随之变化；磁场方向改变时亦如此。但是若电流和磁场同时换向，则霍尔电势方向不变。

### (3) 材料及结构特点

霍尔片一般采用 N 型锗（Ge）、锑化铟（InSb）和砷化铟（InAs）等半导体材料制成。锑化铟元件的霍尔输出电势较大，但受温度的影响也大；锗元件的输出虽小，但它的温度性能和线性度却比较好；砷化铟与锑化铟元件比较，前者输出电势小，受温度影响小，线性度较好。因此，采用砷化铟材料作霍尔元件受到普遍重视。

霍尔元件的结构比较简单，它由霍尔片、引线和壳体组成，如图 9-3 所示。霍尔片是一块矩形半导体薄片。

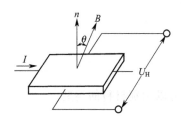

图 9-2　霍尔输出与磁场角度的关系

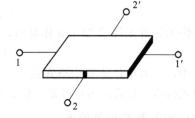

图 9-3　霍尔元件示意
1、1′—控制电流端引线；2、2′—霍尔电势输出端引线

在短边的两个端面上焊出两根控制电流端引线（见图 9-3 中 1、1′），在长边中点以点焊形式焊出两根霍尔电势输出端引线（见图 9-3 中 2、2′），焊点要求接触电阻小（即为欧姆接触）。霍尔片一般用非磁性金属、陶瓷或环氧树脂封装。

在电路中，霍尔元件常用如图 9-4 所示的符号表示。

霍尔元件型号命名法如图 9-5 所示。

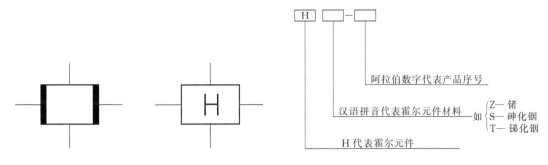

| 图 9-4 霍尔元件的符号 | 图 9-5 霍尔元件型号命名法 |

霍尔元件型号及参数如表 9-1 所示。

**表 9-1 霍尔元件型号及参数**

| 型号 \ 参数 | 额定控制电流 $I$/mA | 磁灵敏度 /[mV/(mA·T)] | 使用温度/℃ | 霍尔电势 温度系数/(1/℃) | 尺寸 /mm×mm×mm |
|---|---|---|---|---|---|
| HZ-1 | 18 | ≥1.2 | −20~45 | 0.04% | 8×4×0.2 |
| HZ-2 | 15 | ≥1.2 | −20~45 | 0.04% | 8×4×0.2 |
| HZ-3 | 22 | ≥1.2 | −20~45 | 0.04% | 8×4×0.2 |
| HZ-4 | 50 | ≥0.4 | −30~75 | 0.04% | 8×4×0.2 |

### (4) 基本电路形式

霍尔元件的基本测量电路如图 9-6 所示。控制电流由电源 $E$ 供给，$R$ 为调整电阻，以保证元件中得到所需要的控制电流。霍尔输出端接负载 $R_L$，$R_L$ 可以是一般电阻，也可以是放大器输入电阻或表头内阻等。

## 9.1.2 霍尔传感器的电磁特性及误差分析

### (1) 电磁特性

① $U_H$-$I$ 特性　当磁场恒定时，在一定温度下测定控

图 9-6 霍尔元件的基本电路

制电流 $I$ 与霍尔电势 $U_H$，可以得到良好的线性关系，如图 9-7 所示。其直线斜率称为控制电流灵敏度，以符号 $K_I$ 表示，可写成

$$K_I = (U_H/I)_{B=\text{const}} \tag{9-12}$$

由式(9-10)及式(9-12)还可得到

$$K_I = K_H B \tag{9-13}$$

由此可见，灵敏度 $K_H$ 大的元件，其控制电流灵敏度一般也很大。但是灵敏度大的元件，其霍尔电势输出并不一定大，这是因为霍尔电势的值与控制电流成正比的缘故。

由于建立霍尔电势所需的时间很短（约 $10^{-12}$s），因此控制电流采用交流时频率可以很高（例如几千兆赫兹），而且元件的噪声系数较小，如锑化铟的噪声系数约 7.66dB。

② $U_H$-$B$ 特性　当控制电流保持不变时，元件的开路霍尔输出随磁场的增加不完全呈线性关系。图 9-8 给出了这种偏离程度，从图中可以看出：锑化铟的霍尔输出对磁场的线性度不如锗。对锗而言，沿着（100）晶面切割的晶体其线性度优于沿着（111）晶面切割的晶体。

通常霍尔元件工作在 0.5T 以下时线性度较好。在使用中，若对线性度要求很高，可以采用 HZ-4，它的线性偏离一般不大于 0.2%。

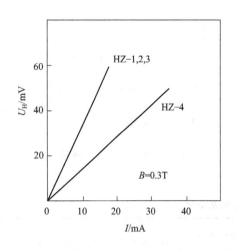

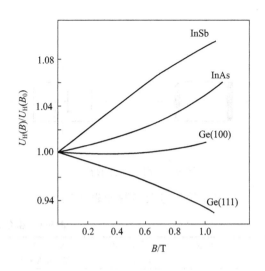

图 9-7　霍尔元件的 $U_H$-$I$ 特性曲线　　　　图 9-8　霍尔元件的 $U_H$-$B$ 特性曲线

**（2）误差分析及其补偿方法**

**① 元件几何尺寸及电极焊点的大小对性能的影响**　在霍尔电势的表达式中，通常将霍尔片的长度 $L$ 看作无限大。实际上，霍尔片具有一定的长宽比 $L/b$，存在着霍尔电场被控制电流极短路的影响，因此应在霍尔电势的表达式中增加一项与元件几何尺寸有关的系数。这样式（9-10）可写成如下形式：

$$U_H = K_H IB f_H(L/b) \tag{9-14}$$

式中，$f_H(L/b)$ 为元件的形状系数。

**② 不等位电势 $U_0$ 及其补偿**　不等位电势是产生零位误差的主要因素。由于制作霍尔元件时，不能保证将霍尔电极焊在同一等位面上，如图 9-9 所示，因此当控制电流 $I$ 流过元件时，即使磁感应强度等于零，在霍尔电势极上仍有电势存在，该电势称为不等位电势 $U_0$。在分析不等位电势时，可以把霍尔元件等效为一个电桥，如图 9-10 所示。电桥的四个桥臂电阻分别为 $r_1$、$r_2$、$r_3$ 和 $r_4$。若两个霍尔电势极在同一等位面上，此时 $r_1 = r_2 = r_3 = r_4$，则电桥平衡，输出电压 $U_0$ 等于零。当霍尔电极不在同一等位面上时（见图 9-9），因 $r_3$ 增大而 $r_4$ 减小，则电桥的平衡被破坏，使输出电压 $U_0$ 不等于零。

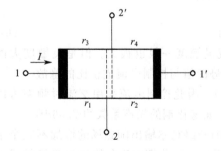

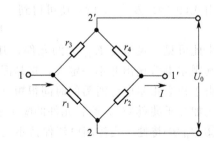

图 9-9　不等位电势示意　　　　　　　图 9-10　霍尔元件的等效电路

一般情况下，采用补偿网络进行补偿，如图 9-11 所示。

**③ 寄生直流电势**　由于霍尔元件的电极不可能做到完全的欧姆接触，在控制电流极和霍尔电极上均可能出现整流效应。因此，当元件在不加磁场的情况下通入交流控制电流时，

它的输出除了交流不等位电势外，还有一直流分量，这个直流分量被称为寄生直流电势。其大小与工作电流有关，随着工作电流的减小，直流电势将迅速减小。

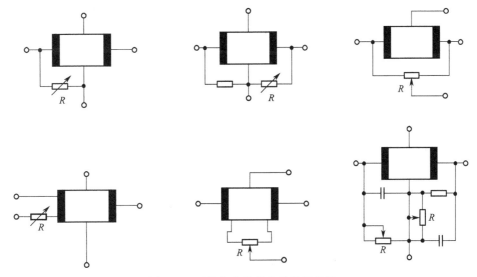

图 9-11　不等位电势的几种补偿线路

④ **感应电势**　霍尔元件在交变磁场中工作时，即使不加控制电流，由于霍尔电势的引线布局不合理，在输出回路中也会产生附加感应电势，其大小不仅正比于磁场的变化频率和磁感应强度的幅值，并且与霍尔电势极引线所构成的感应面积成正比，如图 9-12(a) 所示。

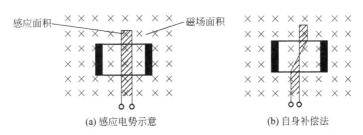

(a) 感应电势示意　　　　　　　(b) 自身补偿法

图 9-12　感应电势及其补偿

为了减小感应电势，除合理布线外，如图 9-12(b) 所示，还可以在磁路气隙中安置另一辅助霍尔元件。如果两个元件的特性相同，就可以起到显著的补偿效果。

⑤ **温度误差及其补偿**　霍尔元件与一般半导体器件一样，对温度变化十分敏感。这是由于半导体材料的电阻率、迁移率和载流子浓度等随温度变化的缘故。因此，霍尔元件的性能参数，如内阻、霍尔电势等均将随温度变化。图 9-13 是一种补偿线路，在控制电流极并联一个适当的补偿电阻 $r_0$，当温度升高时，霍尔元件的内阻迅速增加，使通过元件的电流减小，而通过 $r_0$ 的电流增加。利用元件内阻的温度特性和补偿电阻，可自动调节霍尔元件的电流大小，从而起到补偿作用。

### 9.1.3　集成霍尔传感器

集成霍尔传感器是将霍尔元件、放大器及调理电路等集成在一个芯片上，集成霍尔传感器主要由霍尔元件、放大器、触发器、电压调整电路、失调调整及线性度调整电路等几部分组成。目前市场主要有线性型和开关型两类。封装形式有三端 T 型单端输出（外形结构与晶体三极管相似）、八脚双列直插型双端输出等不同形式。

**（1）霍尔开关集成器件**

霍尔开关集成传感器内部结构如图 9-14 所示，由霍尔器件、放大器、施密特整形电路和输出电路组成。稳压电路可使传感器工作在较宽的电源电压范围，集电极开路输出可使传感器方便地与其他逻辑电路衔接。

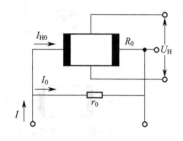

图 9-13　温度补偿线路

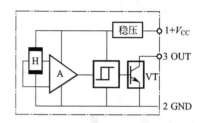

图 9-14　霍尔开关集成电路内部结构框图

当有磁场作用于传感器时，霍尔器件输出电压 $u_H$，经放大后送施密特整形电路，当放大后的电压大于阈值时，施密特电路翻转，输出高电平，从而导致半导体晶体管 VT 导通。

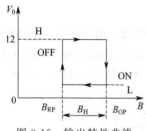

图 9-15　输出特性曲线

当磁场减弱时，霍尔器件输出电压减小，当放大后的电压小于施密特电路的阈值时，施密特电路又一次翻回原态，输出低电平，从而导致 VT 管截止。

霍尔传感器的输出特性（也称工作特性）如图 9-15 所示，其中，$B_{OP}$ 为工作点开启（即 VT 管导通）的磁感应强度，$B_{RP}$ 为工作点关闭（VT 管截止）的磁感应强度，$B_H$ 为磁滞宽度，可防噪声干扰和开关误动作。当外加磁感应强度高于 $B_{OP}$ 时，输出电平由高变低，传感器处于打开状态；当外加磁感应强度低于 $B_{RP}$ 时，输出电平由低变高，传感器处在关闭状态。

**（2）霍尔线性集成器件**

霍尔线性集成传感器的输出电压与外加磁场强度在一定范围内呈线性关系。它有单端输出和双端输出（也称差动输出）两种电路，内部结构框图如图 9-16 所示。图 9-16（b）中的 D 为差动输出电路，引脚 5、6、7 外接补偿电位器。美国 SPRAYGUN 公司生产的 UGN 系列霍尔线性集成器件为典型产品。UGN3501 系列线性霍尔传感器的磁场强度与输出电压的关系在 ±0.15T 磁场强度范围内，具有较好的线性度，超出该范围，输出电压饱和。

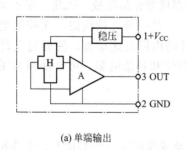

图 9-16　线性霍尔集成器件

### 9.1.4 霍尔传感器的应用

根据霍尔输出与控制电流和磁感应强度的乘积成正比的关系可知，霍尔元件的用途大致分为以下三类：保持元件的控制电流恒定，则元件的输出正比于磁感应强度，根据这种关系可用于测定恒定和交变磁场强度，如高斯计等；保持元件感受的磁感应强度不变，则元件的输出与控制电流成正比，这方面的应用有测量交、直流的电流表、电压表等；当元件的控制电流和磁感应强度均变化时，元件输出与两者乘积成正比，这方面的应用有乘法器、功率计等。

**（1）转速的测量**

利用霍尔元件的开关特性可以实现对转速的测量，如图 9-17 所示，将被测非磁性材料的旋转体上粘贴一对或多对永磁体，其中图 9-17（a）中永磁体粘在旋转体盘面上，图 9-17（b）中永磁体粘在旋转体盘侧。导磁体霍尔元件组成的测量头置于永磁体附近，当被测物以角 $\omega$ 旋转，每个永磁体通过测量头时，霍尔器件上即产生一个相应的脉冲，测量单位时间内的脉冲数目，便可推出被测物的旋转速度。

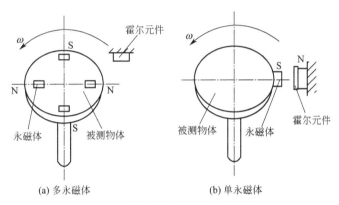

(a) 多永磁体　　　　　　(b) 单永磁体

图 9-17　霍尔式传感器转速测量原理

设旋转体上固定有 $n$ 个永磁体，则每采样时间 $t$(s) 内霍尔元件送入数字频率计的脉冲数为

$$N = \frac{\omega t}{2\pi} n \tag{9-15}$$

得转速为

$$\omega = \frac{2\pi N}{tn} \tag{9-16}$$

或

$$r = \frac{\omega}{2\pi} = \frac{N}{tn} \tag{9-17}$$

由上式可见，该方法测量转速时分辨力的大小由转盘上的小磁体的数目 $n$ 决定。基于上述原理可制作计程表等。

**（2）霍尔元件测压力、压差**

图 9-18 为霍尔压力传感器的结构原理示意图。霍尔式压力、压差传感器一般由两部分组成：一部分是弹性元件，用来感受压力，并把压力转换为位移量；另一部分是霍尔元件和磁路系统，通常把霍尔元件固定在弹性元件上，当弹性元件产生位移时，将带动霍尔元件在具有均匀梯度的磁场中移动，从而产生霍尔电势的变化，完成将压力（或压差）变换成电量

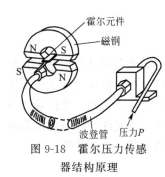

霍尔元件
磁钢
波登管
压力P

图 9-18 霍尔压力传感
器结构原理

的转换过程。

**（3）自动供水装置**

如图 9-19 所示。锅炉中的水由电磁阀控制流出与关闭。电磁阀的打开与关闭，则受控于控制电路。

打水时，需将铁制的取水卡从投放口投入，取水卡沿非磁性物质制作的滑槽向下滑行，当滑行到磁传感部位时，传感器输出信号经控制电路驱动电磁阀打开，让水从水龙头流出。

延时一定时间后，控制电路使电磁阀关闭，水流停止。

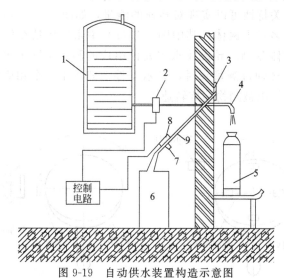

图 9-19 自动供水装置构造示意图

1—锅炉；2—电磁阀；3—投卡口；4—水龙头；5—水瓶；6—收卡箱；7—磁铁；8—磁传感器

自动供水装置的电路如图 9-20 所示。主要由磁传感器装置、单稳态电路、固态继电器、电源电路及电磁阀等组成。

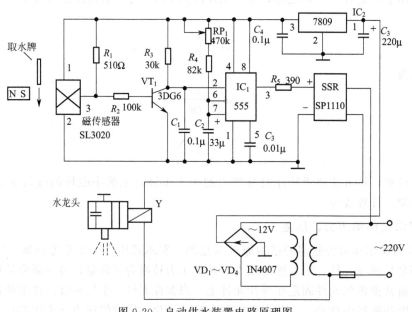

图 9-20 自动供水装置电路原理图

磁传感装置由磁铁及 SL3020 霍尔开关集成传感器构成。

当取水者投入铁制的取水牌时，铁制取水牌将磁铁的磁力线短路，SL3020 传感器受较强磁场的作用输出为高电平脉冲，电路输出使电磁阀 Y 通电工作自动开阀放水。

每次供水的时间长短，取决于 $C_2$、$R_4$、$R_{p1}$ 的充电时间常数。

# 9.2 磁敏电阻

## 9.2.1 磁阻效应

将一载流导体置于外磁场中，除了产生霍尔效应外，其电阻还会随磁场而变化，这是因为运动的载流子受到洛伦兹力的作用而发生偏转，载流子散射概率增大，迁移率下降，于是电阻增加。这种现象称为磁阻效应。磁阻效应是伴随霍尔效应同时发生的一种物理效应。磁敏电阻就是利用磁阻效应制成的一种磁敏元件。

当温度恒定时，在弱磁场范围内，磁阻与磁感应强度（$B$）的平方成正比。对于只有电子参与导电的最简单的情况，磁阻效应的表达式为

$$\rho_B = \rho_0(1 + 0.273\mu^2 B^2) \tag{9-18}$$

式中，$B$ 为磁感应强度；$\mu$ 为电子迁移率；$\rho_0$ 为零磁场下的电阻率；$\rho_B$ 为磁感应强度为 $B$ 时的电阻率。

设电阻率的变化为 $\Delta\rho = \rho_B - \rho_0$，则电阻率的相对变化为

$$\frac{\Delta\rho}{\rho_0} = 0.273\mu^2 B^2 = k(\mu B)^2 \tag{9-19}$$

由式（9-19）可知，磁场一定时，电子迁移率高的材料磁阻效应明显。InSb 和 InAs 等半导体的载流子迁移率都很高，适合制作磁敏电阻。

常用的磁敏电阻由锑化铟薄片组成，如图 9-21 所示。在图 9-21(a) 中，未加磁场时，输入电流从 $a$ 端流向 $b$ 端，内部的电子从 $b$ 电极流向 $a$ 电极，这时电阻值较小；在图 9-21(b) 中，当磁场垂直施加到锑化铟薄片上时，载流子（电子）受到洛伦兹力 $F_L$ 的影响，而向侧面偏移，电子所经过的路程比未受磁场影响时的路程长，从外电路来看，表现为电阻值增大。

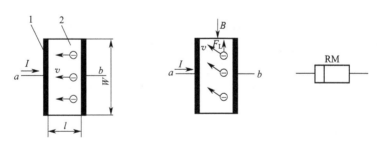

(a) 未受磁场影响时的电流分布　　(b) 受洛伦兹力时的电流分布　　(c) 电路符号

图 9-21　磁阻效应及磁敏电阻的电路符号

1—电极；2—InSb 薄片

## 9.2.2 结构形式

为了提高灵敏度，必须提高图 9-21(a) 中 $W/l$ 的比例，使电流偏移引起的电阻变化量增大。为此，可采用图 9-22 所示的结构形式。在锑化铟半导体薄片上通过光刻的方法形成

栅状的铟短路条，短路条之间等效为一个 $W/l$ 值很大的电阻，在输入、输出电极之间形成多个磁敏电阻的串联，既增加了磁阻元件的零磁场电阻率，又提高了灵敏度。

除栅格磁阻元件外，还有圆盘形的磁阻元件，其中心和边缘各有一个电极，如图 9-23（a）所示，这种圆盘形磁阻元件称为科比诺（Corbino）圆盘。图 9-23（b）中画出的是在磁场中电流的流动路径。因为圆盘形的磁阻最大，故大多数磁阻元件做成圆盘结构。

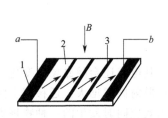

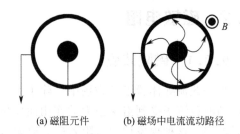

(a) 磁阻元件　　(b) 磁场中电流流动路径

图 9-22　栅状磁敏电阻——铟短路条栅状磁敏电阻　　　　图 9-23　圆盘形磁阻元件

1—电极；2—InSb 薄膜；3—In 短路条

### 9.2.3　应用实例

锑化铟（InSb）磁阻传感器在磁性油墨鉴伪点钞机中的应用。InSb 伪币检测传感器安装在光磁电伪币检测机上，其工作原理与输出特性如图 9-24 所示。

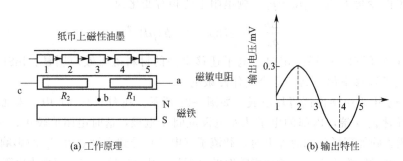

(a) 工作原理　　　　　　　　　　(b) 输出特性

图 9-24　InSb 伪币检测传感器工作原理与输出特性

当纸币上的磁性油墨没有进入位置 1 时，设输出变化为零，如果进入位置 1，由于电阻 $R_2$ 的增大，则输出变化为 0.3mV 左右；如果进入位置 3，则输出仍为 0；如果进入位置 4，则输出为 $-0.3$mV，如果进入位置 5，则输出仍为 0，如此产生输出特性，经过放大、比较、脉冲、显示，就能检测伪币，达到理想效果。其系统的结构如图 9-25 所示。

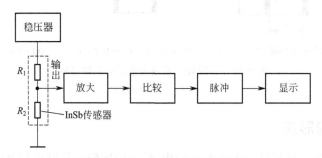

图 9-25　InSb 传感器电路工作原理

## 9.3 磁敏二极管和磁敏三极管

磁敏二极管、三极管是在霍尔元件和磁敏电阻之后发展起来的新型磁电转换元件，它们具有磁灵敏度高（磁灵敏度比霍尔元件高数百甚至数千倍）、能识别磁场的极性、体积小、电路简单等特点，因而在检测和控制等方面得到广泛应用。

**（1）磁敏二极管的工作原理和主要特性**

**① 磁敏二极管的工作原理** 现以我国研制的 2ACM-1A 为例，说明磁敏二极管的工作原理。

这种二极管的结构是 $P^+$-I-$N^+$ 型。在本征导电高纯度锗的两端，用合金法制成 P 区和 N 区，并在本征区（I 区）的一侧面上设置高复合 r 区，而 r 区相对的另一侧面保持为光滑的无复合表面，便构成了磁敏二极管的管芯，其结构和电路符号如图 9-26 所示。

磁敏二极管所具有的特性由其结构所决定。

如图 9-27(a) 所示，当没有外界磁场作用时，由于外加正偏压，大部分空穴通过 I 区进入 N 区，大部分电子通过 I 区进入 P 区，从而产生电流。只有很少的电子空穴在 I 区被复合掉。

如图 9-27(b) 所示，当受外界磁场 $H_+$ 作用时，电子和空穴受洛伦兹力作用向 r 区偏移。由于在 r 区电子和空穴复合速度很快，因此进入 r 区的电子和空穴很快被复合掉。在有外界磁场 $H_+$ 的情况下，载流子的复合率显然比没有磁场作用时要大得多，因而 I 区的载流子密度减小，电流减小，即电阻增加。于是加在 PI 结、NI 结上的电压则相应减少，

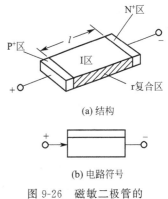

(a) 结构

(b) 电路符号

图 9-26 磁敏二极管的
结构和电路符号

结电压的减小又进而使载流子注入量减少，以致 I 区电阻进一步增加，直到某一稳定状态。

如图 9-27(c) 所示，当受到反向磁场 $H_-$ 作用时，电子和空穴向 r 区的对面偏移，即载流子在 I 区停留时间变长，复合减少，同时载流子继续注入 I 区，因此 I 区载流子密度增加，电流增大，即电阻减小。结果正向偏压分配在 I 区的压降减少，而加在 PI 结和 NI 结上的电压相应增加，进而促使更多的载流子注入 I 区，使 I 区电阻减小，即磁敏二极管电阻减小，直到进入某一稳定状态为止。

如果继续增加磁场，则不能忽略在 r 区对面的复合及其对电流的影响。由于载流子运动行程的偏移程度与洛伦兹力的大小有关，并且洛伦兹力又与电场及磁场的乘积成正比，因此外加电压越高，这些现象越明显。由上述可知，随着磁场大小和方向的变化，可以产生输出正负电压的变化。特别是在较弱的磁场作用下，可获得较大输出电压的变化。r 区和其他部分复合能力之差越大，那么磁敏二极管的灵敏度就越高。

磁敏二极管反向偏置时，仅流过很微小的电流，几乎与磁场无关。二极管两端电压不会因受到磁场作用而有任何变化。

**② 磁敏二极管的主要特性**

a. 伏安特性。在给定磁场情况下，锗磁敏二极管两端正向偏压和通过它的电流关系曲线如图 9-28 所示。

b. 磁电特性。在给定条件下，磁敏二极管的输出电压变化量与外加磁场的关系称为磁

敏二极管的磁电特性。

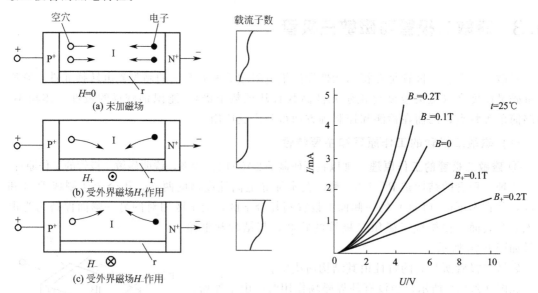

图 9-27　磁敏二极管的工作原理图　　　　图 9-28　磁敏二极管的伏安特性曲线

图 9-29 给出了磁敏二极管的磁电特性曲线。测试电路按图示连接，在弱磁场（$B =$ 0.1T 以下）时输出电压变化量与磁感应强度呈线性关系，随磁场的增加曲线趋向饱和。由图 9-29 还可以看出，其正向磁灵敏度大于反向磁灵敏度。

**（2）磁敏三极管工作原理和主要特性**

① **磁敏三极管的结构原理**　　NPN 型磁敏三极管是在弱 P 型近本征半导体上用合金法或扩散法形成三个结，即发射结、基极结、集电结。在长基区的侧面制成一个复合速度很高的复合区 r。长基区分为输运基区和复合基区。其结构及电路符号见图 9-30。

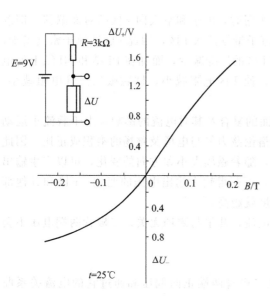

图 9-29　磁敏二极管的磁电特性曲线

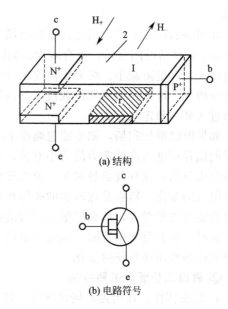

图 9-30　NPN 型磁敏三极管结构及电路符号
1—输运基区；2—复合基区

磁敏三极管的工作原理如图 9-31 所示。如图 9-31（a）所示，当不受磁场作用时，由于磁敏三极管基区宽度大于载流子有效扩散长度，因而注入的载流子除少部分输入集电结 c 外，大部分通过 e-i-b 形成基极电流。显而易见，基极电流大于集电极电流，所以电流放大系数 $\beta = I_c / I_b < 1$。如图 9-31（b）所示，当受到 $H_+$ 磁场作用时，由于洛伦兹力作用，载流子向发射结一侧偏转，从而使集电极电流明显下降。如图 9-31（c）所示，当受 $H_-$ 磁场作用时，载流子在洛伦兹力作用下，向集电结一侧偏转，使集电极电流增大。

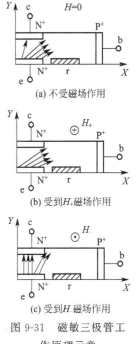

图 9-31 磁敏三极管工作原理示意

### ② 磁敏三极管的主要特性

a. 伏安特性。由图 9-32 可见，磁敏三极管的基极电流 $I_c$ 和电流放大系数均具有磁灵敏度，并且磁敏三极管电流放大倍数小于 1。

b. 磁电特性。磁电特性是磁敏三极管最重要的工作特性。3BCM（NPN 型）锗磁三极管的磁电特性曲线如图 9-33 所示。由图可见，在弱磁场作用时，曲线接近为直线。

### （3）磁敏管的应用

#### ① 漏磁探伤仪

由于磁敏管具有较高的磁灵敏度，所以磁敏管很适于检测微弱磁场的变化（可测量约为 0.1T 的弱磁场），如漏磁探伤仪、地磁探测仪等。

漏磁探伤仪的原理见图 9-34。在图 9-34（a）中，钢棒被磁化局部表面时，若没有缺陷存在，探头附近则没有泄漏磁通，因而探头没有信号输出。如果棒材有缺陷，如图 9-34（b）所示那么缺陷处的泄漏磁通将作用于探头上，使其产生信号输出。因而可根据信号的有无判定钢棒有无缺陷。

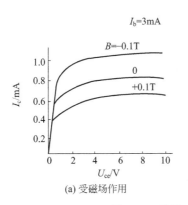

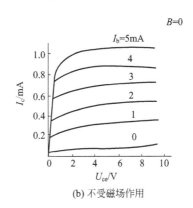

图 9-32 磁敏三极管伏安特性曲线

在探伤过程中，使钢棒不断转动，而探头和带铁芯的激励线圈沿钢棒轴向运动，这样就可以快速地对钢棒全部表面进行缺陷探测。

#### ② 无刷直流电机

利用磁敏二极管和可控硅组成的开关电路，可代替直流电机中的电刷和换向器，构成无刷直流电机。它的工作原理如图 9-35 所示，转子是永久磁铁，当转子旋转时，磁敏二极管就输出一信号电压用以控制开关电路，使定子线圈通以电流而产生磁场作用于转子，使转子转动，依次循环。其特点是无触点磨损、不产生火花，可靠性高。

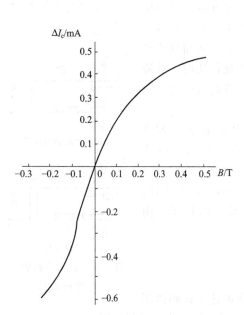

图 9-33　3BCM 磁敏三极管磁电特性

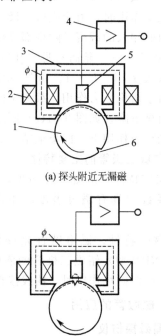

(a) 探头附近无漏磁

(b) 探头附近有漏磁

图 9-34　漏磁探伤仪原理

1—被探棒材；2—激励线圈；3—铁芯；
4—放大器；5—磁敏管探头；6—裂缝

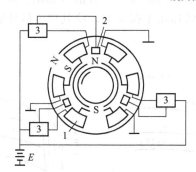

图 9-35　无刷直流电机原理图

1—定子线圈；2—磁敏二极管；3—开关电路；E—电源

## 例题分析

【**例 9-1**】　已知某霍尔元件尺寸为长 $L=10\text{mm}$，宽 $b=3.5\text{mm}$，厚 $d=1\text{mm}$。沿 $L$ 方向通以电流 $I=1.0\text{mA}$，在垂直于 $b\times d$ 两方向上加均匀磁场 $B=0.3\text{T}$，输出霍尔电势 $U_{\text{H}}=6.55\text{mV}$。问该霍尔元件的灵敏度系数 $K_{\text{H}}$ 和载流子浓度 $n$ 分别是多少？

**解**：根据霍尔元件输出电势表达式 $U_{\text{H}}=K_{\text{H}}IB$，得

$$K_{\text{H}}=\frac{U_{\text{H}}}{IB}=\frac{6.55}{1\times0.3}=21.8\text{mV}/(\text{mA}\cdot\text{T})$$

而灵敏度系数 $K_{\text{H}}=\dfrac{1}{ned}$，式中电荷电量 $e=1.602\times10^{-19}\text{C}$，故载流子浓度

$$n = \frac{1}{K_H ed} = \frac{1}{21.8 \times 1.602 \times 10^{-19} \times 1 \times 10^{-3}} = 2.86 \times 10^{20}/m^3$$

**【例 9-2】** 有一霍尔元件，其灵敏度 $S_H = 1.2\,mV/mA \cdot kGs$ 把它放在一个梯度为 $5kGs/mm$ 的磁场中，如果额定控制电流是 $20mA$，设霍尔元件在平衡点附近作 $\pm 0.01mm$ 摆动，问输出电压可达到多少毫伏？

**解**：霍尔元件的输出电势 $V_H = S_H \cdot I \cdot B$

$$\Delta V_H = S_H \cdot I \cdot \frac{dB}{dl} \cdot \Delta l = 1.2 \times 20 \times 5 \times (\pm 0.01) = \pm 1.2(mV)$$

## 思考题与习题

9-1  什么是霍尔效应？

9-2  制作霍尔元件应采用什么材料，为什么？如何确定霍尔元件尺寸？

9-3  霍尔元件不等位电势是如何产生的？减小不等位电势可以采用哪些方法？为了减小霍尔元件的温度误差可采用哪些补偿方法？

9-4  磁敏二极管与磁敏三极管的基本原理有何区别？

9-5  已知某霍尔元件的长度 $L = 8mm$，宽度 $b = 4mm$，厚度 $d = 0.2mm$，其灵敏度系数为 $1.2mV/(mA \cdot T)$，沿 $L$ 方向通过的工作电流 $I = 5mA$，在垂直于 $L$ 与 $b$ 的方向所加的均匀磁场 $B = 0.6T$。问：其输出的霍尔电势及载流子浓度分别为多大？

9-6  试说明图 9-36 所示的各种磁敏三极管温度补偿电路的工作原理，并指出其各自特点。

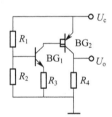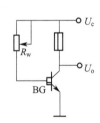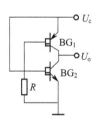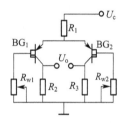

图 9-36  磁敏二极管温度补偿电路

# 第 ⑩ 章

# 光电传感器

## 10.1 光电效应

光电器件的物理基础是光电效应。光电效应通常分为外光电效应和内光电效应两大类。

**(1) 外光电效应**

在光线作用下，物体内的电子逸出物体表面，向外发射的现象称为外光电效应。基于外光电效应的光电器件有光电管、光电倍增管等。

我们知道，光子是具有能量的粒子，每个光子具有的能量由下式确定：

$$E = h\nu \tag{10-1}$$

式中，$h$ 为普朗克常量，$h = 6.626 \times 10^{-34} \mathrm{J \cdot s}$；$\nu$ 为光的频率（$\mathrm{s^{-1}}$）。

若物体中电子吸收的入射光子能量足以克服逸出功 $A_0$ 时，电子就逸出物体表面，产生光电子发射。故要使一个电子逸出，则光子能量 $h\nu$ 必须超过逸出功 $A_0$，超过部分的能量，表现为逸出电子的动能，即

$$h\nu = \frac{1}{2}mv_0^2 + A_0 \tag{10-2}$$

式中，$m$ 为电子质量，kg；$v_0$ 为电子逸出速度，m/s。

式(10-2) 即称爱因斯坦光电效应方程。

**(2) 内光电效应**

受光照的物体电导率发生变化，或产生光生电动势的效应叫内光电效应。内光电效应又可分为以下两类。

① 光电导效应。在光线作用下，电子吸收光子能量从键合状态过渡到自由状态，而引起材料电阻率的变化，这种现象称为光电导效应。基于这种效应的光电器件有光敏电阻。

要产生光电导效应，光子能量 $h\nu$ 必须大于半导体材料的禁带宽度 $E_g$（eV），由此入射光能导出光电导效应的临界波长 $\lambda_0$（nm）为

$$\lambda_0 \approx \frac{1\,239}{E_g} \tag{10-3}$$

② 光生伏特效应。在光线作用下能够使物体产生一定方向电动势的现象叫光生伏特效应。基于该效应的光电器件有光电池和光敏晶体管。

本节重点介绍基于半导体内光电效应的光电转换器件。

## 10.2　光敏电阻

光敏电阻又称光导管，是一种均质半导体光电器件。它具有灵敏度高、光谱响应范围宽、体积小、质量轻、力学强度高、耐冲击、耐振动、抗过载能力强和寿命长等特点。

**（1）光敏电阻的原理和结构**

当光照射到光电导体上时，若光电导体为本征半导体材料，而且光辐射能量又足够强，光导材料价带上的电子将被激发到导带上去，从而使导带的电子和价带的空穴增加，致使光导体的电导率变大。为实现能级的跃迁，入射光的能量必须大于光导材料的禁带宽度 $E_g$（eV），即

$$h\nu = \frac{hc}{\lambda} = \frac{1.24}{\lambda} \geqslant E_g \text{eV} \tag{10-4}$$

式中，$\nu$ 为入射光的频率；$\lambda$ 为入射光的波长，$\mu m$。

也就是说，一种光电导体，存在一个照射光的波长限 $\lambda_C$，只有波长小于 $\lambda_C$ 的光照射在光电导体上，才能产生电子在能级间的跃迁，从而使光电导体电导率增加。

光敏电阻的结构很简单，图 10-1(a) 为金属封装的硫化镉光敏电阻的结构图。管芯是一块安装在绝缘衬底上的带有两个欧姆接触电极的光电导体。光导体吸收光子而产生的光电效应，只限于光照的表面薄层。光敏电阻的电极一般采用梳状图案，见图 10-1(b)。它是在一定的掩模下向光电导薄膜上蒸镀金或铟等金属形成的。这种梳状电极，由于在间距很近的电极之间有可能采用大的灵敏面积，所以提高了光敏电阻的灵敏度。图 10-1(c) 所示为光敏电阻的代表符号。

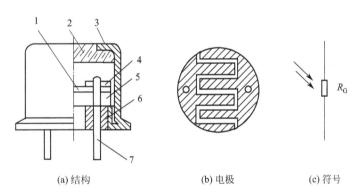

(a) 结构　　　　　　(b) 电极　　　　　(c) 符号

图 10-1　CdS 光敏电阻的结构和符号

1—光导层；2—玻璃窗口；3—金属外壳；4—电极；

5—陶瓷基座；6—黑色绝缘玻璃；7—电极引线

光敏电阻的灵敏度易受湿度的影响，因此要将光电导体严密封装在玻璃壳体中。

光敏电阻具有很高的灵敏度，光谱响应可从紫外区到红外区范围，而且体积小、质量轻、性能稳定、价格便宜，因此应用比较广泛。

**（2）光敏电阻的主要参数和基本特性**

① **暗电阻、亮电阻、光电阻**　光敏电阻在室温条件下，全暗后经过一定时间测量的电阻值，称为暗电阻。此时流过的电流，称为暗电流。

光敏电阻在某一光照下的阻值，称为该光照下的亮电阻。此时流过的电流称为亮电流。亮电流与暗电流之差，称为光电流。

光敏电阻的暗电阻越大而亮电阻越小，则性能越好。也就是说，暗电流要小，光电流要大，这样的光敏电阻灵敏度高。实际上，大多数光敏电阻的暗电阻往往超过 1MΩ，甚至高达 100MΩ，而亮电阻即使在正常白昼条件下也可降到 1kΩ 以下，可见光敏电阻的灵敏度是相当高的。

② **光照特性**　图 10-2(a) 表示 CdS 光敏电阻的光照特性。不同类型光敏电阻光照特性不同，但是光照特性曲线均呈非线性，因此它不宜作为测量元件，这是光敏电阻的不足之处。一般在自动控制系统中常做开关式光电信号传感元件。

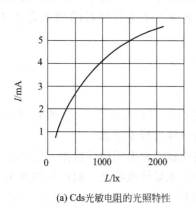

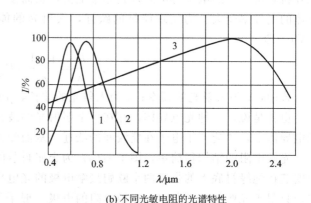

(a) Cds光敏电阻的光照特性　　　　　　　(b) 不同光敏电阻的光谱特性

图 10-2　光敏电阻的基本特性曲线
1—硫化镉；2—硒化镉；3—硫化铅

③ **光谱特性**　光谱特性与光敏电阻的材料有关。图 10-2(b) 为硫化镉、硒化镉、硫化铅三种光敏电阻的光谱特性。从图中可知，硫化铅光敏电阻在较宽的光谱范围内均有较高的灵敏度。光敏电阻的光谱分布，不仅与材料的性质有关，而且与制造工艺有关。例如，硫化镉光敏电阻随着掺铜浓度的增加，光谱峰值由 $0.5\mu m$ 移到 $0.64\mu m$；硫化铅光敏电阻随薄层的厚度减小，光谱峰值位置向短波方向移动。

**(3) 光敏电阻与负载的匹配**

每一种光敏电阻都有允许的最大耗散功率 $P_{max}$。如果超过这一数值，则光敏电阻容易损坏。因此，光敏电阻工作在任何照度下都必须满足

$$IU \leqslant P_{max} \text{ 或 } I \leqslant \frac{P_{max}}{U} \tag{10-5}$$

式中，$I$ 和 $U$ 分别为通过光敏电阻的电流和它两端的电压。因 $P_{max}$ 数值一定，满足式 (10-5) 的图形为双曲线。图 10-3(b) $P_{max}$ 双曲线左下部分为允许的工作区域。

由光敏电阻测量电路，见图 10-3(a)，得电流为

$$I = \frac{E}{R_L + R_G} \tag{10-6}$$

式中，$R_L$ 为负载电阻，Ω；$R_G$ 为光敏电阻，Ω；$E$ 为电源电压，V。

图 10-3(b) 中绘出光敏电阻的负载线 $NBQA$ 及伏安特性 $OB$、$OQ$、$QA$，它们分别对应的照度为 $L'$、$L_Q$、$L''$。设光敏电阻工作在 $L_Q$ 照度下，当照度变化时，工作点 $Q$ 将变至

$A$ 或 $B$，它的电流和电压均改变。设照度变化时，光敏电阻值的变化为 $\Delta R_G$，则此时电流为

$$I + \Delta I = \frac{E}{R_L + R_G + \Delta R_G} \tag{10-7}$$

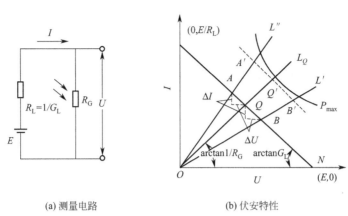

(a) 测量电路　　　(b) 伏安特性

图 10-3　光敏电阻的测量电路及伏安特性

由以上两式可解得信号电流为

$$\Delta I = \frac{E}{R_L + R_G + \Delta R_G} - \frac{E}{R_L + R_G} \approx \frac{-E \Delta R_G}{(R_L + R_G)^2} \tag{10-8}$$

式(10-8) 中负号所表示的物理意义是，当照度增加时，光敏电阻的阻值减小，即 $\Delta R_G < 0$，而信号电流却增加，即 $\Delta I > 0$。

当电流为 $I$ 时，由图 10-3(a) 可求得输出电压为

$$U = E - I R_L$$

电流为 $I + \Delta I$ 时，其输出电压则为

$$U + \Delta U = E - (I + \Delta I) R_L$$

由以上两式解得信号电压为

$$\Delta U = -\Delta I R_L = \frac{E \Delta R_G}{(R_L + R_G)^2} R_L \tag{10-9}$$

光敏电阻的 $R_G$ 和 $\Delta R_G$ 可由实验或伏安特性曲线求得。由式(10-8) 和式(10-9) 可以看出，在照度的变化相同时，$\Delta R_G$ 越大，其输出信号电流 $\Delta I$ 及信号电压 $\Delta U$ 也越大。

已知光敏电阻的 $R_G$ 和 $\Delta R_G$ 及电源电压 $E$，则选择最佳的负载电阻 $R_L$ 有可能获得最大的信号电压 $\Delta U$，这不难由式(10-9) 求得。

令

$$\frac{\partial (\Delta U)}{\partial R_L} = \frac{\partial}{\partial R_L} \left[ \frac{E \Delta R_G R_L}{(R_L + R_G)^2} \right] = 0$$

解得

$$R_L = R_G$$

即负载电阻 $R_L$ 与光电阻 $R_G$ 相等时，可获得最大的信号电压。

当在较高频率下工作时，除选用高频响应好的光敏电阻外，负载 $R_L$ 应取较小值，否则时间常数较大，对高频影响不利。

# 10.3 光电池

光电池是利用光生伏特效应把光直接转变成电能的器件。由于它广泛用于将太阳能直接转变为电能，因此又被称为太阳电池。通常，在光电池（或太阳电池）名称之前冠上半导体材料的名称以示区别，例如，硒光电池、砷化镓光电池、硅光电池等。目前，应用最广、最有发展前途的是硅光电池。硅光电池价格便宜，光电转换效率高，寿命长，比较适于接收红外光。硒光电池虽然光电转换效率低（只有 $0.02\%$），寿命短，但出现得最早，制造工艺较成熟，适于接收可见光（响应峰值波长 $0.56\mu m$），所以仍是制造照度计量适宜的元件。

**（1）光电池的结构原理**

常用的硅光电池的结构如图 10-4 所示。制造方法是，在电阻率为 $0.1\sim1\Omega\cdot cm$ 的 N 型硅片上，扩散硼形成 P 型层，然后分别用电极引线把 P 型和 N 型层引出，形成正、负电极。如果两电极间接上负载电阻 $R_L$，则受光照后会有电流流过。为了提高效率，防止表面反射光，器件的受光面上要进行氧化，以形成 $SiO_2$ 保护膜。此外，向 P 型硅单晶片扩散 N 型杂质，也可以制成硅光电池。

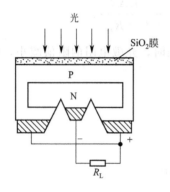

图 10-4  硅光电池构造示意

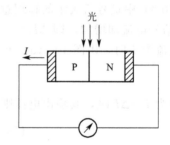

图 10-5  光电池工作原理

光电池工作原理如图 10-5 所示，当 N 型半导体和 P 型半导体结合在一起构成一块晶体时，由于热运动，N 区中的电子向 P 区扩散，而 P 区中的空穴则向 N 区扩散，结果在 N 区靠近交界处聚集起较多的空穴，而在 P 区靠近交界处聚集起较多的电子，于是在过渡区形成了一个电场。电场的方向由 N 区指向 P 区。这个电场阻止电子进一步由 N 区向 P 区扩散，同时阻止空穴进一步由 P 区向 N 区扩散。但它却能推动 N 区中的空穴（少数载流子）和 P 区中的电子（也是少数载流子）分别向对方区域运动。

当光照到 PN 结区时，如果光子能量足够大，将在结区附近激发出电子—空穴对。在 PN 结电场的作用下，N 区的光生空穴被拉向 P 区，P 区的光生电子被拉向 N 区，结果，在 N 区聚积了负电荷，P 区聚积了正电荷，这样，N 区和 P 区之间出现了电位差。若将 PN 结两端用导线连起来，电路中就有电流流过，电流的方向由 P 区流经外电路至 N 区。若将外电路断开，可以测出光生电动势。

光电池的表示符号、基本电路及等效电路如图 10-6 所示。

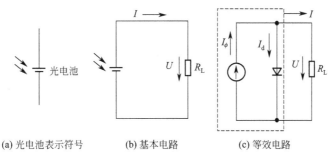

| (a) 光电池表示符号 | (b) 基本电路 | (c) 等效电路 |

图 10-6　光电池符号及其电路

**（2）基本特性**

① **光照特性**　图 10-7（a）、（b）分别表示硅光电池和硒光电池的光照特性，即光生电动势和光电流与照度的关系。由图可看出，光电池的电动势，即开路电压 $U_{oc}$ 与照度 $L$ 为非线性关系，当照度为 2000lx 时便趋向饱和。光电池的短路电流 $I_{sc}$ 与照度呈线性关系，而且受光面积越大，短路电流也越大。所以当光电池作为测量元件时应取短路电流的形式。

所谓光电池的短路电流，是指外接负载相对于光电池内阻而言是很小的。光电池在不同照度下，其内阻也不同，因而应选取适当的外接负载近似地满足"短路"条件。图 10-7（c）表示硒光电池在不同负载电阻时的光照特性，从图中可以看出，负载电阻 $R_L$ 越小，光电流与强度的线性关系越好，且线性范围越宽。

② **光谱特性**　光电池的光谱特性取决于材料，图 10-7（d）为硒和硅光电池的光谱特性。从图中可看出，硒光电池在可见光谱范围内有较高的灵敏度，峰值波长在 $0.54\mu m$ 附近，适于测可见光。硅光电池应用的光谱范围为 $0.4\sim1.1\mu m$，峰值波长在 $0.85\mu m$ 附近，因此硅光电池可以在很宽的范围内应用。

实际使用中可以根据光源性质选择光电池，反之，也可根据现有的光电池选择光源。

③ **频率响应**　光电池作为测量、计算、接收元件时常用来调制光输入。光电池的频率响应是指输出电流随调制光频率变化的关系。图 10-7（e）为光电池的频率响应曲线。由图可知，硅光电池具有较高的频率响应，而硒光电池则较差。因此，在高速计算器中一般采用硅光电池。

④ **温度特性**　光电池的温度特性是指开路电压和短路电流随温度变化的关系。由于关系到应用光电池仪器设备的温度漂移，影响到测量精度和控制精度等重要指标，因此，温度特性是光电池的重要特性之一。

图 10-7（f）为硅光电池在 1000lx 照度下的温度特性曲线。从图中可以看出，开路电压随温度上升而下降很快，当温度上升 1℃时，开路电压约降低 3mV。但短路电流随温度的变化却是缓慢的，例如温度上升 1℃时，短路电流只增加 $2\times10^{-6}A$。

由于温度对光电池的工作有很大影响，因此当光电池作为测量元件使用时，最好能保证温度恒定，或采取温度补偿措施。

**（3）光电池的转换效率及最佳负载匹配**

光电池的最大输出电功率和输入光功率的比值，称为光电池的转换效率。

在有一定负载电阻的情况下，光电池的输出电压 $U$ 与输出电流 $I$ 的乘积，即为光电池输出功率，记为 $P$，其表达式为

$$P=IU$$

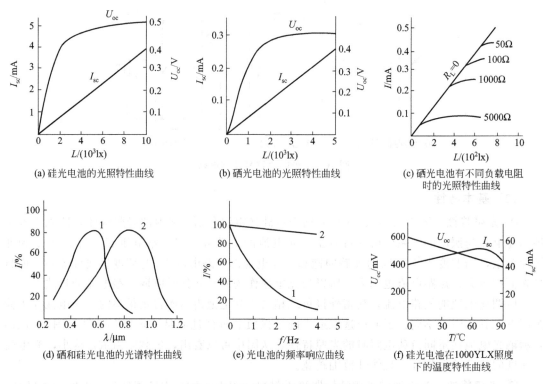

(a) 硅光电池的光照特性曲线

(b) 硒光电池的光照特性曲线

(c) 硒光电池有不同负载电阻时的光照特性曲线

(d) 硒和硅光电池的光谱特性曲线

(e) 光电池的频率响应曲线

(f) 硅光电池在1000YLX照度下的温度特性曲线

图 10-7　光电池的基本特性曲线

1—硒光电池；2—硅光电池

在一定的辐射照度下，当负载电阻 $R_L$ 由无穷大变到零时，输出电压的值将从开路电压值变到零，而输出电流将从零增大到短路电流值。显然，只有在某一负载电阻 $R_j$ 存在的情况下，才能得到最大的输出功率 $P_j(P_j = I_j U_j)$。$R_j$ 称为光电池在一定辐射照度下的最佳负载电阻。同一光电池的 $R_j$ 值随辐射照度的增强而稍微减少。

$P_j$ 与入射光功率的比值，即为光电池的转换效率 $\eta$。硅光电池转换效率的理论值，最大可达 24%，而实际上只达到 10%～15%。

可以利用光电池的输出特性曲线直观地表示出输出功率值。在图 10-8 中，通过原点、斜率为 $\tan\theta = I_H/U_H = 1/R_L$ 的直线，就是未加偏压的光电池的负载线。此负载线与某一照度下的伏安特性曲线交于 $P_H$ 点。$P_H$ 点在 $I$ 轴和 $U$ 轴上的投影即分别为负载电阻为 $R_L$ 时的输出电流 $I_H$ 和输出电压 $U_H$。此时，输出功率等于矩形 $OI_H P_H U_H$ 的面积。

为了求取某一照度下最佳负载电阻，可以分别从该照度下的电压—电流特性曲线与两坐标轴交点（$U_{oc}$，$I_{sc}$）作该特性曲线的切线，两切线交于 $P_m$ 点，连接 $P_m$、$O$ 点的直线即为负载线。此负载线所确定的阻值（$R_j = 1/\tan\theta'$）即为取得最大功率的最佳负载电阻 $R_j$。上述负载线与特性曲线交点 $P_j$ 在两坐标轴上的投影 $U_j$、$I_j$ 分别为相应的输出电压和电流值。图 10-8 中画阴影线部分的面积等于最大输出功率值。

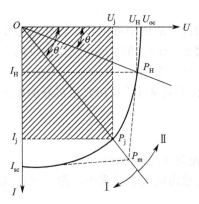

图 10-8　光电池的伏安特性及负载线

由图 10-8 可看出，$R_j$ 负载线把电压—电流特性曲线分成Ⅰ、Ⅱ两部分，在第Ⅰ部分中，$R_L < R_j$，负载变化将引起输出电压大幅度变化，而输出电流变化却很小；在第Ⅱ部分中，$R_L > R_j$，负载变化将引起输出电流大幅度的变化，而输出电压却几乎不变。

应该指出，光电池的最佳负载电阻是随入射光照度的增大而减小的，由于在不同照度下的电压—电流曲线不同，对应的最佳负载线也不同。因此每个光电池的最佳负载线不是一条，而是一簇。

# 10.4  光敏二极管和光敏三极管

### （1）光敏管的结构和工作原理

光敏二极管是一种 PN 结单向导电性的结型光电器件，与一般半导体二极管类似，其 PN 结装在管的顶部，以便接受光照，上面有一个透镜制成的窗口，可使光线集中在敏感面上。光敏二极管在电路中通常工作在反向偏压状态。其工作原理和电路见图 10-9。

如图 10-9(a) 所示，在无光照时，处于反偏的光敏二极管，工作在截止状态，这时只有少数载流子在反向偏压的作用下，渡越阻挡层，形成微小的反向电流即暗电流。

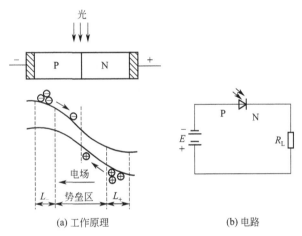

(a) 工作原理　　　　　　　(b) 电路

图 10-9　光敏二极管工作原理和电路

当光敏二极管受到光照时，PN 结附近受光子轰击，吸收其能量而产生电子—空穴对，从而使 P 区和 N 区的少数载流子浓度大大增加。因此在外加反偏电压和内电场的作用下，P 区少数载流子渡越阻挡层进入 N 区，N 区的少数载流子渡越阻挡层进入 P 区，从而使通过 PN 结的反向电流大为增加，形成了光电流。

光敏三极管与光敏二极管的结构相似，内部有两个 PN 结。与一般三极管不同的是它发射极一边做得很小，以扩大光照面积。

当基极开路时，基极—集电极处于反偏状态。当光照射到 PN 结附近时，PN 结附近产生电子—空穴对，它们在内电场作用下定向运动，形成增大了的反向电流，即光电流。由于光照射—集电极产生的光电流相当于一般三极管的基极电流，因此集电极电流被放大了 $\beta + 1$ 倍，从而使光敏三极管具有比光敏二极管更高的灵敏度。

锗光敏三极管由于暗电流较大，为使光电流与暗电流之比增大，常在发射极、基极之间接一电阻（约 5kΩ）。而硅平面光敏三极管，由于暗电流很小（小于 $10^{-9}$A），一般不备有基极外接引线，仅有发射极、集电极两根引线。光敏三极管原理、电路和符号见图 10-10。

**（2）光敏管的基本特性**

① **光谱特性**　在照度一定时，输出的光电流（或相对光谱灵敏度）随光波波长的变化而变化，这就是光敏管的光谱特性。

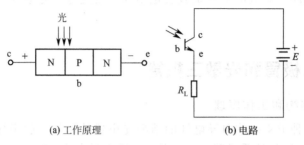

(a) 工作原理　　　　(b) 电路

图 10-10　光敏三极管工作原理及电路

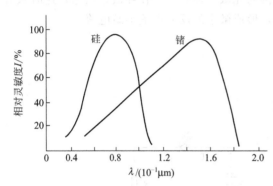

图 10-11　硅和锗光敏二（三）极管的光谱曲线

如果照射在光敏二（三）极管上的是波长一定的单色光，若具有相同的入射功率（或光子流密度），则输出的光电流会随波长而变化。对于用一定材料和工艺做成的光敏管，必须对应一定波长范围（即光谱）的入射光才会响应，这就是光敏管的光谱响应。图 10-11 所示为硅和锗光敏二（三）极管的光谱线。由图可见，硅光敏二（三）极管的响应光谱的长波限为 $1.1\mu m$，锗为 $1.8\mu m$，而短波限一般在 $0.4\sim0.5\mu m$ 附近。

两类材料的光敏二（三）极管的光谱响应峰值所对应的波长各不相同。以硅为材料的为 $0.8\sim0.9\mu m$，以锗为材料的为 $1.4\sim$ $1.5\mu m$，都是近红外光。

② **伏安特性**　图 10-12 所示为硅光敏二（三）极管在不同照度下的伏安特性曲线。由图可见，光敏三极管的光电流比相同管型二极管的光电流大上百倍。此外，从曲线还可以看出，在零偏压时，二极管仍有光电流输出，而三极管则没有，这是由于光电二极管存在光生伏特效应的缘故。

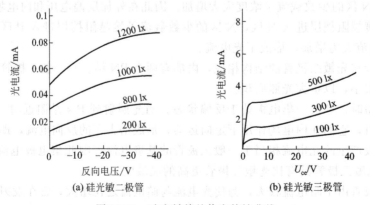

(a) 硅光敏二极管　　　　(b) 硅光敏三极管

图 10-12　硅光敏管的伏安特性曲线

③ **光照特性** 图 10-13 所示为硅光敏二（三）极管的光照特性曲线。由图中可以看出，光敏二极管的光照特性曲线的线性较好，而三极管在照度较小（弱光）时，光电流随照度增加得较小，并且在大电流（光照度为几千勒克斯）时有饱和现象（图中未画出），这是由于三极管的电流放大倍数在小电流和大电流时都要下降的缘故。

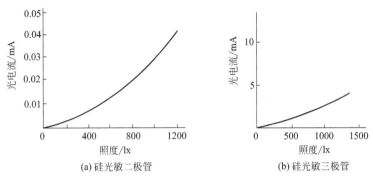

(a) 硅光敏二极管　　(b) 硅光敏三极管

图 10-13　硅光敏管的光照特性曲线

④ **频率响应**　光敏管的频率响应是指具有一定频率的调制光照射时，光敏管输出的光电流（或负载上的电压）随频率的变化关系。光敏管的频率响应与本身的物理结构、工作状态、负载以及入射光波长等因素有关。图 10-14 所示为硅光敏三极管的频率响应曲线。由曲线可知，减小负载电阻 $R_L$ 可以提高响应频率，但同时却使输出降低。因此在实际使用中，应根据频率选择最佳的负载电阻。

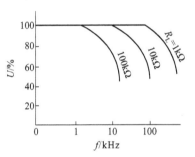

图 10-14　硅光敏三极管的频率响应曲线

光敏三极管的频率响应，通常比同类二极管差得多，这是由于载流子的形成距基极-集电极结的距离各不相同，因而各载流子到达集电极的时间也各不相同的原因。锗光敏三极管，其截止频率约为 3kHz，而对应的锗光敏二极管的截止频率为 50kHz。硅光敏三极管的响应频率要比锗光敏三极管高得多，其截止频率达 50kHz 左右。

⑤ **暗电流-温度特性**　图 10-15(a) 所示为锗和硅光敏管的暗电流-温度特性曲线。由图可见，硅光敏管的暗电流比锗光敏管的小得多（为锗的百分之一到千分之一）。

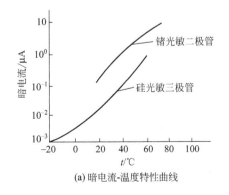
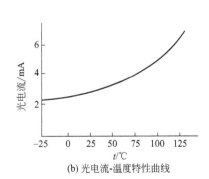

(a) 暗电流-温度特性曲线　　　　　　　(b) 光电流-温度特性曲线

图 10-15　光敏三极管的温度特性曲线

⑥ **光电流-温度特性** 图 10-15（b）所示为光敏三极管的光电流-温度特性曲线。在一定温度范围内，温度变化对光电流的影响较小，其光电流主要是由光照强度决定的。

**（3）光敏晶体管电路的分析方法**

光敏晶体管的原理和伏安特性与一般晶体管类似，其差别仅在于前者由光照度或光通量控制光电流，后者则由基极电流 $I_b$ 控制集电极电流。因此，其分析计算方法可仿照共射极晶体管放大器进行。

---

## 例题分析

**【例 10-1】** 光敏二极管 GC 的连接电路和伏安特性如图 10-16 所示。若光敏二极管上的照度发生变化 $L/\mathrm{lx}=100+100\sin\omega t$，为使光敏二极管上有 10V 的电压变化，求所需的负载电阻 $R_L$ 和电源电压 $E$，并绘出电流和电压的变化曲线。

**解**：与晶体管的图解法类似，找出照度为 200lx 这条伏安特性曲线上的弯曲处 $a$ 点，它在电压 $U$ 轴（$X$ 轴）上的投影 $c$ 点设为 2V。因为照度变至零时改变电压 10V，所以电源电压

$$E=2+10=12\mathrm{V}$$

在电压 $U$ 轴上找到 12V 的 $b$ 点。连接 $a$、$b$ 两点的直线即为所求负载线。从图上可得 $a$ 点的电流为 $10\mu\mathrm{A}$，所需负载电阻

$$R_L=\frac{1}{\tan\alpha}=\frac{\overline{bc}}{\overline{ac}}=\frac{12-2}{10\times10^{-6}}=10^6\,\Omega$$

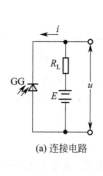

(a) 连接电路

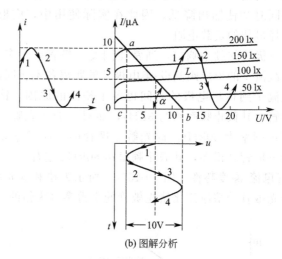

(b) 图解分析

图 10-16 光敏二极管的连接电路和图解分析

与晶体管放大器图解法类似，当照度变化时其电流和电压的波形如图 10-16（b）所示。如果光敏二极管特性的线性度较好，则电流和电压的交变分量亦作正弦变化。

从上述图解法可知，加大负载电阻 $R_L$ 和电源电压 $E$ 可使输出的电压变化加大。但 $R_L$ 增大使时间常数增大，响应速度降低，所以当照度的变化频率较高时，$R_L$ 的选取要同时权衡输出电压和响应速度。

**【例 10-2】** 用于继电器工作状态的光敏三极管 GG，如图 10-17(a) 所示，欲使晶体管 BG 工作于导通和截止两个状态，对它的基极电流亦即光敏三极管的输出电流有一定的要求。若忽略晶体管 BG 基极与发射极极间的压降，则得光敏三极管的电路如图 10-17(b) 所

示。求负载方程以及 $R_L$、$R_a$。

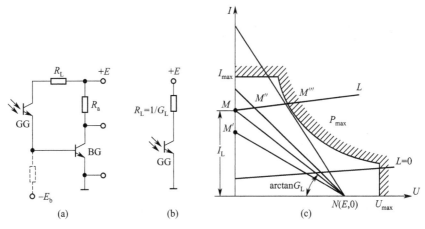

图 10-17　光敏三极管的连接电路和图解分析

**解**：设光敏三极管照亮时的照度为 $L$，它的两条简化伏安特性曲线（$L=0$ 和 $L=L$）示于图 10-17(c)（为了简单起见，特性曲线的上升部分与电流轴重合）。图中还绘出了所允许的最大耗散功率 $P_{max}$ 曲线、最大电流 $I_{max}$、最大电压 $U_{max}$。为了简化设备公用电源 $E$ 为已知。

负载线的方程为

$$U=E-IR_L=E-\frac{1}{G_L}I \tag{10-10}$$

图中绘出了不同 $G_L$ 的四条负载线 $NM'$、$NM$、$NM''$、$NM'''$，与它们对应的电导 $G_L'<G_L<G_L''<G_L'''$。从图上可看出，光照为 $L$ 时，为使光敏三极管的光电流增大，负载线应在 $NM$ 直线的右边，由于不允许超过它的最大耗散功率，又必须在 $NM'''$ 的左边。对应于负载线 $NM$ 的电阻和电导可按如下方法求出：将 $M$ 点的 $U=0$，$I=I_L$（照度 $L$ 时的 $M$ 点光电流），代入式(10-10) 可得

$$R_L=\frac{E}{I_L}\text{或}\,G_L=\frac{I_L}{E} \tag{10-11}$$

负载电导必须略大于 $G_L=\dfrac{I_L}{E}$。

知道光照时的电流 $I_L$ 即 $I_b$ 后，使晶体管 BG 饱和的电阻 $R_a$ 即可求出，即

$$R_a\geqslant\frac{E}{\beta I_L} \tag{10-12}$$

式中，$\beta$ 为晶体管 BG 的电流放大系数。

设图 10-17(a) 中的 $E=18\text{V}$，光敏三极管采用 3DU13，它在照度 1000lx 时的电流 $I_L=0.7\text{mA}$。晶体管 BG 采用 3DG6B，$\beta=30$。

根据式(10-11)

$$R_L=\frac{18}{0.7\times10^{-3}}=25.7\text{k}\Omega(\text{取 24k}\Omega)$$

根据式(10-12)

$$R_a\geqslant\frac{18}{30\times0.7\times10^{-3}}=860\Omega(\text{取 910}\Omega)$$

由于光敏三极管存在暗电流不能使晶体管 BG 完全截止，为此可在晶体管基极加反向偏

压$-E_b$ [如图(a) 中虚线表示]，当然照度为 $L$ 时，应保证晶体管饱和导通。

## 10.5　光电传感器的类型及应用

### (1) 光电传感器的类型

光电传感器可用于测量多种非电量，由于光通量对光电元件的作用原理不同，因而制成的光学装置是多种多样的，按其输出量性质可分为两类。

第一类光电传感器测量系统是把被测量转换成连续变化的光电流，它与被测量间呈单值对应关系。一般有下列几种情形。

① 光辐射源本身是被测物 [见图 10-18(a)]，被测物发出的光通量射向光电元件。这种形式的光电传感器可用于光电比色高温计中，它的光通量和光谱的强度分布是被测温度的函数。

② 恒光源是白炽灯（或其他任何光源）[见图 10-18(b)]，光通量穿过被测物，部分被吸收后到达光电元件上。吸收量取决于被测物介质中被测的参数。例如，测量液体和气体的透明度、混浊度的光电比色计。

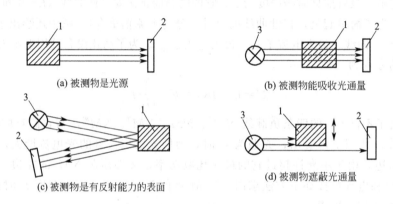

(a) 被测物是光源　　　　　　(b) 被测物能吸收光通量

(c) 被测物是有反射能力的表面　　(d) 被测物遮蔽光通量

图 10-18　光电元件的应用形式

1—被测物；2—光电元件；3—恒光源

光电比色计工作原理如图 10-19 所示。光束分为两束强度相等的光线，其中一路光线通过标准样品，另一路光线通过被分析的样品溶液，左右两路光程的终点分别装有两个相同的光电元件，例如光电池等。光电元件给出的电信号同时送给检测放大器，放大器后边接指示

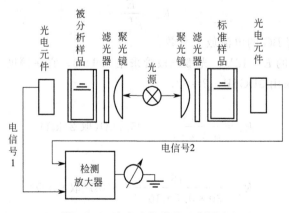

图 10-19　光电比色计的工作原理

仪表，指示值正比于被分析样品的某个指标，例如颜色、浓度或浊度等。

③ 恒光源发出的光通量到被测物［见图 10-18(c)］，再从被测物体表面反射后投射到光电元件上。被测体表面反射条件取决于表面性质或状态，因此光电元件的输出信号是被测非电量的函数。例如，测量表面光洁度、粗糙度等仪器中的传感器等。

④ 从恒光源发射到光电元件的光通量遇到被测物，被遮蔽了一部分［见图 10-18(d)］，由此改变了照射到光电元件上的光通量。在某些测量尺寸或振动等仪器中，常采用这种传感器。

第二类光电传感器测量系统是把被测量转换成断续变化的光电流，系统输出为开关量的电信号。属于这一类的传感器大多用在光电继电器式的检测装置中，如电子计算机的光电输入机及转速表的光电传感器等。

**（2）光电耦合器**

半导体光电耦合（或称光电隔离）器件是由半导体光敏器件和发光二极管或其他发光器件组成的一种新的器件，主要用来实现电信号的传递。在线路应用中，则是用光来实现级间耦合。工作时，把电信号加到输入端，使发光器件发光，光电耦合器中的光敏器件在这种光辐射的作用下输出光电流，从而实现电→光→电两次转换，通过光进行了输入端和输出端之间的耦合。

① **光电耦合器的结构**　光电耦合器的结构有金属密封型和塑料密封型两种。

金属密封型见图 10-20(a)，采用金属外壳和玻璃绝缘的结构。在其中部对接，采用环焊以保证发光二极管和光敏二极管对准，以此提高其灵敏度。

塑料密封型见图 10-20(b)，是采用双立直插式塑料封装的结构。管芯先装于管脚上，中间再用透明树脂固定，具有集光作用，故此种结构灵敏度较高。

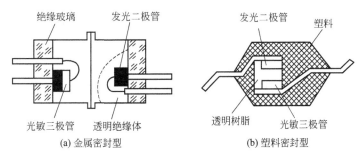

图 10-20　光电耦合器结构

② **砷化镓发光二极管**　光电耦合器中的发光元件采用了砷化镓发光二极管，是一种半导体发光器件，和普通二极管一样，管芯由一个 PN 结组成，也具有单向导电的特性。当给 PN 结加以正向电压后，空间电荷区势垒下降，引起载流子的注入，P 区的空穴注入 N 区，注入的电子和空穴相遇而产生复合，释放出能量。对于发光二极管来说，复合时放出的能量大部分以光的形式出现。此光为单色光，对于砷化镓发光二极管来说波长为 $0.94\mu m$ 左右。随正向电压的升高，正向电流增加，发光二极管产生的光通量亦增加，其最大值受发光二极管最大允许电流的限制。

③ **光电耦合器的组合形式**　光电耦合器的典型电路如图 10-21 所示。

与其他类型的发光器件相比，砷化镓发光二极管具有发光效率高、寿命长、可靠性高、频率响应快等特点。另外，它的发光波长和硅光敏管的峰值接收波长接近，提高了光电耦合器的传输效率。

光电耦合器的主要特点是：输入输出间绝缘，信号单向传递而无反馈影响，抗干扰能力强，响应速度快，工作稳定可靠。

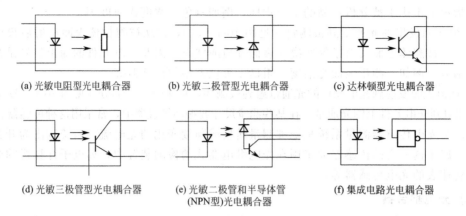

(a) 光敏电阻型光电耦合器  (b) 光敏二极管型光电耦合器  (c) 达林顿型光电耦合器

(d) 光敏三极管型光电耦合器  (e) 光敏二极管和半导体管  (f) 集成电路光电耦合器
　　　　　　　　　　　　　　　　(NPN型)光电耦合器

图 10-21　光电耦合器原理电路

### (3) 光电传感器应用

开关式光电传感器利用光电元件受光照或无光照时"有/无"电信号输出的特性，将被

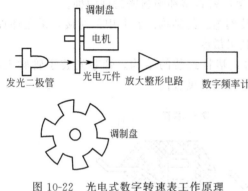

图 10-22　光电式数字转速表工作原理

测量转换成断续变化的开关信号。开关式光电传感器对光电元件灵敏度要求较高，而对光照特性的线性度要求不高。此类传感器主要应用于零件或产品的自动记数、光控开关、电子计算机的光电输入设备、光电编码器以及光电报警装置等方面。

① **光电式转速表**　图 10-22 所示为光电式数字转速表工作原理图。电动机转轴转动时，带动调制盘转动，发光二极管发出的恒定光被调制成随时间变化的调制光，透光与不透光交替出现，光敏管将间断地接收到透射光信号，

输出电脉冲。经放大整形电路转换成方波信号，由数字频率计测得电机的转速，送频率计进行计数，若频率计的计数频率为 $f$，则电机转速为

$$n = 60f/z \tag{10-13}$$

式中，$z$ 为调制盘齿数。

② **路灯光电自动开关**　图 10-23 所示为路灯自动控制器的线路。线路的主回路的相线由交流接触器 CJD-10 的三个常开触头并联以适应较大负荷的需要。接触器触头的通断由控制回路控制。

当天黑无光照射时，光电池 2CR 本身的电阻和 $R_1$、$R_2$ 组成分压器，使 $BG_1$ 基极电位为负，$BG_1$ 导通，经 $BG_2$，$BG_3$，$BG_4$ 构成多级直流放大，$BG_4$ 导通使继电器 J 动作，从而接通交流接触器，使常开触头闭合，路灯亮。当天亮时，硅光电池受光照射后，它产生 $0.2 \sim 0.5V$ 电动势，使 $BG_1$ 在正偏压后而截止，后面多级放大器不工作，$BG_4$ 截止，继电器 J 释放使回路触头断开，灯灭。调节 $R_1$ 可调整 $BG_1$ 的截止电压，以达到调节自动开关的灵敏度。

③ **光电式带材跑偏检测装置**　带材跑偏检测装置是用来检测带形材料在加工过程中偏离正确位置的大小与方向，从而为纠偏控制电路提供纠偏信号。例如，在冷轧带钢厂中，某些工艺采用连续生产方式，如连续酸洗、退火、镀锡等，带钢在上述运动过程中，很容易产生带材走偏。在其他很多工业部门的生产过程中也存在类似情况。带材走偏时，其边沿与传送机械发生接触摩擦，造成带材卷边、撕边或断裂，出现废品，同时也可能损坏传送机械。

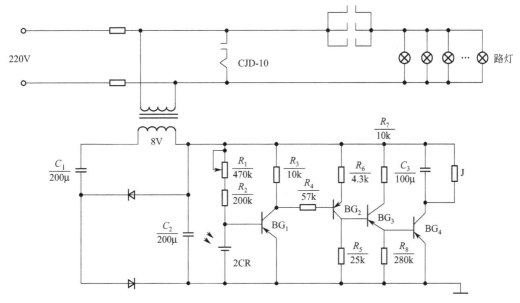

图 10-23　路灯自动控制器

因此，在生产过程中必须有带材跑偏纠正装置。光电带材跑偏装置由光电式边沿位置传感器、测量电桥和放大电路组成。

如图 10-24（a）所示，光电式边沿位置传感器的白炽灯 2 发出的光线经透镜 3 会聚为平行光线投射到透镜 4，由透镜 4 汇聚到光敏电阻 5（$R_1$）上。在平行光线透射的路径中，光线被带材遮挡一半，从而使光敏电阻接收到的光通量减少一半。如果带材发生了往左（或往右）偏跑，则光敏电阻接收到的光通量将增加（或减小）。图 10-24（b）为测量电路简图。$R_1$、$R_2$ 为同型号的光敏电阻，$R_1$ 作为测量元件安装在带材边沿的下方，$R_2$ 用遮光罩罩住，起温度补偿作用。当带材处于中间位置时，由 $R_1$、$R_2$、$R_3$、$R_4$ 组成的电桥平衡，放大器输出电压 $U_o$ 为零。当带材左偏时，遮光面积减小，光敏电阻 $R_1$ 的阻值随之减小，电桥失去平衡，放大器将这一不平衡电压加以放大，输出负值电压 $U_o$，反映出带材跑偏的大小与方向。反之，带材右偏，放大器输出正值电压 $U_o$。输出电压可以用显示器显示偏移方向与大小，同时可以供给执行机构，纠正带材跑偏的偏移量。$R_P$ 为微调电桥的平衡电阻。

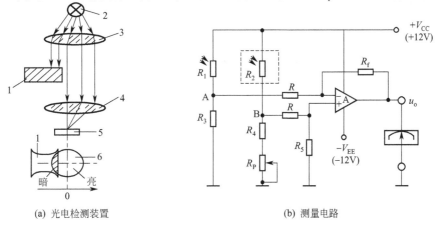

(a) 光电检测装置　　　　　　　　　(b) 测量电路

图 10-24　光电式边沿位置检测装置
1—被测带材；2—光源；3，4—光透镜；5—光敏电阻；6—遮光罩

# 10.6  光纤传感器

光纤传感器是 20 世纪 70 年代中期发展起来的一种新型传感器。它是光纤和光通信技术迅速发展的产物；它与以电为基础的传感器相比有本质的区别：首先，它用光而不用电来作为敏感信息的载体；其次，它用光纤而不用导线来作为传递敏感信息的媒质。因此，它同时具有光纤及光学测量的一些极其宝贵的特点。

① **电绝缘**。由于光纤本身是电介质，而且敏感元件也可用电介质材料制作，因此光纤传感器具有良好的电绝缘性，特别适用于高压供电系统及大容量电机的测试。

② **抗电磁干扰**。这是光纤测量及光纤传感器极其独特的性能特征，因此光纤传感器特别适用于高压大电流、强磁场噪声、强辐射等恶劣环境中，能解决许多传统传感器无法解决的问题。

③ **非侵入性**。由于传感头可做成电绝缘的，而且其直径可以做得极小（最小可做到只稍大于光纤的芯径），因此，它不仅对电磁场是非侵入式的，而且对速度场也是非侵入式的，故对被测场不产生干扰。这对于弱电磁场及小管道内流速、流量等的监测特别具有实用价值。

④ **高灵敏度**。高灵敏度是光学测量的优点之一。利用光作为信息载体的光纤传感器的灵敏度很高，它是某些精密测量与控制的必不可少的工具。

⑤ **容易实现对被测信号的远距离监控**。由于光纤的传输损耗很小（目前石英玻璃系光纤的最小光损耗可低至 0.16dB/km），因此光纤传感器技术与遥测技术相结合，很容易实现对被测场的远距离监控。这对于工业生产过程的自动控制以及对核辐射、易燃易爆气体和大气污染等进行监测尤为重要。

**(1) 光纤导光的基本原理**

光是一种电磁波，一般采用波动理论来分析导光的基本原理。一般地，在尺寸远大于波长而折射率变化缓慢的空间，可以用"光线"即几何光学的方法来分析光波的传播现象，这对于光纤中的多模光纤是完全适用的。为此，我们采用几何光学的方法进行分析。

① **斯涅耳定理 (Snell's Law)**  斯涅耳定理指出：当光由光密物质（折射率大）射出至光疏物质（折射率小）时；发生折射，见图 10-25(a)，其折射角大于入射角，即 $n_1 > n_2$ 时，$\theta_r > \theta_i$。

$n_1$，$n_2$，$\theta_r$，$\theta_i$ 之间的数学关系为

$$n_1 \sin\theta_i = n_2 \sin\theta_r \tag{10-14}$$

由式(10-14) 可以看出：入射角 $\theta_i$ 增大时，折射角 $\theta_r$ 也随之增大，且 $\theta_r$ 始终大于 $\theta_i$。当 $\theta_r = 90°$ 时，$\theta_i$ 仍小于 $90°$，此时，出射光线沿界面传播，如图 10-25(b) 所示，称为临界状态。这时有

$$\sin\theta_r = \sin 90° = 1$$
$$\sin\theta_{i_0} = n_2/n_1 \tag{10-15}$$
$$\theta_{i_0} = \arcsin(n_2/n_1) \tag{10-16}$$

式中，$\theta_{i_0}$ 为临界角。

$\theta_i > \theta_{i_0}$ 时，$\theta_r > 90°$，这时便发生全反射现象，如图 10-25(c) 所示，其出射光不再折射

而全部反射回来。

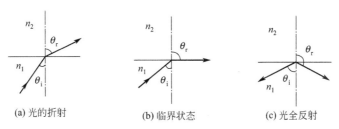

(a) 光的折射　　　　　(b) 临界状态　　　　　(c) 光全反射

图 10-25　光在不同物质分界面的传播

② **光纤结构**　要分析光纤导光原理，除了应用斯涅耳定理外还需结合光纤结构说明。光纤呈圆柱形，通常由玻璃纤维芯（纤芯）和玻璃包皮（包层）两个同心圆柱的双层结构组成，如图 10-26 所示。

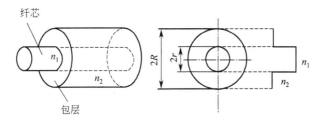

图 10-26　光纤结构及其折射率分布的剖面图

纤芯位于光纤的中心部位，光主要在这里传输。纤芯折射率 $n_1$ 比包层折射率 $n_2$ 稍大些，两层之间形成良好的光学界面。光线在这个界面上反射传播。

③ 光纤导光原理及数值孔径 $NA$　由图 10-27 可以看出：入射光线 $AB$ 与纤维轴线 $OO$ 相交角为 $\theta_i$，入射后折射（折射角为 $\theta_i$）至纤芯与包层界面 $C$ 点，与 $C$ 点界面法线 $DE$ 成 $\theta_k$ 角，并由界面折射至包层，$CK$ 与 $DE$ 夹角为 $\theta_r$。由图 10-27 可得出

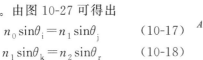

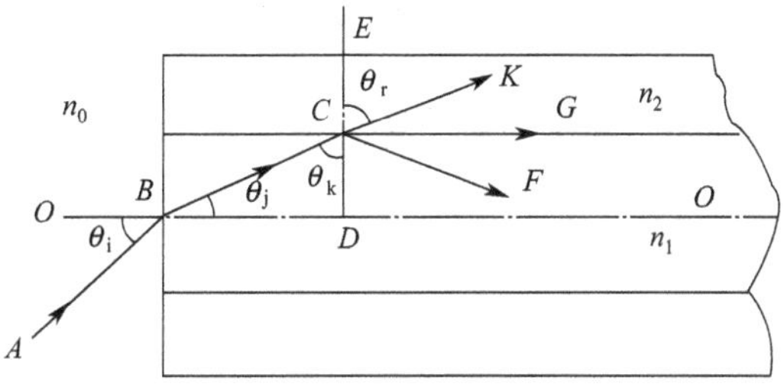

图 10-27　光纤导光示意

$$n_0\sin\theta_i=n_1\sin\theta_j \qquad (10-17)$$
$$n_1\sin\theta_k=n_2\sin\theta_r \qquad (10-18)$$

由式（10-17）可以推出

$$\sin\theta_i=(n_1/n_0)\sin\theta_j$$

因

$$\theta_j=90°-\theta_k$$

所以

$$\sin\theta_i=(n_1/n_0)\sin(90°-\theta_k)=\frac{n_1}{n_0}\cos\theta_k=\frac{n_1}{n_0}\sqrt{1-\sin^2\theta_k} \qquad (10-19)$$

由式（10-18）可推出 $\sin\theta_k=(n_2/n_1)\sin\theta_r$ 并代入式（10-19）得

$$\sin\theta_i=\frac{n_1}{n_0}\sqrt{1-\left(\frac{n_2}{n_1}\sin\theta_r\right)^2}=\frac{1}{n_0}\sqrt{n_1^2-n_2^2\sin^2\theta_r} \qquad (10-20)$$

式（10-20）中 $n_0$ 为入射光线 $AB$ 所在空间的折射率，一般为空气，故 $n_0\approx1$；$n_1$ 为纤芯折射率。$n_2$ 为包层折射率。当 $n_0=1$，由式（10-20）得

$$\sin\theta_i = \sqrt{n_1^2 - n_2^2 \sin^2\theta_r} \qquad (10-21)$$

当 $\theta_r = 90°$ 的临界状态时，$\theta_i = \theta_{i_0}$ 即

$$\sin\theta_{i_0} = \sqrt{n_1^2 - n_2^2} \qquad (10-22)$$

纤维光学中把式(10-22) 中 $\sin\theta_{i_0}$ 定义为"数值孔径" $NA$（Numerial Aperture）。由于 $n_1$ 与 $n_2$ 相差较小，即 $n_1 + n_2 \approx 2n_1$，故式(10-22) 又可因式分解为

$$\sin\theta_{i_0} \approx n_1\sqrt{2\Delta} \qquad (10-23)$$

式中，$\Delta = (n_1 - n_2)/n_1$ 为相对折射率差。

由式(10-21) 及图10-27 可以看出：

$\theta_r = 90°$ 时，$\sin\theta_{i_0} = NA$ 或 $\theta_{i_0} = \arcsin NA$；

$\theta_r > 90°$ 时，光线发生全反射，由图10-27 夹角关系可以看出 $\theta_i < \theta_{i_0} = \arcsin NA$；

$\theta_r < 90°$ 时，式(10-21) 成立，可以看出，$\sin\theta_i > NA$，$\theta_i > \arcsin NA$，光线消失。

这说明 $\arcsin NA$ 是一个临界角，凡入射角 $\theta_i > \arcsin NA$ 的那些光线进入光纤后都不能传播而在包层消失；相反，只有入射角 $\theta_i < \arcsin NA$ 的那些光线才可以进入光纤被全反射传播。

**（2）光纤传感器结构原理及分类**

① **光纤传感器结构原理**　以电为基础的传统传感器是一种把被测量的状态转变为可测的电信号的装置，由电源、敏感元件、信号接收和处理系统以及金属导线组成，见图10-28 (a)。光纤传感器则是一种把被测量的状态转变为可测的光信号的装置，由光发送器、敏感元件（光纤或非光纤的）、光接收器、信号处理系统以及光纤构成，见图10-28(b)。由光发送器发出的光经源光纤引导至敏感元件。在这里，光的某一性质受到被测量的调制，已调光经接收光纤耦合到光接收器，使光信号变为电信号，最后经信号处理系统处理得到我们所期待的被测量。

由图10-28 可见，光纤传感器与以电为基础的传统传感器相比较，在测量原理上有本质的差别。

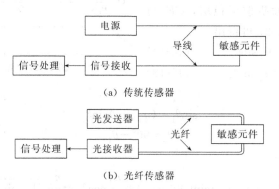

（a）传统传感器

（b）光纤传感器

图10-28　传统传感器与光纤传感器示意

从本质上分析，光就是一种电磁波，其波长范围从极远红外的 1mm 到极远紫外线的 10nm。电磁波的物理作用和生物化学作用主要因其中的电场而引起。因此，在讨论光的敏感测量时必须考虑光的电矢量 $E$ 的振动。通常用下式表示：

$$E = A\sin(\omega t + \varphi) \qquad (10-24)$$

式中，$A$ 为电场 $E$ 的振幅矢量；$\omega$ 为光波的振动频率；$\varphi$ 为光相位；$t$ 为光的传播

时间。

由式(10-24)可见，如果光的强度、偏振态（矢量 $A$ 的方向）、频率和相位等参量之一随被测量状态的变化而变化，或者说受被测量调制，则可通过对光的强度调制、偏振调制、频率调制或相位调制等进行解调，获得我们所需要的被测量的信息。

② **光纤传感器分类**　光纤传感器的应用领域极广，从最简单的产品统计到对被测对象的物理、化学或生物等参量进行连续监测、控制等，均可采用光纤传感器。可根据光纤在传感器中的作用、光受被测量调制的形式或光纤传感器中对光信号的检测方法对光纤传感器进行分类。

a. 根据光纤在传感器中的作用，光纤传感器可分为功能型、非功能型和拾光型三大类（见图 10-29）。

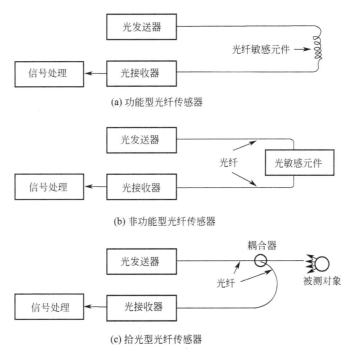

图 10-29　根据光纤在传感器中的作用进行分类

ⅰ．功能型（全光纤型）光纤传感器。光纤在其中不仅是导光媒质，而且是敏感元件，光在光纤内受被测量调制。此类传感器的优点是结构紧凑、灵敏度高。但是，它需用特殊光纤和先进的检测技术，因此成本高，其典型例子如光纤陀螺、光纤水听器等。

ⅱ．非功能型（传光型）光纤传感器。光纤在其中仅起导光作用，光照在非光纤型敏感元件上受被测量调制。此类光纤传感器不需要特殊光纤及其他特殊技术，比较容易制作，成本低。但灵敏度也较低，用于对灵敏度要求不太高的场合。目前，已实用化或尚在研制中的光纤传感器，大都是非功能型的。

ⅲ．拾光型光纤传感器。用光纤作为探头，接收由被测对象辐射的光或被其反射、散射的光。其典型例子如光纤激光多普勒速度计、辐射式光纤温度传感器等。

b. 根据光受被测对象调制的形式，光纤传感器可分为以下四种不同的调制形式。

ⅰ．强度调制型光纤传感器。这是一种利用被测量的变化引起敏感元件的折射、吸收或反射等参数的变化；而导致光强度变化实现敏感测量的传感器。常见的有利用光纤的微弯损耗，各物质的吸收特性，振动膜或液晶的反射光强度的变化，物质因各种粒子射线或化学、机械的激励而发光的现象，以及物质的荧光辐射或光路的遮断等来构成压力、振动、温度、位移、气体等各种强度调制型光纤传感器。这类光纤传感器的优点是结构简单、容易实现、成本低。其缺点是受光源强度的波动和连接器损耗变化等的影响较大。

ⅱ．偏振调制型光纤传感器。这是一种利用光的偏振态的变化传递被测对象信息的传感器。常见的有利用光在磁场中媒质内传播的法拉第效应做成的电流、磁场传感器，利用光在电场中的压电晶体内传播的玻尔效应做成的电场、电压传感器，利用物质的光弹效应构成的压力、振动或声传感器，以及利用光纤的双折射性构成的温度、压力、振动等传感器。这类传感器可以避免光源强度变化的影响，因此灵敏度高。

ⅲ．频率调制型光纤传感器。这是一种利用被测对象引起的光频率的变化进行监测的传感器。通常有利用运动物体反射光和散射光的多普勒效应做成的光纤速度、流速、振动、压力、加速度传感器，利用物质受强光照射时的拉曼散射做成的测量气体浓度或监测大气污染的气体传感器以及利用光致发光的温度传感器等。

ⅳ．相位调制型传感器。其基本原理是利用被测对象对敏感元件的作用，使敏感元件的折射率或传播常数发生变化，而导致光的相位变化，然后用干涉仪检测这种相位变化而得到被测对象的信息。如利用光弹效应做成的声、压力或振动传感器，利用磁致伸缩效应做成的电流、磁场传感器，利用电致伸缩的电场、电压传感器以及利用萨格纳克（Sagnac Effect）效应的旋转角速度传感器（光纤陀螺）等。这类传感器的灵敏度很高，但由于需用特殊光纤及高精度检测系统，因此成本很高。

**（3）光纤传感器的主要元器件**

① **光纤**　光纤是制造光纤传感器必不可少的原材料。目前我国生产的光纤，常见的有阶跃型和梯度型多模光纤及单模光纤。它们的结构及其折射率分布剖面图如图 10-30 所示。选用光纤时需考虑以下参量。

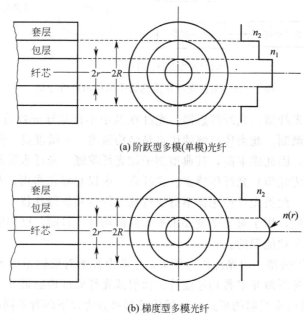

(a) 阶跃型多模(单模)光纤

(b) 梯度型多模光纤

图 10-30　常用光纤的结构及其折射率分布的剖面图

a. 光纤的数值孔径 $NA$。　$NA$ 是衡量光纤聚光能力的参量。从提高光源与光纤之间耦合效率的角度来看，要求用大 $NA$ 光纤。但 $NA$ 越大，光纤的模色散越严重，传输信息的容量就越小。然而对大多数光纤传感器应用来说，不存在信息容量的问题。因此，传感器所用光纤以具有最大孔径为宜。一般要求是

$$0.2 \leqslant NA < 0.4$$

b. 光纤传输损耗。对光纤通信来说，这是光纤的最重要的光学特征，它在很大程度上决定了远距离光纤通信中继站的跨距。但是，在光纤传感系统中，除了远距离监测用传感器系统外，其他绝大部分传感器所用的光纤，特别是作为敏感元件作用的光纤，长者不足 4m，短者只有数毫米。为此，对于作为敏感元件用的特殊光纤，可放宽对其传输损耗的要求。一般传输损耗小于 10dB/km 的光纤均可采用，这样的光纤价格较低。

c. 色散。这是影响光纤信息容量的重要参量。但正如前面指出的，对大多数传感器来说，不存在信息容量的问题，因而可以放宽对光纤色散的要求。

d. 光纤的强度。对通信或传感器来说，都毫无例外地要求光纤有较高的强度。

② **光源**　为了保证光纤传感器的性能，对光源的结构与特性有一定要求。一般要求光源的体积尽量小，以利于它与光纤耦合；光源发出的光波长应适当，以便减少光在光纤中传输的损失；光源要有足够亮度，以便提高传感器的输出信号。另外还要求光源稳定性好、噪声小、安装方便和寿命长等。

光纤传感器使用的光源种类较多，按照光的相干性可分为相干光源和非相干光源。非相干光源有白炽光、发光二极管；相干光源包括各种激光器，如氦氖激光器、半导体激光二极管等。

光源与光纤耦合时，总是希望在光纤的另一端得到尽可能大的光功率，它与光源的光强、波长及光源发光面积等有关，也与光纤的粗细、数值孔径有关。它们之间耦合得好坏，取决于它们之间的匹配程度，在光纤传感器设计与实际使用中，要对诸因素综合考虑。

③ **光探测器**　在光纤传感器中，光探测器性能好坏既影响到被测物理量的变换准确度，又关系到光探测接收系统的质量。它的线性度、灵敏度、带宽等参数直接关系到传感器的总体性能。

常用的光探测器有光敏二极管、光敏三极管、光电倍增管等。

④ **光纤器件连接**

a. 光纤接头。接头在光纤传感器中是一种必须使用的器件。如光源与光纤、探测器与光纤以及光纤与光纤之间的连接必然有接头。接头有活接头与死接头两种。使用接头最重要的是以使用时插入损耗小为好。

活接头主要用于光源与光纤耦合。图 10-31 所示为固体激光器与光纤连接的活接头。这种接头的光耦合效率为 $10\% \sim 20\%$。另一种是利用聚焦透镜耦合的光耦合器，是一组五维调节支架，透镜与光纤固定在支架两端。它的耦合效率可达 $70\%$。

死接头多用于光纤对接或者带"尾"的发光二极管光源与光纤连接。这种连接有专用工具——光纤熔接器。

b. 光纤耦合器。将光源射出的光束分别耦合进两条以上的光纤，或者将两束光纤的出射光同时耦合给探测器。这种带有分束或集束并且耦合的过程是借助光纤耦合器完成的。光纤耦合器有两种：分立式耦合器和固定式耦合器。

分立式耦合器，主要是由一块传输耗损 $A = 3\text{dB}$ 的半

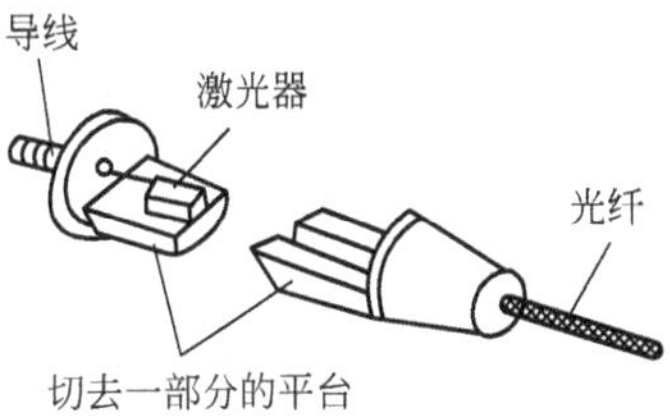

图 10-31　激光器与光纤平台接头

透半反射棱形分束器以及聚焦透镜和调节支架等组成。

固定式耦合器是由两块基板嵌入光纤加工后用匹配胶粘合而成的，图 10-32 是其工艺过程示意图。这种耦合器可将一束光按要求分成二束，具有插入损耗。

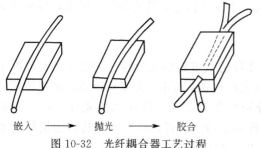

图 10-32　光纤耦合器工艺过程

**（4）光纤传感器的应用**

① **温度的检测**　光纤温度传感技术是近十几年发展起来的新技术。由于光纤具有抗电磁干扰、使用安全、耐腐蚀等优点，因此可以解决一些用常规的电传感器难以解决的问题，故光纤温度传感器的研究和发展非常迅速。

光纤温度传感器的种类较多，有功能型的，也有传光型的。这里介绍两种典型的已实用化的光纤温度传感器。

a. 遮光式光纤温度计。图 10-33 所示为一种简单的利用水银柱升降温度的光纤温度开关。当温度升高时，水银柱上升，到某一设定温度时，水银柱将两根光纤间的光路遮断，从而使输出光强产生一个跳变。这种光纤温度计可用于对设定温度的控制，温度设定值灵活可变。

图 10-34 所示为利用双金属热变形特性的遮光式光纤温度计。当温度升高时，双金属的变形量增大，带动遮光板在垂直方向产生位移，从而使输出光强发生变化。这种光纤温度计可测量 10～50℃ 的温度。检测精度约为 0.5℃。其缺点是输出光强受壳体振动的影响，且响应时间较长，一般需几分钟。

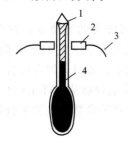

图 10-33　水银柱式光纤温度开关

1—浸液；2—自聚焦透镜；3—光纤；4—水银

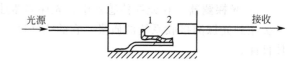

图 10-34　热双金属式光纤温度开关

1—遮光板；2—双金属片

b. 透射型半导体光纤温度传感器。当一束白光经过半导体晶体片时，低于某个特定波长 $\lambda_g$ 的光将被半导体吸收，而高于该波长的光将透过半导体。图 10-35 为室温（20℃）时，120$\mu$m 厚的 GaAs 材料的透射率曲线。从图中可以看出，GaAs 在室温时的本征吸收波长约为 880nm。

一般地，半导体材料的 $E_g$ 随温度上升而减小，亦即其本征吸收波长 $\lambda_g$ 随温度上升而增大。反映在半导体的透光特性上，表现为当温度升高时，其透射率曲线将向长波方向移动。若采用发射光谱与半导体的 $\lambda_g(t)$ 相匹配的发光二极管作为光源，如图 10-36 所示，即透射光强度将随着温度的升高而减小。

可用作测温敏感材料的半导体有许多，如 GaAs、GaP、CdTe 等，它们在室温时的 $\lambda_g$ 值及 $\lambda_g$ 的温度灵敏度各不相

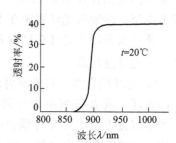

图 10-35　GaAs 的光谱透射率曲线

同。GaAs 和 CdTe 在室温时的 $\lambda_g$ 值约为 880nm,其温度灵敏度 $d\lambda_g/dt$ 分别为 0.35nm/℃ 和 0.31nm/℃ 左右,而 CaP 在室温时的 $\lambda_g$ 值约为 540nm。选用不同发射光谱的光源及不同的半导体材料,即可获得不同的灵敏度及测量范围。显然,光源的发射光谱宽度越窄,温度灵敏度越高,测温范围就越小了。

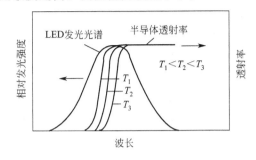

图 10-36 半导体透射测温原理

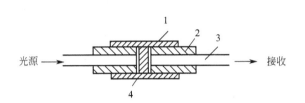

图 10-37 半导体光纤温度计的基本结构
1—固定外套;2—加强管;3—光纤;4—半导体薄片

利用半导体吸收的光纤温度传感器的基本结构如图 10-37 所示,这种探头的结构简单,制作容易。但因光纤从传感器的两端导出,使用安装很不方便。

实用的测量系统如图 10-38 所示。它采用了两个光源,一个是铝镓砷发光二极管,波长 $\lambda_1 \approx 0.88\mu m$;另一个是铟镓磷砷发光二极管,波长 $\lambda_2 \approx 1.27\mu m$。敏感头对 $\lambda_1$ 光的吸收随温度而变化,对 $\lambda_2$ 光不吸收,故取 $\lambda_2$ 光作为参考信号。用雪崩光电二极管作为光探测器。经采样放大器后,得到两个正比于脉冲宽度的直流信号,再由除法器以参考光信号($\lambda_2$)为标准将与温度相关的光信号($\lambda_1$)归一化。于是,除法器的输出只与温度 $T$ 有关。采用单片机进行信息处理即可显示温度。

这种传感器的测量范围是 $-10 \sim 300℃$,精度可达 $\pm 1℃$。

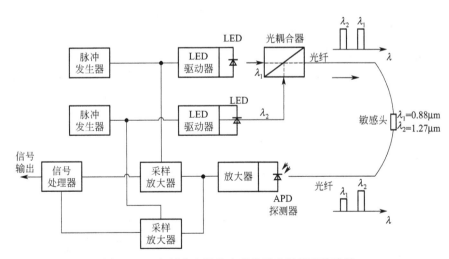

图 10-38 实用化半导体光吸收型光纤温度传感器

② **压力的检测** 光纤压力传感器主要有强度调制型、相位调制型和偏振调制型三类。强度调制型光纤压力传感器大多基于弹性元件受压变形,将压力信号转换成位移信号进行检测,故常用于位移的光纤检测技术。这类形式的光纤压力传感器都是利用弹性体的受压变形,将压力信号转换成位移信号,从而对光强进行调制。因此,只要设计好合理

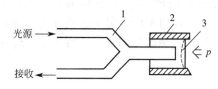

图 10-39　膜片反射式光纤压力传感器示意
1—Y形光纤束；2—壳体；3—膜片

的弹性元件及结构，就可以实现压力的检测。膜片反射式光纤压力传感器，如图 10-39 所示。在 Y 形光纤束前端放置一感压膜片，当膜片受压变形时，使光纤束与膜片间的距离发生变化，从而使输出光强受到调制。

弹性膜片材料可以是恒弹性金属，如殷钢、铍青铜等。但由于金属材料的弹性模量有一定的温度系数，因此要考虑温度补偿。若选用石英膜片，则可以减小温度变化带来的影响。

膜片的安装采用周边固定方式，焊接到外壳上。对于不同的测量范围，可选择不同的膜片尺寸。一般膜片的厚度在 $0.05 \sim 0.2$ mm 范围内为宜。对于周边固定的膜片，在小挠度（$y < 0.5t$，$t$ 为膜片厚度）的条件下，膜片的中心挠度 $y$ 可按下式计算：

$$y = \frac{3(1-\mu^2)R^4}{16Et^3}p \tag{10-25}$$

式中，$R$ 为膜片有效半径，m；$t$ 为膜片厚度，m；$E$ 为膜片材料的弹性模量，$N/m^2$；$\mu$ 为膜片的泊松比；$p$ 为外加压力，$N/m^2$。

可见，在一定范围内，膜片中心挠度与所加的压力呈线性关系。若利用 Y 形光纤束位移特性的线性区，则传感器的输出光功率亦与待测压力呈线性关系。

传感器的固有频率可表示为

$$f_r = \frac{2.56t}{\pi R^2}\sqrt{\frac{gE}{3\rho(1-\mu^2)}} \tag{10-26}$$

式中，$\rho$ 为膜片材料的密度，$kg/m^3$；$g$ 为重力加速度，$m/s^2$。

这种光纤压力传感器结构简单、体积小、使用方便，但如果光源不够稳定，或长期使用后膜片的反射率有所下降，其精度就要受到影响。

③ 液位测量　油料液位检测系统如图 10-40 所示，主要由光纤液位传感器和信号检测及处理电路两部分组成。光纤液位传感器包括浮子式液位计、传动机构、圆光栅码盘及光路系统。信号检测及处理电路包括光电转换、放大处理、辨向和单片机处理系统。

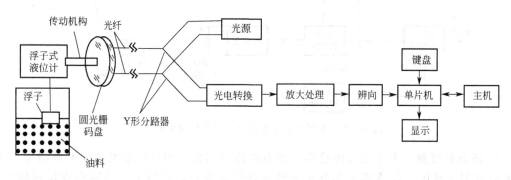

图 10-40　油料液位检测系统框图

被测液面上的浮子由钢带通过机械传动装置驱动圆光栅码盘转动，将液位变化转换为光脉冲信号。在码盘一侧按一定相位差安装两路光纤探头，接收和传输光脉冲信号，经光电转换和放大处理后，送到单片机系统，实现对液位的监测。

④ **医用光纤传感器**　在医用领域，用来测量人体和生物体内部医学参量的光纤传感器已越来越引起有关方面的关注和兴趣。医用光纤传感器体积小、电绝缘和抗电磁性能好，特别适于身体的内部检测。光纤传感器可以用来测量体温、体压、血流量、pH 值等医学参量。光纤多普勒血流传感器已用于薄壁血管、小直径血管、蛙的蛛网状组织，老鼠的视网膜皮层的血流测量。

a. 医用内窥镜。由于光纤柔软、自由度大、传输图像失真小，将光纤引入医用内窥镜后，可以方便的检查人体的许多部位。图 10-41 所示为腹腔镜的剖视图，它由末端的物镜、光纤图像导管、顶端的目镜和控制手柄组成。照明光是通过图像导管外层光纤照射到被观察的物体上，反射光通过传像束输出。最外层是金属壳，用以保护光学元件。图像导管直径约为

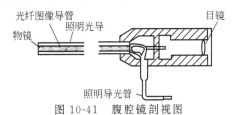

图 10-41　腹腔镜剖视图

3.4mm，这样的直径使得医生可以有较大的选择范围确定穿刺位置，同时病人也可以取比较舒适的体位。

b. 多普勒血流传感器。如图 10-42 所示，测量光束通过光纤探针进到被测血流中，经直径约 $7\mu m$ 的红血球散射，一部分光按原路返回，得到多普勒频移信号 $f + \Delta f$，频移 $\Delta f$ 为

$$\Delta f = \frac{2nv\cos\theta}{\lambda} \tag{10-27}$$

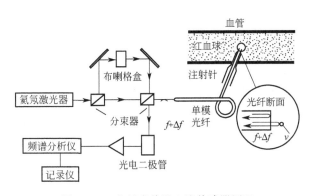

图 10-42　光纤多普勒血流传感器原理

式中，$v$ 为血流速度；$n$ 为血液的折射率；$\theta$ 为光纤轴线与血管轴线的夹角；$\lambda$ 为激光波长。

另一束进入驱动频率为 $f_1 = 40\text{MHz}$ 的布喇格盒（频移器），得到频率为 $f - f_1$ 的参考光信号。

将参考光信号与多普勒频移信号进行混频，就得到要探测的信号。这种方法称为光学外差法。

经光电二极管将混频信号变换成光电流送入频谱分析仪，得出对应于血流速度的多普勒频移谱（速度谱），如图 10-43 所示。

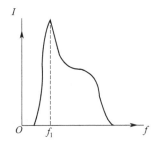

图 10-43　血流速度的
多普勒频移谱

典型的光纤血流传感器可在 $0\sim1000\mathrm{cm/s}$ 速度范围内使用，空间分辨率为 $100\mu m$，时间分辨率为 8ms。

## 例题分析

**【例 10-3】** 拟用光敏二极管控制的交流电压供电的明通及暗通直流电磁控制原理图。

**解：** 根据题意，直流器件用在交流电路中应采用整流和滤波措施，方可使直流继电器吸合可靠，又因光敏二极管功率小，不足以直接控制直流继电器，故要采用晶体管或运算放大电路。拟定原理图如图 10-44 所示。

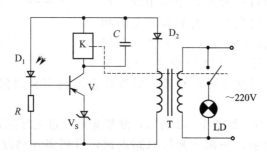

图 10-44　例 10-3 图

图中 V 为晶体三极管；$D_1$ 为光电二极管；$D_2$ 为整流二极管；$V_s$ 为射极电位稳压管；K 为直流继电器；C 为滤波电容；T 为变压器；R 为降压电阻；LD 为被控电灯。

当有足够强的光线照射到光敏二极管上时，其内阻下降，在电源变压器为正半周时，三极管 V 导通使 K 通电吸合，灯亮。无光照时则灯灭，故是一个明通电路。若图中光敏二极管 $D_1$ 与电阻 R 调换位置，则可得到一个暗通电路。

**【例 10-4】** 试计算 $n_1=1.46$，$n_2=1.45$ 的阶跃折射率光纤的数值孔径值。如果外部媒质为空气（$n_0=1$），问该种光纤的最大入射角是多少？

**解：** 根据光纤数值孔径 NA 定义得

$$NA=\sin\theta_{i0}=\sqrt{n_1^2-n_2^2}=\sqrt{1.46^2-1.45^2}=0.1706(\text{其中 }\theta_{i0}=9.8°)$$

故得该种光纤最大入射角为 9.8°，即入射光线必须在与该光纤轴线夹角小于 9.8°时才能传过。

## 思考题与习题

10-1　说明光导纤维的组成并分析其传光原理。

10-2　光导纤维传光的必要条件是什么？光纤数值孔径 NA 的物理意义是什么？

10-3　试计算 $n_1=1.48$ 和 $n_2=1.46$ 的阶跃折射率光纤的数值孔径。如果外部是空气（$n_0=1$），试问：对于这种光纤来说，最大入射角 $\theta_{\max}$ 是多少？

10-4　光电效应可分为几类？说明其原理并指出相应的光电器件。

10-5　何谓光电池的开路电压及短路电流？为什么作为检测元件时要采用短路电流输出形式？

10-6　某光电开关电路如图 10-45 所示，请分析其工作原理，并说明各元件的作用，以及该电路在无光照的情况下继电器 K 是处于吸合状态还是释放状态。

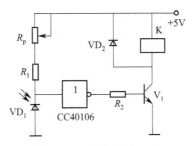

图 10-45　光电开关电路

10-7　造纸工业中经常需要测量纸张的"白度"以提高产品质量，请设计一个自动检测纸张"白度"的测量仪，要求：

（1）画出传感器简图；

（2）画出测量电路简图；

（3）简要说明其工作原理。

# 第11章

## 智能传感技术

固态传感器自 19 世纪 60 年代问世以来，不断向广度和深度迅速发展，19 世纪 70 年代出现了智能传感器（Intelligent Sensor 或 Smart Ssensor）。随着科学技术的发展，人们要求传感器能获取更全面和更真实的信息，并能更方便地纳入系统控制中，因此智能传感器已成为当今传感器技术发展的主要方向之一。

一般把具有一种或多种敏感功能，能够完成信号探测和处理、逻辑判断、双向通信、自检、自校、自补偿、自诊断和计算等全部或部分功能的器件称为智能传感器。智能传感器可以是集成的，也可以是由分立件组装的。

智能传感器具有以下特点。

① 具有逻辑判断、统计处理功能：可对检测数据进行分析、统计和修正，还可进行线性、非线性、温度、噪声、响应时间、交叉感应以及缓慢漂移等的误差补偿，提高了测量准确度。

② 具有自诊断、自校准功能：可在接通电源时进行开机自检，可在工作中进行运行自检，并可实时自行诊断测试，以确定哪一组件有故障，提高了工作可靠性。

③ 具有自适应、自调整功能：可根据待测物理量的数值大小及变化情况自动选择检测量程和测量方式，提高了检测适用性。

④ 具有组态功能：可实现多传感器、多参数的复合测量，扩大了检测与使用范围。

⑤ 具有记忆、存储功能：可进行检测数据的随时存取，加快了信息的处理速度。

⑥ 具有数据通信功能：智能传感器具有数据通信接口，能与计算机直接联机，相互交换信息，提高了信息处理的质量。

在结构上，智能传感器系统将传感器、信号调理电路、微控制器及数字信号接口组合为一整体，其结构框图如图 11-1 所示。传感元件将被测非电量信号转换成电信号，信号调理电路对传感器输出的电信号进行调理并转换为数字信号后送入微控制器，由微控制器处理后的测量结果经数字信号接口输出。在智能传感器系统中不仅有硬件作为实现测量的基础，还有强大的软件支持保证测量结果的正确性和高精度。以数字信号形式作为输出易于和计算机测控系统接口，并具有很好的传输特性和很强的抗干扰能力。

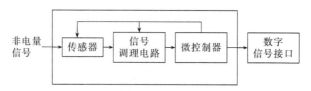

图 11-1　智能传感器系统结构框图

# 11.1 智能传感器

### 11.1.1 智能传感器构成

智能传感器的体系结构分为非集成化结构与集成化结构两类。

**(1) 非集成化结构**

具有非集成化结构的智能传感器是将传统的经典传感器（采用非集成化工艺制作的传感器，仅具有获取信号的功能）、信号调理电路及带数字总线接口的微处理器组合为一整体而构成的一种智能传感器。其结构框图如图 11-2 所示。

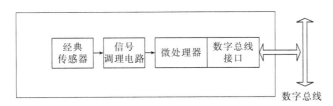

图 11-2　非集成化智能传感器结构框图

图 11-2 中信号调理电路用来调理传感器的输出信号，即将传感器输出信号进行放大并转换为数字信号后送入微处理器，再由微处理器通过数字总线接口挂接在现场数字总线上。

图 11-3 是智能式应力传感器的硬件结构图。该传感器共有 6 路应力传感器和 1 路温度传感器，每一路应力传感器由 4 个应变片构成的全桥电路和前置放大器组成，用于测量应力大小，用于染整工艺过程则可测量工艺张力的大小；温度传感器用于测量环境温度，从而对应力传感器进行误差修正。

采用 8031 单片机作为数据处理和控制单元。多路开关根据单片机发出的指令轮流选通各个传感器通道，0 通道作为温度传感器通道，1～6 通道分别为 6 个应力传感器通道。程控放大器则在单片机的命令下分别选择不同的放大倍数对各种信号进行放大。该智能式传感器具有较强的自适应能力，它可以判断工作环境因素的变化，并进行必要的修正，以保证测量的准确性。

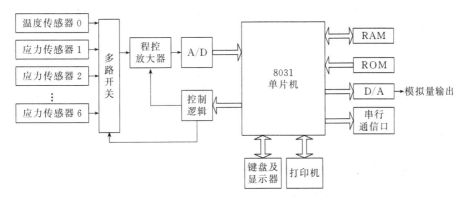

图 11-3　智能式应力传感器的硬件结构

智能式应力传感器具有测量、程控放大、转换、处理、模拟量输出、打印、键盘监控及通过串口与计算机通信的功能。其软件采用模块化和结构化的设计方法，软件结构如图11-4所示。主程序模块完成自检、初始化、通道选择以及各个功能模块调用的功能。其中信号处理和信号采集模块主要完成数据滤波、非线性补偿、信号处理、误差修正以及检索查表等功能。故障诊断模块的任务是对各个应力传感器的信号进行分析，判断设备的工作状态及是否存在损伤或故障。键盘输入及显示模块具有两项任务：一是查询是否有键按下，若有键按下则反馈给主程序模块，主程序模块根据键意执行或调用相应的功能模块；二是显示各路传感器的数据和工作状态。

输出打印模块主要控制模拟量输出以及控制打印机完成打印任务。通信模块主要控制RS232串行通信口和上位微机通信。

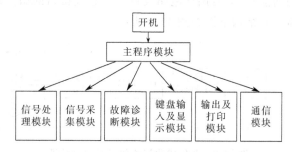

图 11-4　智能式应力传感器的软件结构

### （2）集成化结构

具有集成化结构的智能传感器系统是采用微机加工技术和大规模集成电路工艺技术，利用硅作为基本材料制作敏感元件、信号调理电路、微处理器单元，并把它们集成在一块芯片上而构成的，故又可称为集成智能传感器（Integrated Smart/Intelligent Sensor）。其外形如图11-5所示。

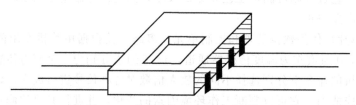

图 11-5　集成智能传感器外形示意图

随着微电子技术的飞速发展，微米、纳米技术的问世和大规模集成电路工艺技术的日臻完善，集成电路器件的密集度越来越高，已成功地使各种数字电路芯片、模拟电路芯片、微处理器芯片、存储器电路芯片的性价比大幅提升。反过来，它又促进了微机加工技术的发展，形成了与传统的经典传感器制作工艺完全不同的现代传感器技术。

现代传感器技术是指以硅材料为基础，采用微米级的微机械加工技术和大规模集成电路工艺实现各种仪表传感器系统的微米级尺寸化。国外也称它为专用集成微型传感技术（ASIM）。由此制作的智能传感器具有以下特点。

①　微型化。微型压力传感器已经可以小到放在注射针头内送进血管，测量血液流动情况，或安装在飞机发动机叶片表面，测量气体的流速和压力。美国最近研制成功的微型加速度计可以使火箭或飞船的制导系统质量从几千克下降至几克。

②　结构一体化。压阻式压力（差）传感器最早实现一体化结构。传统的做法是先分别

宏观机械加工金属圆膜片与圆柱状环，然后把两者粘贴形成周边固支结构的"金属杯"，再在圆膜片上粘贴应变片而构成压力（差）传感器。因此，不可避免地存在蠕变、迟滞、非线性特性。采用微机械加工和集成化工艺，不仅"硅杯"一次整体成型，而且应变片与硅杯完全一体化，进而可在硅杯非受力区制作调理电路、微处理器单元，甚至微执行器，从而实现不同程度的乃至整个系统的一体化。

③ 精度高。比较分体结构，结构一体化后传感器迟滞、重复性指标将大为改善，时间漂移极大减小，精度提高。后续的信号调理电路与敏感元件一体化后可以有效地减小由引线长度带来的寄生变量影响，这对电容式传感器更有特别重要的意义。

④ 多功能。微米级敏感元件结构的实现特别有利于在同一硅片上制作不同功能的多个传感器，如美国霍尼韦尔公司 20 世纪 80 年代初生产的 ST-3000 型智能压力（差）和温度变送器，就是在一块硅片上制作感受压力、压差及温度三个参量的敏感元件结构的传感器，不仅增加了传感器功能，而且可以通过采用数据融合技术消除交叉灵敏度的影响，提高传感器的稳定性和精度。

⑤ 阵列式。微米技术已经可以在 $1cm^2$ 大小的硅芯片上制作含有几千个压力传感器的阵列。例如，丰田中央研究所半导体研究室用微机械加工技术制作的集成化应变计式面阵触觉传感器，在 $8mm \times 8mm$ 的硅片上制作了 $1024(32 \times 32)$ 个敏感触点（桥），基片四周还制作了信号处理电路，其元件总数约 16000 个。

敏感元件构成阵列后，配合相应图像处理软件，可以实现图形成像，构成多维图像传感器。敏感元件组成阵列后，通过计算机或微处理器解耦运算、模式识别、神经网络技术的应用，有利于消除传感器的时变误差和交叉灵敏度的不利影响，提高传感器的可靠性、稳定性与分辨力。

⑥ 全数字化。通过微机械加工技术可以制作各种形式的微结构。其固有谐振频率可以设计成某种物理量（如温度或压力）的单值函数。因此，可以通过检测谐振频率检测被测物理量。这是一种谐振式传感器，直接输出数字量（频率）。它的性能极为稳定，精度高，不需要 A/D 转换器便能与微处理器方便地接口，对节省芯片面积、简化集成化工艺十分有利。

⑦ 操作简单，使用方便。智能传感器没有外部连接元件，外接连线数量也极少，包括电源、通信线可以少至 4 条，因此，接线极其简便。它还可以自动进行整体自校准，无须用户长时间地反复多环节调节与校验。"智能"含量越高的智能传感器，它的操作使用越简便，用户只需编制简单的使用主程序即可。

以硅为基础的超大规模集成电路技术正在加速发展并日臻成熟，三维集成电路已成为现实。在不久的将来，具有上述智能的传感器系统将全部集成在同一芯片上，构成一个由微传感器、微处理器和微执行器集成一体化的闭环工作微系统。日本已开发出三维多功能的单片智能传感器。它已将平面集成发展为三维集成，实现了多层结构，如图 11-6 所示。它将传感器功能、逻辑功能和记忆功能等集成在一块半导体芯片上，反映了智能传感器的发展方向。

另外，未来的智能传感器将向生物体传感器系统方向发展，例如，利用仿生学、遗传工程和分子电子学制作分子电子器件，并通过化学合成等方法，将分子生物传感器与分子计算机集成为微型智能生物传感器。它能将外界空间分布信息转换为机体可感知的信号，成为人工视觉、听觉和触觉等。若以具有光电转换功能的生物硅片替代盲人的视网膜，则可使之重见光明。

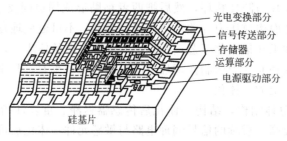

图 11-6　三维多功能单片智能传感器

⑧ 微机电系统。微系统是指集成了微电子和微机械的系统以及将微光学、化学、生物等其他微元件集成在一起的系统（集成微光机电生化系统）。它以微米尺度理论为基础，用批量化的微电子技术和三维加工技术制造，以完成信息获取、处理及执行的功能（信息系统）。也称为微机电系统（Micro-Electro Mechanical Systems，MEMS），见图 11-7，它包括传感器阵列、执行元件阵列、数据处理器与外部的接口。

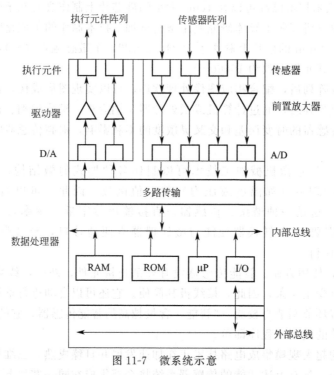

图 11-7　微系统示意

微系统的集成是一种结构的集成，即需集成电子电路、微传感器、微机械、微电动机、微阀、单片微系统等。不同的结构需要不同的工艺方法，由此决定了微系统的集成特点是半成品的再集成和三维集成。

一个完整的微系统由传感器模块、执行器模块、信号处理模块、定位机构、支撑结构、工具等机械结构和外部环境接口模块等部分构成。

**（3）混合集成结构**

混合集成结构是将系统各个集成化环节，如敏感单元、信号调理电路、微处理器单元、数字总线接口以不同的组合方式集成在两块或三块芯片上，并装在一个外壳里，如图 11-8 所示。

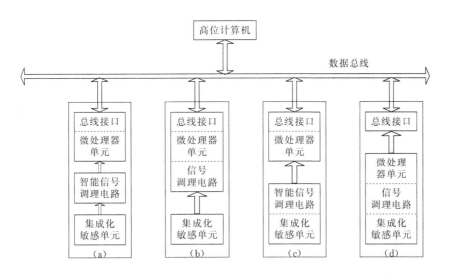

图 11-8　智能传感器的混合集成实现结构

集成化敏感单元包括弹性敏感元件及变换器。信号调理电路包括多路开关、放大器、基准、模/数转换器（ADC）等。

微处理器单元包括数字存储器（EEPROM、ROM、RAM）、I/O接口、微处理器、数/模转换器（DAC）等。

图 11-8(a)，三块集成化芯片封装在一个外壳里；图 11-8(b)、(c)、(d) 中，两块集成化芯片封装在一个外壳里。

图 11-8(a)、(c) 中的智能信号调理电路具有部分智能化功能，如自校零、自动进行温度补偿，因为这种电路带有零点校正电路和温度补偿电路。

## 11.1.2　数据处理及软件实现

实现传感器智能化功能以及建立智能传感器系统是传感器克服自身不足，获得高稳定性、高可靠性、高精度、高分辨力与高自适能力的必然趋势。不论非集成化实现方式还是集成化实现方式，或是混合实现方式，传感器与微处理器/微计算机赋予智能的结合所实现的智能传感器系统，均是在最少硬件条件基础上采用强大的软件优势"赋予"智能化功能的。这里仅介绍实现部分基本的智能化功能常采用的智能化技术。

### (1) 非线性校正

实际应用中的传感器绝大部分是非线性的，即传感器的输出信号与被测物理量之间的关系呈非线性。造成非线性的原因主要有两方面。

① 许多传感器的转换原理是非线性的。例如在温度测量中，热电阻及热电偶与温度的关系就是非线性的。

② 采用的转换电路是非线性的。例如，测量热电阻所用的四臂电桥，当电阻的变化引起电桥失去平衡时，将使输出电压与电阻之间的关系为非线性。

如果将与被测量 $x$ 成非线性关系的传感器输出 $y$ 直接用于驱动模拟表头（如图 11-9 中虚线所示连接方法），将造成表头显示刻度与被测量 $x$ 之间的非线性。这不仅使读数不便，而且在整个刻度范围内的灵敏度不一致。为此，常采用图 11-9 中连接方式，即将传感器的输出信号 $y$ 通过校正电路后再和模拟表头相连。图中校正电路的功能是将传感器输出 $y$ 变换成 $z$，使 $z$ 与被测量之间呈线性关系，即 $z=\Phi(y)=k'x$。这样便可得到线性刻度方程。

图中校正电路可以是模拟的，也可以是数字的，但它们均属硬件校正，因此其电路复杂、成本较高，并且有时校正难以实现。

图 11-9　传统仪器仪表中的硬件非线性校正原理

在以微处理器为基础构成的智能传感器中，可采用各种非线性校正算法（查表法、线性插值法、曲线拟合法等）从传感器数据采集系统输出的与被测量呈非线性关系的数字量中提取与之相对应的被测量，然后由 CPU 控制显示器接口以数字方式显示被测量，如图 11-10 所示。图 11-10 中所采用的各种非线性校正算法均由传感器中的微处理器通过执行相应的软件完成，显然比采用的硬件技术方便并且具有较高的精度和广泛的适应性。

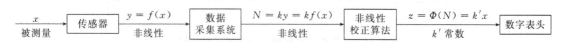

图 11-10　智能仪器的非线性校正技术

如果某些参数计算非常复杂，特别是计算公式涉及指数、对数、三角函数和微分、积分等运算时，编制程序相当麻烦，用计算法计算不仅程序冗长，而且费时，此时可采用查表法。

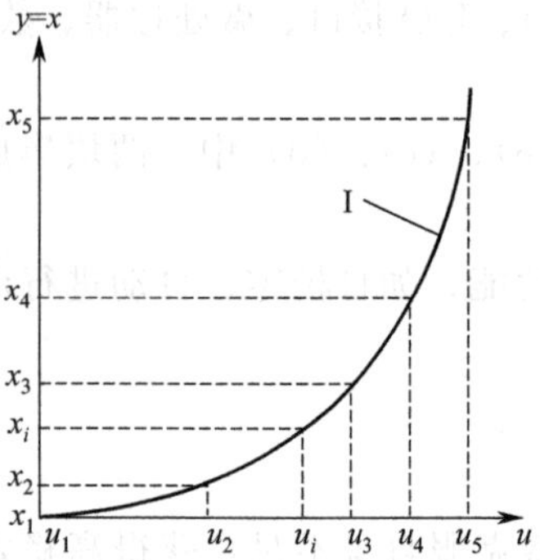

查表法是一种分段线性插值法。它是根据精度要求对反非线性曲线进行分段，用若干段折线逼近曲线，将折点坐标值存入数据表中，如图 11-11 所示。测量时首先要明确对应输入被测量 $x_i$ 的电压值 $u_i$ 是在哪一段；然后根据那段的斜率进行线性插值，即得输出值 $y_i = x_i$。

下面以四段为例，折点坐标值为：

横坐标：$u_1$，$u_2$，$u_3$，$u_4$，$u_5$；

纵坐标：$x_1$，$x_2$，$x_3$，$x_4$，$x_5$；

各线性段的输出表达式为：

图 11-11　反非线性的折线逼近

第Ⅰ段　　　　　$$y(Ⅰ) = x(Ⅰ) = x_1 + \frac{x_2 - x_1}{u_2 - u_1}(u_i - u_1) \tag{11-1}$$

第Ⅱ段　　　　　$$y(Ⅱ) = x(Ⅱ) = x_2 + \frac{x_3 - x_2}{u_3 - u_2}(u_i - u_2) \tag{11-2}$$

第Ⅲ段　　　　　$$y(Ⅲ) = x(Ⅲ) = x_3 + \frac{x_4 - x_3}{u_4 - u_3}(u_i - u_3) \tag{11-3}$$

第Ⅳ段　　　　　$$y(Ⅳ) = x(Ⅳ) = x_4 + \frac{x_5 - x_4}{u_5 - u_4}(u_i - u_4) \tag{11-4}$$

输出 $y = x$ 表达式的通式为

$$y = x = x_k + \frac{x_{k+1} - x_k}{u_{k+1} - u_k}(u_i - u_k) \tag{11-5}$$

式中，$k$ 为折点的序数，4 条折线有 5 个折点 $k = 1$，2，3，4，5。

由电压值 $u_i$ 求取被测量 $x_i$ 的程序框图，如图 11-12 所示。

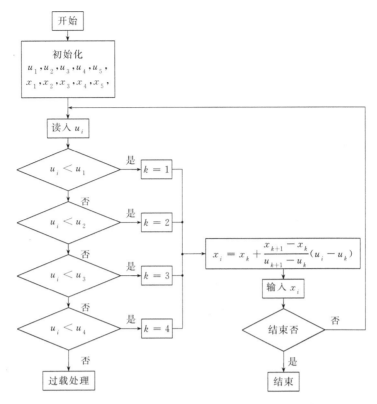

图 11-12　非线性自补偿流程图

### （2）自校零与自校准技术

假设一传感器系统经标定实验得到的静态输出（$Y$）与输入（$X$）特性如下：

$$Y = a_0 + a_1 X \tag{11-6}$$

式中，$a_0$ 为零位值，即当输入 $X=0$ 时之输出值；$a_1$ 为灵敏度，又称传感器系统的转换增益。

对于一个理想的传感器系统，$a_0$ 和 $a_1$ 应为保持恒定不变的常量。但实际上，由于各种内在和外来因素的影响 $a_0$ 和 $a_1$ 不可能保持恒定不变。譬如，决定放大器增益的外接电阻的阻值会因温度变化而变化，因此引起放大器增益改变，从而使系统总增益改变，即系统总的灵敏度发生变化。设 $a_1 = K + \Delta a_1$，其中 $K$ 为增益的恒定部分，$\Delta a_1$ 为变化量；又设 $a_0 = A + \Delta a_0$，$A$ 为零位值的恒定部分，$\Delta a_0$ 为变化量，则

$$Y = (A + \Delta a_0) + (K + \Delta a_1)X \tag{11-7}$$

式中，$\Delta a_0$ 为零位漂移；$\Delta a_1$ 为灵敏度漂移。

由式(11-7)可见，由零位漂移将引入零位误差，灵敏度漂移会引入测量误差（$\Delta a_1 X$）。

图 11-13 所示的自校准功能实现的原理框图，能够实时自校准，包含传感器在内的整个传感器测量系统，标准发生器产生的标准值 $X_R$、零点标准值 $X_0$。与传感器输入的目标参数 $X$ 的属性相同。如输入压力传感器的目标参量是压力 $P = X$，则由标准压力发生器产生的标准压力 $P_R = X_R$，若传感器测量的是相对大气压 $P_B$ 的压差（表压力），那么零点标准值即通大气压 $P_B = X_0$，多路转换器则是非电型的可传输流体介质的气动多路开关。同样，微处理器在每一特定的周期内发出指令，控制多路转换器执行校零、标定、测量三步测量法，可得传感器系统的灵敏度 $a_1$ 为

$$a_1 = K + \Delta a_1 = \frac{Y_R - Y_0}{X_R} \tag{11-8}$$

被测目标参量 $X$ 为

$$X = \frac{Y_X - Y_0}{a_1} = \frac{Y_X - Y_0}{Y_R - Y_0} X_R \tag{11-9}$$

式中，$Y_X$ 为被测目标参量 $X$ 为输入量时的输出值；$Y_R$ 为标准值 $X_R$ 为输入量时的输出值；$Y_0$ 为零点标准值 $X_0$ 为输入量时的输出值。

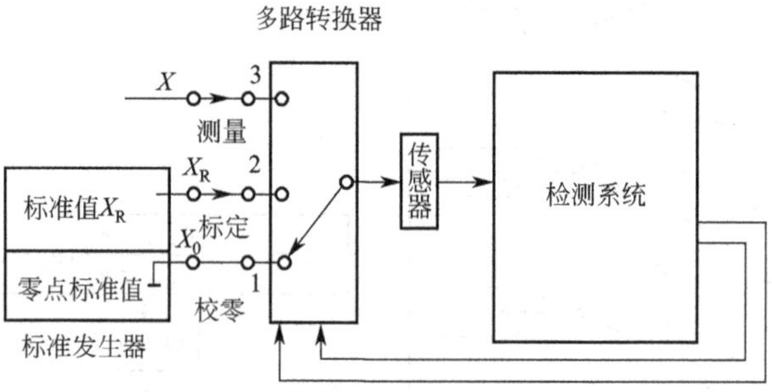

图 11-13　检测系统自校准原理框图

整个传感器系统的精度由标准发生器产生的标准值的精度决定。只要被校系统的各环节，如传感器、放大器、A/D 转换器等，在三步测量所需时间内保持短暂稳定，在三步测量所需时间间隔之前和之后产生的零点、灵敏度时间漂移、温度漂移等均不会引入测量误差。这种实时在线自校准功能，可以采用低精度的传感器、放大器 A/D 转换器等环节，达到高精度的测量结果。

### 11.1.3　集成智能传感器实例

智能传感器可以输出数字信号，带有标准接口，可接到标准总线上，因此在工业上有广泛的用途。人们把应用于工业现场能输出标准信号的传感器称为变送器。它一般包括传感器和信号变换及输出部分。变送器的最后输出是 4～20mA 电流或 0～10V 电压的标准信号。由于智能传感器具有标准接口和通信功能。在工业上，又有人把智能传感器称为智能变送器。

**(1) ST-3000 系列智能压力传感器**

霍尼韦尔（Honey well）ST-3000 系列智能压力传感器是美国霍尼韦尔公司 20 世纪 80 年代研制的产品，是最早实现商品化的智能传感器，属于集成智能传感器系统的中级形式。

ST-3000 系列智能压力传感器由检测和变送两部分组成（见图 11-14）。被测的力或压力通过隔离的膜片作用于扩散电阻桥上引起阻值变化，电桥的输出代表被测压力的大小。在硅片上制成两个辅助传感器，分别检测静压力和温度。由于采用接近于理想弹性体的单晶硅材料，传感器的长期稳定性好。在同一个芯片上检测的差压、静压和温度三个信号，经多路开关分时地接到 A/D 转换器中，数字量送到变送部分。变送部分由微处理器、ROM、PROM、RAM、$E^2$PROM、D/A 转换器、I/O 接口组成。微处理器负责处理 A/D 转换器送来的数字信号，从而使传感器的性能指标大为提高。存储在 ROM 中的主程序控制传感器工作的全过程。由于材料和制造工艺等原因，各个传感器的特性不可能完全相同。传感器制造出来后，由计算机在线进行校验，将每个传感器的温度特性和静压特性参数存在 PROM 中，以便进行温度补偿和静压校准，这样保证了每个传感器的高精度。传感器的型号、输入输出特性、量程可设定范围等均存储在 PROM 中。ST-3000 系列智能压力传感器可通过现场通信设定、检查工作状态、现场通信单元是便携式的，可以接在某个变送器的信号导线上，也可以接在变送器的信号端子上。现场通信单元可设定传感器的测量范围、阻尼时间、零点和量程校准等。设定的数据通过导线传到传感器内，存储在 RAM 中。电可擦写存储器 $E^2$PROM 作为 RAM 后备存储器，RAM 中的数据可随时存入 $E^2$PROM 中，不会因突然断电而丢失数据。恢复供电后，$E^2$PROM 可以自动地将数据送到 RAM 中，使传感器继续保持原来的工作状态，这样可以省掉备用电源。现场通信单元发出的通信脉冲信号叠加在传感器输出的电流信号上，数字输入输出（I/O）接口一方面将来自现场通信单元的脉冲从信号中分离出来，送到 CPU 中去；另一方面将设定的传感器数据、自诊断结果、测量结果等送到现场通信单元中显示。ST-3000 系列智能压力传感器的现场通信单元具有以下功能：

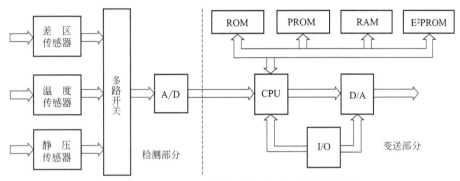

图 11-14　ST-3000 系列智能压力传感器原理框图

① 对传感器进行远程组态，设定标号、测量范围、输出形式（线性或平方根输出）和阻尼时间常数等。

② 传感器的零点和量程校准可以在现场进行，不必拆卸传感器，也不需要专门设备。

③ 对传感器进行诊断，进行组态检查、通信功能检查、变送功能检查、参数异常检查，诊断结果传送到现场通信器中显示。

④ 设定传感器为恒流输出，把传感器当做恒流源使用（在 $4\sim20$mA 的范围内），以便检查系统中的其他传感器或设备。ST-3000 系列智能压力传感器可以同时测量静压、差压和温度 3 个参数，精度达 0.1 级，6 个月总漂移量不超过全量程的 0.03%，量程比可达 400：1，阻尼时间常数在 $0\sim32$s 间可调。该系列的产品以其优越的性能得到广泛的应用。

**（2）多功能式湿度/温度/露点智能传感器系统**（瑞士 Sensirion 公司）：**SHT11/15 型高精度、自校准、多功能式智能传感器**

可同时测量相对湿度、温度和露点等参数；

兼有数字湿度计、温度计和露点计 3 种仪表的功能；

可广泛用于工农业生产、环境监测、医疗仪器、通风及空调设备等领域。

SHT11/15 型湿度/温度传感器系统的内部框图如图 11-15 所示。

温度：

测量范围：$-40\sim+123.8$℃

测量精度：$\pm1$℃

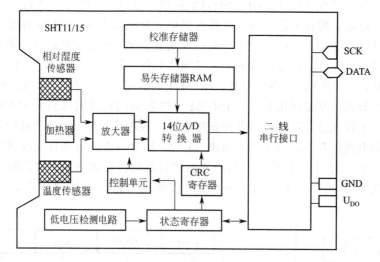

图 11-15　SHT11/15 型湿度/温度传感器的内部电路框图

分辨力：0.01℃

露点：（在水气冷却过程中最初发生结露的温度）

测量精度：＜±1℃

分辨力为：±0.01℃

由 SHT15 构成的相对湿度/温度测试系统的电路框图如图 11-16 所示。该系统能测量并显示出相对湿度、温度和露点。SHT15 作为从机，89C51 单片机作为主机，二者通过串行总线进行通信。

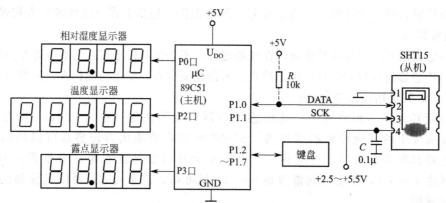

图 11-16　相对湿度/温度测试系统的电路框图

# 11.2　网络传感器

随着计算机技术和网络通信技术的飞速发展，传感器的通信方式从传统的现场模拟信号方式转为现场级全数字通信方式，即传感器现场级的数字化网络方式。基于现场总线、以太网等的传感器网络化技术及应用迅速发展，因而在现场总线控制系统（Field Bus Control System，FCS）中得到了广泛应用，成为现场级数字化传感器。

**(1) 网络传感器及其特点**

网络传感器是指在现场级实现了 TCP/IP 协议（这里的 TCP/IP 协议是一个相对广泛的概念，还包括 UDP、HTTP、SMTP、POP3 等协议）的传感器，这种传感器使得现场测控数据能就近登录网络，在网络所能及的范围内实时发布和共享。

具体地说，网络传感器是采用标准的网络协议，同时采用模块化结构将传感器和网络技术有机地结合在一起的智能传感器。它是测控网中的一个独立节点，其敏感元件输出的模拟信号经 A/D 转换及数据处理后，可由网络处理装置根据程序的设定和网络协议封装成数据帧，并加上目的地址，通过网络接口传输到网络上。同时，网络处理器也能接收网络上其他节点传给自己的数据和命令，实现对本节点的操作。网络传感器的基本结构如图 11-17 所示。

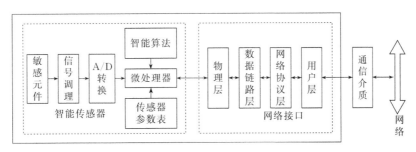

图 11-17　网络传感器的基本结构

网络化智能传感器是以嵌入式微处理器为核心，集成了传感单元、信号处理单元和网络接口单元的新一代传感器。与其他类型传感器相比，该传感器有如下特点。

① 嵌入式技术和集成电路技术的引入，使传感器的功耗降低、体积缩小、抗干扰性和可靠性提高，更能满足工程应用的需要。

② 处理器的引入使传感器成为硬件和软件的结合体，能根据输入信号值进行一定程度的判断和制定决策，实现自校正和自保护功能。非线性补偿、零点漂移和温度补偿等软件技术的应用，则使传感器具有很高的线性度和测量精度。同时，大量信息可由传感器进行处理，减少了现场设备与主控站之间的信息传输量，使系统的可靠性和实时性提高。

③ 网络接口技术的应用使传感器可方便地接入网络，为系统的扩充和维护提供了极大的方便。同时，传感器可就近接入网络，改变了传统传感器与特定测控设备间的点到点连接方式，从而显著减少了现场布线的复杂程度。

由此可以看出，网络化智能传感器使传感器由单一功能、单一检测向多功能和多点检测发展；从孤立元件向系统化、网络化发展；从就地测量向远距离实时在线测控发展。因此，网络化智能传感器代表了传感器技术的发展方向。

**(2) 网络传感器通用接口标准**

构造一种通用智能化传感器的接口标准是解决传感器与各种网络相连的主要途径。从 1994 年开始，美国国家标准技术局（National Institute of Standard Technology，NIST）和 IEEE 联合组织了一系列专题讨论会商讨智能传感器通用通信接口问题和相关标准的制定，这就是 IEEE1451 的智能变送器接口标准（Standard for a Smart Transducer Interface for Sensors and Actuators）。其主要目标是定义一整套通用的通信接口，使变送器能够独立于网络与现有基于微处理器的系统、仪器仪表和现场总线网络相连，并最终实现变送器到网络的互换性与互操作性。现有的网络传感器配备了 IEEE1451 标准接口系统，也称为

IEEE1451 传感器。

符合 IEEE1451 标准的传感器和变送器能够真正实现现场设备的即插即用。该标准将智能变送器划分成两部分，一部分是智能变换器接口模块（Smart Transducer Interface Module，STIM）；另一部分是网络适配器（Network Capable Application Processor，NCAP），亦称网络应用处理器。两者之间通过一个标准的 10 线制传感器数字接口（Transducer Independence Interface，TII）相连接，如图 11-18 所示。

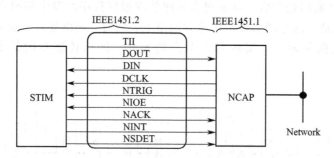

图 11-18　符合 IEEE1451 标准的智能变送器示意

具体地说，该标准包括 5 个独立的标准。IEEE1451.1 定义了独立的信息模型，使传感器接口与 NCAP 相连，使用面向对象的模型定义提供给智能传感器及其组件；IEE1451.2 定义了智能传感器接口模块 STIM、电子数据表格 TEDS 和数字接口 TII；IEEE1451.3 定义了分布式多点系统数字通信接口和电子数据表 TEDS；IEEEP1451.4 定义了混合模式通信协议和电子数据表 TEDS；IEEP1451.5 定义了传感器、遥控器和处理器接口之间的联系。这些标准包括本地管脚之间的连接以及信号的通信格式。

STIM 模块：现场 STIM 模块构成了传感器的节点部分，主要包括了传感器接口、功能模块、核心控制模块、电子数据表格（TEDS）以及数字接口（TII）5 部分。STIM 模块主要完成现场数据的采集功能。

NCAP 模块：此模块用于从 STIM 模块中获取数据，并将数据转发至互联网等网络。由于 NCAP 模块不需要完成现场数据采集功能，因此，该模块中只需要数字接口部分（TII）和网络通信部分即可。

**（3）网络传感器的发展趋势**

① **从有线形式到无线形式**　在大多数测控环境下，传感器采用有线形式使用，即通过双绞线、电缆、光缆等与网络连接。然而在一些特殊测控环境下使用有线形式传输传感器信息是不方便的。为此，可将 IEEE1451.2 标准与蓝牙技术结合起来设计无线网络化传感器，以解决有线系统的局限性。

蓝牙技术是指爱立信（Ericsson）、国际商业机器（IBM）、英特尔（Intel）、诺基亚（Nokia）和东芝（Toshiba）等公司于 1998 年 5 月联合推出的一种低功率短距离的无线连接标准。它是实现语音和数据无线传输的开放性规范，其实质是建立通用的无线空中接口及其控制软件的公开标准，使不同厂家生产的设备在没有电线或电缆相互连接的情况下，能近距离（10cm～100m）范围内具有互用、互操作的性能。蓝牙技术具有工作频段全球通用、使用方便、安全加密、抗干扰能力强、兼容性好、尺寸小、功耗低及多路多方向链接等优点。基于 IEEE1451.2 标准的蓝牙协议的无线网络传感器结构框图如图 11-19 所示。

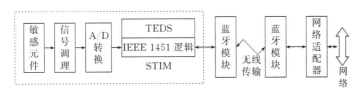

图 11-19　基于 IEEE1451.2 和蓝牙协议的无线网络传感器结构框图

**② 从现场总线形式到互联网形式**　现场总线控制系统可认为是一个局部测控网络,基于现场总线的智能传感器只实现了某种现场总线通信协议,还未实现真正意义上的网络通信协议。只有让智能传感器实现网络通信协议(IEEE802.3、TCP/IP 等),使它能直接与计算机网络进行数据通信,才能实现在网络上任何节点对智能传感器的数据进行远程访问、信息实时发布与共享,及对智能传感器的在线编程与组态,这才是网络传感器的发展目标和价值所在。

图 11-20 是一种基于以太网 IEEE802.3 协议的网络传感器结构框图。这种网络传感器仅实现了 OSI 七层模型的物理层和数据链路层功能及部分用户层功能,数据通信方式满足 CSMA/CD(即载波侦听多路存取冲突检测)协议,并可通过同轴电缆或双绞线直接与 10M 以太网连接,从而实现现场数据直接进入以太网,使现场数据能实时在以太网上动态发布和共享。

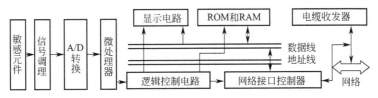

图 11-20　基于以太网 IEEE802.3 协议的网络传感器结构

若能将 TCP/IP 协议直接嵌入网络传感器的 ROM 中,在现场级实现 Intranet/Internet 功能,则构成测控系统时可将现场传感器直接与网络通信线缆连接,使得现场传感器与普通计算机一样成为网络中的独立节点,如图 11-21 所示。此时,信息可跨越网络传输到所能及的任何领域,进行实时动态的在线测量与控制(包括远程)。只要有诸如电话线类的通信线缆存在的地方,就可将这种实现了 TCP/IP 协议功能的传感器就近接入网络,纳入测控系统,不仅节约大量现场布线,还可即插即用,为系统的扩充和维护提供极大的方便。这是网络传感器发展的最终目标。

**(4)　网络传感器应用**

供热站点热计量数据实时监测无线传感器网络:

城市供热站点处使用热计量仪表采集供热过程热计量数据,再通过积分仪,M-bus 总线转 RS-485 的转换模块进行数据处理和格式转换,将经过以上环节处理的数据送给综测仪,并进一步通过 CDMA 无线通信模块将数据发给监控平台。监控平台对采集到的热计量数据进行分组管理,并配合供热区域的建筑环境内的实际热环境参量,对这些数据进行智能化的处理运算,得到经

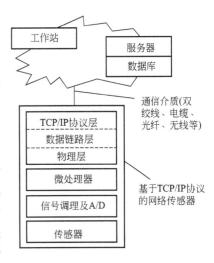

图 11-21　基于 TCP/IP 的网络
传感器测控系统

济运行数据，再通过 Internet 馈送回各个供热站点。供热站点依据回馈的指导性经济运行数据对供热过程进行调节控制，降低燃气消耗，取得较好的节能效果。使用闭环结构馈送热计量数据的无线传感器网络如图 11-22 所示。

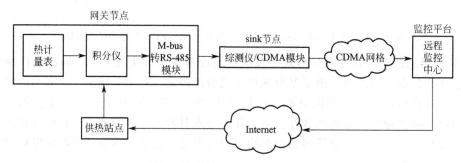

图 11-22　使用闭环结构馈送热计量数据的无线传感器网络

## 思考题与习题

11-1　什么是智能传感器？其主要功能和特点是什么？

11-2　非线性校正方法有哪些？

11-3　什么是网络传感器？它有什么特点？

11-4　举例说明无线传感网络在工程实际中应用。

# 第12章

# 物联网传感技术

## 12.1　物联网的概念

　　物联网的概念于 1999 年提出，是"物物相连的互联网"。物联网的英文名称是 The Internet of Things，是在计算机互联网的基础上，利用射频识别（Radio Frequency Identification，RFID）、红外感应器、全球定位系统、激光扫描器等信息传感设备，按约定的协议，把任何物品与互联网连接起来，进行信息交换和通讯，以实现智能化识别、定位、跟踪、监控和管理，构造一个覆盖世界上万事万物的实物互联网、进而在互联网的基础上提供专为供应链企业的各种信息服务。

　　物联网主要解决物品到物品（Thing to Thing，T2T），人到物品（Human to Thing，H2T）人到人（Human to Human，H2H）之间的互联。例如危险品运输中为了保证物品在运送过程中的安全，可以利用物联网实施对物品状态的全程监控。通过分布在危险品周围的温度、湿度、气压、振动等传感器探头和 GPS 定位模块等，定期或不定期地采集危险品温度、湿度、气压、振动、位置等信息，然后通过通信网将信息发送到远程的集中监控处理系统，由该系统进行信息处理，并根据处理结果实施相应的控制处理。

　　物联网的应用范围包括：交通和物流、环境保护、公共安全、智能消防、工业生产监测、智能家居和个人健康等领域。物联网概念如图 12-1 所示。

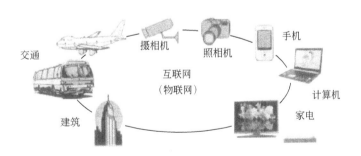

图 12-1　物联网概念

## 12.2　物联网的体系架构

　　物联网分为 3 层：感知层、网络层和应用层，如图 12-2 所示。

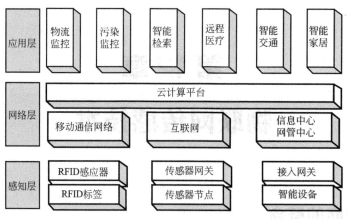

图 12-2 物联网的分层结构

感知层是实现物联网全面感知的基础，包括二维码标签和识读器、RFID 标签和读写器、摄像头、GPS、传感器和 M2M 终端、传感器网络和传感器网关等。要解决的重点问题是感知和识别物体，采集和捕获信息，解决低功耗、小型化和低成本的问题。物联网感知层的技术结构特征如表 12-1 所列。

表 12-1　感知层技术结构特征

| 感知对象 | 对象身份/Who | 对象属性 | | |
|---|---|---|---|---|
| | | 时间、地点/<br>When、Where | 参数变量/<br>What | 执行变量/<br>How |
| 感知方法 | RFID | 时钟与定位 | 传感器 | 传动器 |
| 产业环节 | • 标准：EPC Global、UID、ISO/<br>IEC 18000<br>• 新材料：基础<br>• 微电子：设计、制造、封装、集成<br>• 能源：低功耗、电池<br>• 辅助：条形码 | GPS，北斗 | 物理传感器/化学传感器/<br>生物传感器 | • 纳米技术<br>• MEMS<br>• 智能材料 |
| | | • 硬件制造<br>• 电子地图<br>• 导航软件 | • 物理：电、光、磁、力、声、核<br>• 化学：化学成分、分布、含量<br>• 生物：识别、增敏、特异性 | |
| 设备集成/<br>系统集成 | • RFID 识别系统——芯片、标签 Tag、天线、封装介质、读写器<br>• RFID 识别解决方案<br>• RFID 后台支撑系统 | • 区域定位<br>• 全球定位平台<br>• 管理系统 | • 传感设备：摄像头、磁敏、压电、震动、超声、雷达、加速度、化学传感设备、生物传感仪器<br>• 传感集成：数模转换、放大、增敏、除噪、压缩、解码 | 维纳马达、人造肌肉、耐磨关节 |

网络层主要用于实现更加广泛的互联功能，它能够把感知到的信息无障碍、高可靠、高安全性地进行传送，但它需要传感器网络与移动通信技术、互联网技术相融合。各种通信网络与互联网形成的融合网络，被普遍认为是最成熟的部分，除网络传输之外，还包括网络的管理中心和信息中心，用以提升对信息的传输和运营能力，也是物联网成为普遍服务的基础设施。需要解决向下与感知层的结合，向上与应用层的结合问题。表 12-2 所列是物联网传输层的技术结构特征。

表 12-2　传输层技术结构特征

| 通信网络层次 | 标准与协议 | 支撑平台 |
|---|---|---|
| • 主干网：TB 量级<br>• 支线网：GB 量级<br>• 接入网：MB 量级 | 网络通信协议：<br>• TVP/IP(IPv6)<br>• IPX/SPX<br>• NETBEUI<br>无线通信协议：<br>• 无线个域网 WPAN：IEEE 802.15<br>• 无线局域网 WLAN：IEEE 802.11<br>• 无线城域网 WMAN：IEEE 802.16<br>• 无线广域网 WWAN：IEEE 802.20 | 物联网管理中心<br>（编码、认证、鉴权、计费） |

应用层主要包含应用支撑平台子层和应用服务子层，将物联网技术与行业专业技术相结合，实现广泛智能化应用的解决方案集，用于提供物物互联的丰富应用。物联网通过应用层最终实现信息技术与行业的深度融合，其关键问题在于信息的社会化共享、开发利用以及信息安全的保障。

此外，公共技术不属于物联网技术的某个特定层面，而是与物联网技术架构的三层均有关系，它包括标识与解析、安全技术、网络管理和服务质量（QoS）管理。

# 12.3　物联网关键技术

物联网的关键技术有射频识别技术、传感技术、纳米技术、智能嵌入技术、云计算等。当前各项技术发展并不均衡，射频标签、条码与二维码技术等已经非常成熟，传感器网络相关技术尚有很大发展空间。在此只介绍射频技术（RFID）、传感技术（WSN）和嵌入技术。

**（1）无线射频识别（RFID）技术**

射频识别（Radio Frequency Identification，RFID）是一种非接触式的自动识别技术，它通过射频信号自动识别目标对象并获取相关数据。其工作原理是，装有天线的 RFID 阅读器持续地发出一定频率的射频信号，当装有电子标签的物体接近射频信号所覆盖的区域时，根据查询信号中的命令要求，将存储在标签中的数据信息反射回阅读器。阅读器接收到电子标签反射回的信号后，经解码处理即可将电子标签中的识别代码等信息分离出来。这些信息被传送到后台中央信息系统，后台系统根据运算，针对不同的设定做出相应的处理和控制。整个识别工作无需人工干预，并可工作于各种恶劣环境。

目前广泛使用的 RFID 系统主要由 3 部分构成，即标签物（贴在目标对象上）、阅读器和天线。其中标签可分为借助外来能量工作的被动标签（无源标签）和配有电池的主动标签（有源标签），标签芯片相当于一个具有无线收发功能和存储功能的单片系统。阅读器用来读取或写入标签信息的设备，有手持式和固定式两种。天线的作用则用来在标签和阅读器间传输射频信号，天线的尺寸必须与所传信号的波长一致，其位置与形状会影响信号的发送与接收。

① RFID 工作原理。RFID 系统组成及工作原理如图 12-3、图 12-4 所示。电子标签进入到读写器的射频场后，标签的天线获得感应电流经升压电路作为标签工作的电源，同时将信息的感应电流通过射频前端电路检得的数字信号送入逻辑控制电路进行信息处理；所需回复的信息则从存储器中获取，经由逻辑控制电路送回射频前端电路，最后通过天线发回给读写器。

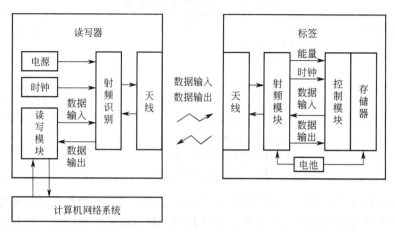

图 12-3　RFID 的系统组成

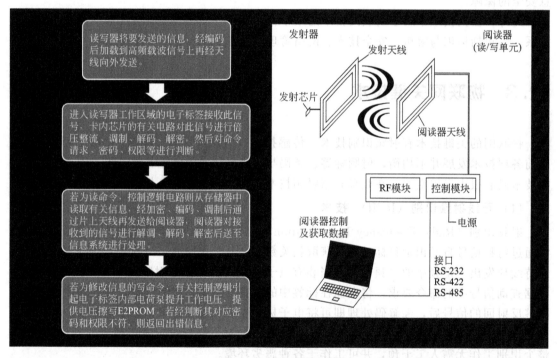

图 12-4　系统工作原理

② RFID 的分类。

a. 根据 RFID 的工作频率，可分为低频（30～300kHz）、中频（3～30MHz）和高频（300MHz～3GHz）系统。低频系统的特点是存储数据少、阅读距离短、外形多样、天线方向性不强，主要适合短距离、低成本的应用，比如门禁控制、校园卡、煤气表、水表等。中频系统适合传输大量数据的应用系统，其特点是成本高，标签内存数据量大，阅读距离较远，适应物体高速运动，性能好。高频系统的读写天线和标签天线具有较强的方向性，但天线波束方向较窄且价格较高，主要应用于长距离读写和高速度的读写场合，例如火车监控、高速公路收费等。

b. 根据 RFID 存储芯片的不同，分为可读写（RW）卡、一次写入多次读出（WORM）

卡和只读（RO）卡。RW 卡一般比 WORM 卡和 RO 卡贵，比如电话卡、信用卡等；WROM 卡是用户可以一次性写入的卡，写入后数据不可改变，比 RW 卡便宜；RO 卡存有一个唯一号码，不能修改，因此其安全性较高。

c. 根据 RFID 的能量供给，可分为有源 RFID 标签和无源 RFID 标签。有源 RFID 标签使用卡内电池的能量，识别距离较长（可达十几米），寿命有限（3～10 年），且价格高；无源 RFID 标签内无电池，其能量来自于读写器发出的微波，特点是体积小、寿命长、质量轻、成本低、免维护，发射距离一般是几十厘米，要求读写器发射功率大。

d. 根据 RFID 的调制方式不同，可分为主动式 RFID 标签和被动式 RFID 标签。主动式 RFID 标签是利用自身的射频能量主动发送数据给读写器，用于有障碍物的应用系统，距离可达 30m；被动式 RFID 标签，使用的是调制散射方式发射数据，必须利用读写器的载波调制自己的信号，适合门禁和交通方面的应用。

### （2）传感器网络与检测技术

传感技术、计算机技术与通信技术被称为信息技术的三大支柱。传感技术的核心即传感器，它是负责实现物联网中物与物、物与人信息交互的必要组成部分。可以感知热、力、光、电、声、位移等信号，为网络系统的处理、传输、分析和反馈提供原始信息。

无线传感器网络（Wireless Sensor Network，WSN）是集分布式信息采集、信息传输和信息处理技术于一体的网络信息系统，以其低成本、微型化、低功耗和灵活的组网方式、铺设方式以及适合移动目标等特点受到广泛重视。物联网正是通过遍布在各个角落和物体上的各种不同的传感器以及由它们组成的无线传感器网络感知物质世界。

① WSN 的特征

■ 与现有无线网络的差别

a. WSN 是集成了监测、控制以及无线通信的网络系统，节点数目更为庞大（上千甚至上万），节点分布更为密集。

b. 由于环境影响和能量耗尽，节点更容易出现故障。

c. 环境干扰和节点故障容易造成网络拓扑结构的变化。

d. 通常情况下，大多数传感器节点是固定不动的。

e. 传感器节点具有的能量、处理能力、存储能力和通信能力等十分有限。

f. 传统无线网络的首要设计目标是提高服务质量和高效率带宽利用，其次才考虑节约能源；而 WSN 的首要设计目标是能源的高效使用，这也是 WSN 和传统网络最重要的区别之一。

■ 传感器节点的限制

电源能量有限、通信能力有限、计算和存储能力有限。

② WSN 体系结构

无线传感器网络 WSN 体系的拓扑结构及逻辑分层结构如图 12-5、图 12-6 所示。

传感器节点体系结构及传感器网络协议栈如图 12-7、图 12-8 所示。

传感网中使用的几种通信技术如下。

a. 移动通信：2G、3G、B3G、LTE。

b. 无线局域网：

WiFi：无线局域网，802.11，校园网。

WiMAX：无线城域网，802.16，已成为 3G 标准。

c. 超宽带 UWB：特征是利用纳秒级的非正弦波窄脉冲传输数据。工作频率 3.1G～

10.6GMHz，低功耗，如射频标签 RFID（Radio Frequency Identification，也称电子标签、无线电频率识别）。

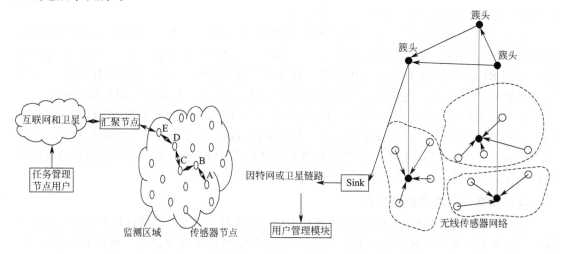

图 12-5　平面拓扑结构　　　　　　图 12-6　逻辑分层结构

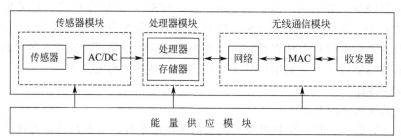

图 12-7　传感器节点体系结构

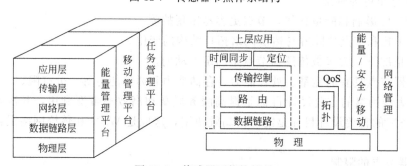

图 12-8　传感器网络协议栈

d. ZigBee：低功耗、近距离的无线组网通信技术；

802.15.4（s）。

e. NFC（近场通信），双向 RFID，可实现设备之间的近距离通信（20cm，比蓝牙短，但是不需要加密）。

f. 蓝牙（Bluetooth）、红外（liRD）。

③ RFID 与 WSN 融合。物联网架构框架下无线射频识别技术（RFID）与无线传感器网络（WSN）融合技术如图 12-9、图 12-10、图 12-11 所示。

■ RFID 侧重于识别，能够实现对目标的标识和管理，同时 RFID 系统具有读写距离有限、抗干扰性差、实现成本较高的不足；WSN 侧重于组网，实现数据的传递，具有部署简单，实现成本低廉等优点，但一般 WSN 并不具有节点标识功能。RFID 与 WSN 的结合存在很大的契机。

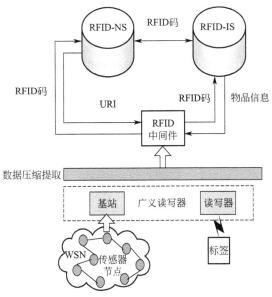

图 12-9　物联网架构物联网架构下
RFID 与 WSN 的融合

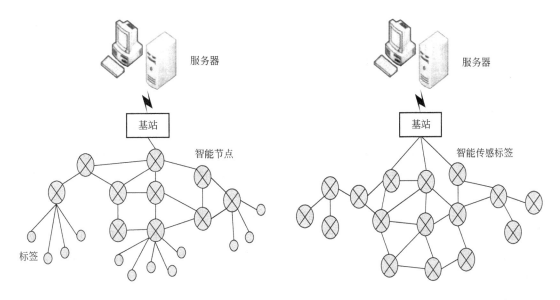

图 12-10　传感器网络架构下 RFID 与
WSN 的融合（智能节点）

图 12-11　传感器网络架构下 RFID 与
WSN 的融合（智能传感标签）

### （3）嵌入式系统

嵌入式系统是以应用为中心，以计算机技术为基础，软硬件可剪裁，适用于应用系统对功能、可靠性、成本、体积以及功耗等有严格要求的专用计算机系统。因此，嵌入式系统一般指非 PC 系统，它包括硬件和软件两部分。硬件包括微处理器、存储器以及外设器件和 I/O 端口等。软件部分包括操作系统软件（OS）和应用程序，应用程序控制系统的运行及行为，而操作系统控制应用程序及硬件的交互作用。嵌入式系统如同物联网的"大脑"和"中枢神经"，物联网内的所有个体均需要嵌入式系统进行传输和信息处理，嵌入式系统的设计将直接影响物联网的正常运行。

其典型结构如图 12-12 所示。

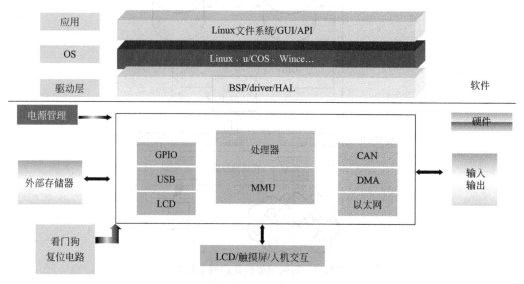

图 12-12　嵌入式系统的典型结构

## 12.4　物联网传感器技术应用

### （1）基于物联网技术的农业环境监测

在现代农业领域，物联网技术可在监控农作物生长状况、土壤灌溉墒情、环境生态因子变化、畜禽水产养殖场环境状况以及农产品安全溯源等方面发挥作用。通过收集温度、湿度、养分、风力、大气、降雨、pH 等土壤、植物、水体和环境数据信息，进行远程监控和管理，从而进行科学预测，防灾减灾，科学种植，提高农业生产和综合效益。基于无线传感网络的土壤墒情与温湿度等环境信息监测系统近年来时有报道，其中 ZigBee 技术由于模块功耗和成本较低，时延较短，组网节点容量较大，且安全可靠，因而在农业信息采集和远程监控中得到了广泛的应用。物联网技术可广泛应用于温室等栽培设施的精准化管理中，采用不同的传感器和机械控制装置对设施温室中土壤含水量和氮磷钾元素含量，空气温湿度和光照强度、pH 和 $CO_2$ 浓度等影响作物生长的环境信息进行实时监测，控制系统根据监测到的实时数据将温室内水、肥、气、光、热等植物生长所必需的条件调节到最佳状态，以保证栽培作物的产量和品质，同时达到最佳的经济效益。

图 12-13 采用的传感器为土壤水分温度一体化传感器和 TDC3021 环境空气温湿度传感器。土壤水分传感器采用晶体振荡器产生高频信号，并传输到平行金属探针上，产生的信号与返回信号叠加，通过测量信号的振幅测量土壤水分含量。在传感器探头外圈其中一个探针内安装了铂温度传感器，可以同时测量土壤温度。将土壤水分和温度传感器整合为一体化，可避免对土壤产生较大扰动，以获得更准确的测量结果。

运用物联网技术的土壤环境远程监测系统可连续在线监测不同试验小区土壤剖面温度水分及相关环境背景值数据，具有无人值守、实时性和高可靠性等特点。该系统包括3个部分：物联网传感器节点和采集终端，野外监控站，监控数据中心。其系统硬件结构如图12-13所示。

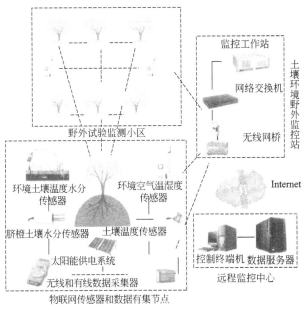

图12-13 基于物联网的土壤环境远程监测系统硬件构架图

① **传感器节点和采集终端** 采集终端的作用是根据不同的测试目的，配置相应的测试仪器，将被测对象数据转换为标准信号，并通过数据采集器将测量结果传输到监控计算机。在本系统中，每个采集终端均配置土壤水分和温度传感器，分别实时测量土壤水分温度数值，测量结果通过标准信号传输到数据采集器。对于距离监控中心较近的采集点，通过有线数据采集器，将数据传输到监控计算机；而对于距离相对较远，不便于铺设线路的监控点，使用无线数据采集器和无线定向天线，将数据传输到监控计算机。

② **野外监控站** 监控站主要配置无线网桥、网络交换机以及监控计算机等设备。其中无线网桥接收无线数据采集器发送的土壤剖面和环境监测实时数据，通过网络交换机发送给监控计算机。监控计算机中安装定制开发的监控管理软件平台，实现对监控数据的连续采集、查看和存储。

③ **监控数据中心** 为实现远程监控和提高系统的自动化水平，建立一个远程监控数据中心，利用虚拟专用网（Virtual Private Network，VPN）技术，具有访问权限的用户通过Internet即可远程监控秭归监控站中的所有历史和实时数据，提高了监控的实时性和准确性。由于采用VPN技术，在保证数据的安全性的同时，能够有效降低系统成本。通过终端计算机安装监控管理软件，可实现对监测数据的远程查看、转换导出和存储分析，同时对野外硬件设备的运行状况进行在线管理和智能控制。

**（2）基于物联网的节能减排系统**

近年来，我国经济快速增长，经济发展与资源环境被破坏的矛盾日趋尖锐。只有坚持节约、清洁、安全策略，才能实现经济稳步发展。

节能减排，抗击气候变化，与人们的日常生活息息相关。我国70％以上的电力来自煤炭燃烧发电，不仅发电过程造成了大量污染，发电导致的二氧化碳排放和温室效应更是导致气候变化的元凶。节能可以减排二氧化碳，帮助减缓气候变化。

节能减排系统的架构如图 12-14 所示。

图 12-14　节能减排系统架构图

从图 12-14 可知，节能减排系统主要包含以下部分。

① 数据采集系统和无线传输系统：负责电量采集，包括温度、平均功率和瞬时功率等物理量的采集，并负责将模拟量转换为数字量，传送给处理节点；同时，传感节点可以接收处理节点发送的控制信息，对设备进行控制。

② 物联网网关系统：负责接收传感节点发送的信息，并将这些信息发送给服务器；同时，处理节点可以接收服务器的控制信息，转发给对应的处理节点。

③ 数据分析系统：负责参数采集，将接收到的数据存入本地数据库；接收用户对各传感节点的阈值设置和控制指令。同时，服务器也提供接口，供其它互联网设备访问。

④ 终端控制系统：用于实时地显示传感端采集到的数据，再通过专家系统进行数据融合和分析，提出节能建议，同时可以通过 GSM 和 WSN 网络远程控制家用电器，实现远程监控。

智能节能系统的总体功能模块图如图 12-15 所示。

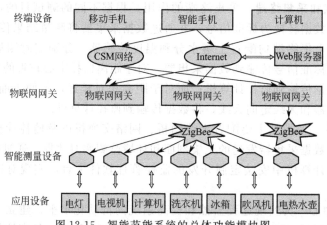

图 12-15　智能节能系统的总体功能模块图

从图 12-15 中可以看出，智能节能系统主要由终端控制系统、物联网网关以及家庭内部的家电网络和传感器网络几部分组成。网络总体上分为家庭外部网络和家庭内部网络两部分，分别对应因特网和 ZigBee 网络。物联网网关是系统的灵魂和核心控制所在，它一般是一台装载了嵌入式操作系统平台的专用主机，并且外接一个 ZigBee 短程无线收发模块，以实现对家庭区域网内的各种信息家电和传感器的控制。物联网网关对外可以提供各种远程智能控制接口，操作者可以通过任何一台连接 Internet 的 PC 访问 Web 页面，通过该网关，对家中的终端节点进行数据访问或控制。终端节点单元包括以下 3 个部分：射频收发模块、传感器或受控终端以及两者之间的接口控制模块。射频收发模块作为系统中网络节点的通信接口，负责网络中各节点设备的网络无线连接和无线数据或指令的收发。系统的终端传感或受控单元主要负责电量、温度等各种数据的采集以及对各种家电的控制。这种控制或检测功能需要通过接口控制模块直接操作并完成。

**（3）基于物联网的智能交通系统**

智能交通主要是指将先进的信息技术、计算机技术、数据通信技术、传感器技术、电子控制技术、自动控制理论、运筹学、人工智能等技术有效地综合应用于整个交通服务、管理与控制中，从而建立起一种大范围、全方位发挥作用的实时、准确、高效的运输综合管理系统，解决日趋恶化的道路交通拥挤、交通事故和环境污染问题。

**① 基于物联网的智能交通系统总体架构** 我国城市智能交通系统示范工程主要包括城市交通控制与管理系统；城市综合信息智能交通系统理论的研究与实现；公交管理系统；城市综合物流系统。

一般而言，基于物联网的智能交通系统包括如下组成部分：

a. 先进的交通管理系统：包括路径引导子系统、路测子系统、交通预测子系统、电子收费子系统等。对道路系统中的交通状况、交通事故、气象状况和交通环境进行实时监视，获得有关交通状况的信息，并根据收集到的信息对交通进行控制，如信号灯时长控制、引导信息发布、交通管制、紧急事故处理与救援等。

b. 先进的公共交通系统：包括公交信息子系统、公交智能调度子系统、公交需求管理子系统（在公交管理中心，可以根据车辆的实时状态合理安排发车、收车等计划，提高工作效率和服务质量）、公交定位子系统、公交电子车票子系统、公交专用道子系统，实现公交系统安全、便捷、经济、运量大的目标。可以通过 PC、公共媒体、手机通信网等向公众提供出行方式、路线及车次选择等信息服务和相关交通信息咨询服务，在公交车站通过电子显示器向候车者提供车辆的实时运行信息，方便人们出行。

c. 交通信息服务系统：包括车辆交通信息服务子系统、社会交通信息服务子系统、行人信息服务支持子系统以及个人信息的接入子系统。如高速公路路边设立的实时信息通告牌或者利用导航系统、移动通信网通告道路使用者当前的交通情况，城市道路路边设置的人行道和交通信息通告牌等。

d. 电子监控系统：包括电子标签检测子系统、视频检测子系统、交通电视监控子系统等。

e. 车辆安全系统：包括对驾驶员给予帮助和警告的车辆自动驾驶子系统、车辆防碰撞子系统等。

f. 物流管理系统：包括货物集散子系统、物流计算机管理子系统等。利用物流理论进行管理的智能化的物流管理系统，综合利用卫星定位、地理信息系统、物流信息及网络通信技术有效组织货物运输，提高货运效率。

g. 紧急救援系统：提供排除车辆事故、故障紧急处理、现场救护等服务。

**② 核心网络设备**

a. 不停车收费系统装置。不停车收费系统主要基于专用短程通信技术（Dedicated Short Range Communication，DSRC），基于 DSRC 的不停车收费系统通过安装在道路两侧的信号发射与接收装置识别通行车辆的身份，并自动从识别出的车主专用账户中扣除相应的道路通行费。在该过程中，并不需要车主停车进行人工缴费，从而使得交通流畅、高效。DSRC 系统主要由车载单元（On—Board Unit，OBU），路侧单元，（Road—Side Unit，RSU）以及专用短程通信协议组成，如图 12-16 所示。

ⅰ. 车载单元 OBU。主要应用于电子自动收费系统中。OBU 最初的形式是单片式的电

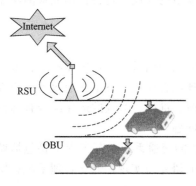

图 12-16　SDRC 系统示意图

子标签，目前发展到了双片式的、整合了 IC 卡加 CPU 模块的单元。CPU 模块用于为 OBU 和 RSU 之间提供高速数据传输支持并存储了车辆的相关信息，如车主、车型、车辆牌照等信息；IC 卡存储账户、账户交易记录、账户余额等信息。

ⅱ. 路侧单元 RSU。RSU 指安装在车道旁或车道上方所架设设施上的通信和信息处理装置，其功能是完成与 OBU 的实时、高速通信、实时车辆自动识别、特定目标检测及图像抓拍等，通常由设备控制器、天线、抓拍系统、计算机系统及其它辅助设备等组成。

ⅲ. 专用通信链路：上行链路：从 OBU 到 RSU，RSU 的天线不断向 OBU 发射 5.8GHz 连续波，其中一部分作为 OBU 的载波，将数据进行 BPSK 调制后又反射回 RSU；下行链路：从 RSU 到 OBU，采用 ASK 调制，NRZI 编码方式，数据通信速率为 500Kbps。

b. 地理信息系统。地理信息系统（Geographic Imformation System，GIS）同样是物联网环境下支持 ITS 发展的一项重要技术。GIS 以地理空间数据库为基础，在计算机软件的支持下，对空间相关数据进行采集、管理、操作、分析、模拟和显示，适时地提供动态信息。早在 20 世纪，人们就已经构想和探索把 GIS 融入 Internet 中，以便于把各种信息同地理位置和有关的视图结合起来，并把地理学、几何学、计算机科学及各种应用对象、Internet 及多媒体技术等融为一体，利用计算机图形与数据库技术采集、存储、编辑、显示、转换、分析和输出地理图形及其属性数据。这样，在智能交通系统中，地图匹配、路径查询、路径引导等功能模块得以实现。数据库技术是 GIS 的主要支撑技术，计算机中的地理信息地图是以数据库的形式进行存储的，地图包含两种信息：说明性信息特征属性表、空间地理信息。而空间信息的表征则是通过二维坐标体现的，将地理上的点、线、面对应到二维平面，利用坐标（X，Y）确定地图上的位置和地理上的位置。

c. 物联网设备。在基于物联网的智能交通系统中，利用传感技术可以实现多种扩展功能，如自动化驾驶、车流量监测、车辆定位、交通环境监测等。其中，最为典型的是利用磁阻传感器监测交通流量。

如 Honeywell 公司生产的磁阻传感器芯片具有一定的代表性。将加载了磁阻传感器的物联网设备埋入道路下，当有车辆从道路上方行驶通过时，车上的磁体物质所产生的磁场将对传感器上方的地磁场产生扰动，此时磁阻传感器设备捕捉到扰动信息，并将扰动信号进行 A/D 转换，再通过射频模块发送到道路旁的物联网汇聚节点处，汇聚节点收集到信息后通过各种网络将数据传输到后台管理系统，后台管理系统对数据进行处理、分析，进而对道路的交通流量进行判断，如图 12-17 所示。

d. RFID 设备。RFID 技术是物联网环境下最为核心的基础技术之一。可以通过 RFID 技术为需要感知的车辆贴上标签，构建基于 RFID 身份识别的交通要素信息采集体系。系统通常由电子标签（射频标签）和阅读器组成，阅读器和电子标签之间按照约定的通信协议互传信息。应用中将电子标签附着在待识别车辆上，由阅读器向电子标签发送命令，将电子标签中一定格式的电子数据回传给阅读器，从而达到监测道路信息的作用。

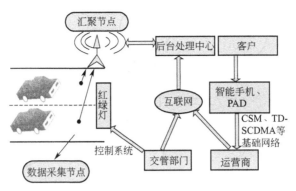

图 12-17  物联网环境下的智能车流量监控系统

**（4）基于物联网技术的医患信息系统**

随着计算机在医院管理应用中的普及，利用计算机实现医院管理势在必行。对于大中型医院来说，利用计算机支持医院高效率完成日常事务管理，是适应现代化医院管理制度要求、推动医院管理走向科学化、规范化的必要条件。

采用物联网技术，将医患之间信息不对称的现状进行改进，构建医患信息系统（Hospital Information System，HIS），将医院与患者之间通过 RFID 标签、EPC 码、解读器以及网络连接起来，避免因病患的信息与病患分离而造成重复检查、治疗时间延误或在医嘱执行过程中出现服错药、打错针甚至开错刀的重大医疗过失。每次看完病、做完身体检查，医院会将患者的检查报告记入带 RFID 芯片的社保卡中，这样可以实现医生和患者之间的信息对称。

医患信息系统由门诊信息系统、护理信息系统、住院信息系统和手术信息系统等子系统组成，如图 12-18 所示。医患信息系统管理下的看病流程如图 12-19 所示。

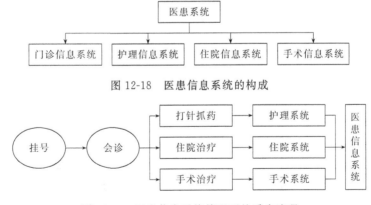

图 12-18  医患信息系统的构成

图 12-19  医患信息系统管理下的看病流程

物联网下医患信息系统的信息流动如图 12-20 所示。在由 RFID 标签、解读器、Savant 服务器、Internet、ONS 服务器、PML 服务器以及众多数据组成的物联网中，解读器读出患者的 RFID 信息，即 EPC 信息，该信息经过网络传到 ONS 服务器，找到与该 EPC 对应的 IP 地址并获取该地址中存放的相关患者或药品信息。采用 Savant 软件系统处理和管理由解读器读取的一串 EPC 信息，Savant 将 EPC 传给 ONS，ONS 指示 Savant 到一个保存着患者档案文件夹的 PML 服务器中查找，该文件可由 Savant 复制，因而文件中的患者信息便可传到整个医患信息系统中，并且伴随着患者整个的治疗过程。

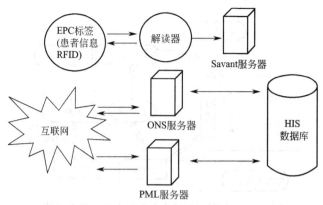

图 12-20　患者信息在物联网下医患信息系统中的流动

**（5）基于物联网的智能家居**

① 感知控制层，该层的主要作用是"感知"环境参数及电气设备的工作参数，并根据

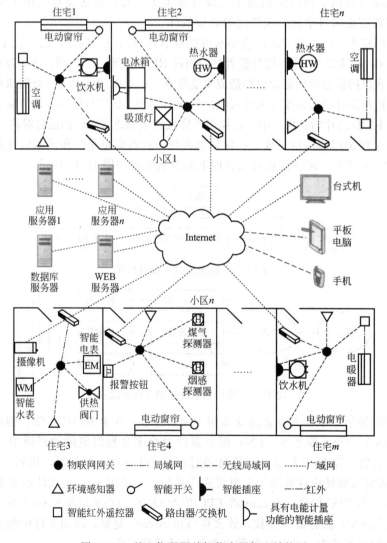

图 12-21　基于物联网的智能家居物理结构图

需要改变电气设备的工作状态。主要设备包括环境感知器、智能开关、智能插座、具有电能计量功能的智能插座和智能红外遥控器，也包括智能水表、智能电表和智能热表，以及可以进行开度控制或者简单通断控制的供热阀门，同时包括煤气探测器、烟感探测器以及紧急报警按钮等安全报警装置。这些设备均具有 Zigbee 无线接口与位于接入层的物联网网关通信。除此之外，感知控制层还包括一些自身带有通信接口的电器，如用于视频监控的带网络接口的数字摄像机，可以直接与互联网层的家庭路由器通信，以及某些自身携带有诸如串口、GPRS 或者 3G 等通信接口的电器。

② 接入层，该层的主要设备是物联网网关，主要负责将感知控制层的众多终端接入互联网。它一方面通过 Zigbee 或者其他接口与感知控制层的终端通信，将终端发送来的数据转发给服务器或者向终端转发服务器的远程控制命令，另一方面又具有以太网、Wi-Fi 或 GPRS 等各种通信接口，可以接入小区局域网，从而与远程服务器通信。物联网网关之所以具有如此多的通信接口，一方面是因为家庭上网的方式是多种多样的，另一方面需要通过物联网网关接入互联网的电气设备的通信接口也是多种多样的。如果用户家中没有可用的计算机网络，网关也可以通过 PRS 或 CDMA 接口与远程服务器通信。

③ 互联网层，该层的主要设备是那些负责将物联网网关联入小区内的局域网，继而接入互联网或者直接接入网络运营商的计算机网络的通用网络设备。前者可以是用户家中的交换机以及小区内的交换机或者路由器等网络设备，后者则可以是 ADSL 调制解调器、Cable Modem、无线路由器、光纤路由器等设备，两者均包括运营商的众多局端设备。

④ 服务管理层，该层主要包括应用服务器、Web 服务器和数据库服务器。应用服务器负责与各个物联网网关定时通信，通过网关获取感知控制层设备的数据，并将其及时保存至数据库服务器中，而 Web 服务器则负责将这些数据发布到互联网上，供用户通过浏览器远程查看相关信息。反之，用户需要远程控制某个设备时，则通过 Web 服务器将控制命令写入数据库服务器，然后由应用服务器将其从数据取出后发送给相应的物联网网关，最后由物联网网关负责将该命令转发给被控设备。

⑤ 应用层，该层主要包括台式电脑、便携式电脑、平板电脑以及智能手机等各种计算设备。其主要功能是通过 Web 浏览器或客户端软件为用户提供一个可以与系统进行远程交互的人机接口。如果是通过浏鉴器监控住宅内的设备运行情况，由于 Web 服务器采用的是动态网页生成技术，各种计算设备上除了浏览器软件外不需要安装额外的应用软件，真正的后台程序在 Web 服务器。如果是通过客户端软件监控家居内的设备运行，则需要针对 Windows、Android 和 iOS 等不同计算平台安装不同版本的客户端软件，这些软件以类似于 Client/Server 的模式通过数据库接口访问数据库服务器。

## 思考题与习题

12-1　什么是物联网？解析物联网的层次结构及作用？

12-2　目前物联网的体系结构主要有哪几种？它们各有什么特点？

12-3　物联网的关键技术涉及哪几个方面？发展物联网面临的挑战有哪些？

12-4　简述物联网技术在物流产业中的应用。

12-5　简述物联网技术在煤矿安全生产中的应用。

# 部分习题参考答案

**第 2 章**

2-5　$A=2\%$，2.5 级

2-6　合格

2-7　11.2%，2.52%，1.25%

2-8　5mV/$\mu$m，10mV/$\mu$m

**第 3 章**

3-7　(1) 0.197$\Omega$，$1.64\times10^{-3}$　(2) 1.23mV

3-8　7.71mV

3-9　2，2，4

**第 4 章**

4-5　(1) 0.07pF/mm　(2) 0.142pF

4-6　(1) 2.75pF　(2) 964.6k$\Omega$

**第 5 章**

5-6　(1) $R_3=R_4=85.4\Omega$　(2) 0.32V

5-7　(1) $R_1=R_2=251\Omega$　(3) 0.48V

**第 6 章**

6-6　(1) 5.79V　(2) 2.86V

6-7　(2) 0.13%　(3) 1.59kHz

**第 7 章**

7-5　5.7mm

7-6　20m/s

**第 8 章**

8-8　选 A，$t_1=t_2$

8-11　464.1℃

**第 9 章**

9-5　3.6mV，$2.6\times10^{22}/m^3$

# 参 考 文 献

［1］ 南京航空学院，北京航空学院 . 传感器原理 . 北京：国防工业出版社 .1980.

［2］ 严钟豪，谭祖根 . 非电量电测技术 . 北京：机械工业出版社 .1983.

［3］ 潘天明 . 半导体光电器件及其应用 . 北京：冶金工业出版社，1985.

［4］ 徐先开，叶济民 . 热敏电阻器 . 北京：机械工业出版社，1981.

［5］ 莫以豪等 . 半导体陶瓷及其敏感元件 . 上海：上海科学技术出版社 .1983.

［6］ 王其生 . 传感器例题与习题集 . 北京：机械工业出版社 .1993.

［7］ 王化祥，张淑美 . 传感器原理及应用 . 天津：天津大学出版社 .2014.

［8］ 刘爱华，满宝元 . 传感器原理与应用技术 . 北京：人民邮电出版社，2006.

［9］ 马学鸣 . 传感器应用技术 . 北京：中国劳动社会保障出版社，2007.

［10］ 吴德本 . 物联网综述 . 有线电视技术，(2001)，p107-110.

［11］ 冉文学，宋志兰 . 物联网技术 . 北京：高等教育出版社，2014.

［12］ 申文武，张桂清，汪明，李成栋 . 基于物联网的智能家居设计与实现 . 天津：自动化与仪表，2013，28（2）：6-10.

参 考 文 献